工业和信息化普通高等教育"十三五"规划教材立项项目

21世纪高等学校计算机规划教材

数据库原理及应用
（SQL Server 2012）

DataBase Concepts and
Applications

■ 王丽艳 霍敏霞 吴雨芯　主编
■ 杨雪梅 李静毅 邓秋菊　副主编

U0258323

人民邮电出版社
北　京

图书在版编目（CIP）数据

数据库原理及应用：SQL Server 2012 / 王丽艳，
霍敏霞，吴雨芯主编. -- 北京：人民邮电出版社，
2018.3（2024.1重印）
　　21世纪高等学校计算机规划教材
　　ISBN 978-7-115-47475-9

Ⅰ. ①数… Ⅱ. ①王… ②霍… ③吴… Ⅲ. ①关系数
据库系统－高等学校－教材 Ⅳ. ①TP311.138

中国版本图书馆CIP数据核字(2018)第017932号

内 容 提 要

　　本书可分为三部分。第一部分是基础篇，由第 1 章～第 4 章构成，主要包括数据库概述、关系数据库、数据库操作和数据表操作等内容。第二部分是应用篇，由第 5 章～第 9 章组成，主要包括数据库设计、综合实例、视图、索引与游标、数据库安全保护和 SQL 程序设计等内容。第三部分是实验篇，包括 10 个实验，涉及数据库操作的相关内容。书后有附录，其中，附录 A 是 SQL Server 2012常用关键字，附录 B 包括本书用到的读者信息表、图书信息表和图书借阅信息表，附录 C 是常用的聚合函数。

　　本书提供了大量案例，有助于读者更好地理解概念和掌握知识，同时各章还配有习题，便于读者巩固所学内容。

　　本书可作为高等院校计算机专业及信息管理专业本科生的数据库教材，也可作为计算机爱好者和计算机应用人员学习数据库的参考书。

◆ 主　　编　王丽艳　霍敏霞　吴雨芯
　　副主编　杨雪梅　李静毅　邓秋菊
　　责任编辑　张　斌
　　责任印制　沈　蓉　彭志环

◆ 人民邮电出版社出版发行　　北京市丰台区成寿寺路 11 号
　　邮编　100164　电子邮件　315@ptpress.com.cn
　　网址　http://www.ptpress.com.cn
　　固安县铭成印刷有限公司印刷

◆ 开本：787×1092　1/16
　　印张：16.25　　　　　　　　　2018 年 3 月第 1 版
　　字数：435 千字　　　　　2024 年 1 月河北第 12 次印刷

定价：49.80 元
读者服务热线：(010)81055256　印装质量热线：(010)81055316
反盗版热线：(010)81055315

前 言 PREFACE

随着信息技术的迅猛发展，数据库技术已经广泛应用于各种类型的数据处理系统中。数据库技术与操作系统一起构成了信息处理的平台。了解并掌握数据库知识已经成为各类科技人员和管理人员的基本要求。现在，"数据库原理与技术"课程已经成为普通高校计算机专业和相关专业学生的一门重要的专业课程，甚至成为核心课程。

在数据库技术教学中，我们发现专业基础知识不能脱离实践，否则无法做到学以致用。本书以基本理论为基础，以图书馆管理系统为例，理论与实践相结合，一方面详细阐述 SQL Server 2012 和数据库的基本知识，另一方面注重数据库的实际开发与应用，有效地培养了学生动手能力。全书分为三部分：第一部分为基础篇，介绍数据库的基本原理和 SQL 语句，其中，第 1 章介绍数据库系统基础知识，第 2 章介绍关系数据库的有关内容，第 3 章介绍数据库操作，第 4 章介绍数据表的操作；第二部分为应用篇，其中，第 5 章介绍数据库设计各阶段的内容，第 6 章介绍图书馆管理系统的具体开发过程，第 7 章介绍视图、索引和游标的使用，第 8 章介绍数据库的完整性和安全性控制，第 9 章介绍 SQL 程序设计的有关内容，如变量、流程控制语句、函数、存储过程和触发器等的定义与使用；第三部分为实验篇，包括 10 个实验，将理论与实践结合起来，提高读者的动手能力。

本书内容深入浅出、循序渐进，既讲述了数据库的原理，又突出了数据库实际应用技术。本书提供了大量的例题，有助于读者理解概念、巩固知识、掌握要点。

本书编写分工如下：第 1 章、第 2 章由王丽艳编写，第 3 章、第 4 章由霍敏霞编写，第 5 章、第 7 章由杨雪梅编写，第 6 章由吴雨芯编写，第 8 章由邓秋菊编写，第 9 章由李静毅编写。各章编者除编写各章内容外，也负责编写了章后习题和对应的实验。

在本书编写过程中，重庆邮电大学移通学院计算机系教研室的同仁给予了许多帮助，在此表示感谢。同时，余立平也积极参与了相关工作并对本书的编写提供了帮助，另外，本书编写过程中参阅了大量文献和资料，在此对相关作者表示感谢。

由于编者水平和时间有限，书中难免有疏漏和不足之处，恳请读者批评指正，以便及时修订和补充。

编 者

2017 年 11 月

教学章节	教学要求	课时
第 1 章 数据库概述	了解：数据和信息的概念及数据管理技术发展三个阶段，数据库管理系统的主要功能、组成 掌握：数据库系统的组成，数据库管理系统对数据的存取和选择原则，数据库系统体系结构	2
第 2 章 关系数据库	了解：数据模型的概念和组成 掌握：关系模型的数据结构、操作和完整性的内容，关系代数，规范化理论	6
第 3 章 数据库基本操作	掌握：SQL 的功能及特点，SQL Server 2012 常用对象、组成、命名规则，数据库基本操作	4
第 4 章 数据表基本操作	掌握：CREATE、DROP、ALTER 语句的应用，SELECT 语句的应用，INSERT 语句的应用，UPDATE 语句的应用，GRANT、DENY、REVOKE 等语句的应用	8
第 5 章 数据库设计	了解：数据库设计的特点；需求分析内容、方法和步骤；概念结构设计的必要性和方法；逻辑结构设计的任务；物理结构设计；数据库实施的主要工作；库维护与运行 掌握：E-R 模型的绘制；数据库设计过程；E-R 图向关系模型转换的方法	3
第 6 章 综合实例——图书馆管理系统	掌握：管理信息系统设计过程，SQL Server 数据库连接	1
第 7 章 视图、索引与游标	了解：索引的创建、管理和维护，游标的分类和使用 掌握：视图的创建、修改、查看和删除	3
第 8 章 数据库安全保护	了解：数据库的安全性概念及保护措施，数据库的完整性概念及保证数据完整性方法，事务特性及数据库的并发性，数据库备份与恢复方法 掌握：并发处理措施	2
第 9 章 SQL 程序设计	了解：T-SQL 基础知识 掌握：函数，存储过程和触发器的定义和使用方法	3
实验 1～实验 10	掌握：SQL Server 2012 的安装和使用方法，数据库及数据表的有关操作	16
总课时	第 1 章～第 9 章建议课时	32
	实验 1～实验 10 建议课时	16

目 录 CONTENTS

1

01

第1章　数据库概述

教学目标

- 了解数据和信息的概念，以及数据管理技术发展的 3 个阶段。
- 掌握数据库系统的组成。
- 了解数据库管理系统的主要功能、组成。
- 掌握数据库管理系统对数据的存取和选择原则。
- 掌握数据库系统体系结构。

　　数据库是 20 世纪 60 年代后期发展起来的一项管理数据的重要技术，利用数据库可以为用户提供及时、准确的信息，满足用户的各种需求。作为信息技术主要支柱之一的数据库技术在各个领域有着广泛应用，发挥着重要作用。随着信息技术的飞速发展，信息量急剧增长，如何高效地组织、存储和管理数据成为人们必须面对的问题。

　　本章将主要介绍数据库的有关概念、数据管理技术的发展过程、数据库系统、数据库管理系统以及数据库系统的体系结构等内容，为读者学习后面章节奠定基础。

1.1　数据管理技术

1.1.1　信息与数据

　　信息是人脑对现实世界事物存在方式或运动状态的反映。信息是客观存在的，有意识地对信息进行采集、加工，可以形成各种消息或指令，为人们的判断和决策提供依据。

　　数据是用来记录信息的可识别的符号集合，是信息的具体表现形式。早期的计算机系统主要用于科学计算，处理的数据是数值型数据，例如整数、实数等。随着计算机的应用领域的不断扩大，需要进行存储和处理的对象越来越复杂，表示这些对象的数据种类也更加丰富，如文本、图像、音频、视频等都是数据。

　　数据的表示形式并不一定能完全表达其内容，有时需要通过解释才能明确其具体的含义。例如 15，当解释为人的年龄时就表示 15 岁，当解释为某门课程的成绩时就表示 15 分。数据和数据的解释是不可分割的，数据的解释也称为数据的语义，因此数据和数据的语义是不可分的。

数据和信息是两个相互联系，但又相互区别的概念。数据是信息的具体表现形式或称载体。信息是经过加工处理的数据，是人们消化理解了的数据，是数据的内涵，是数据的语义解释。

1.1.2 数据管理技术的发展阶段

数据管理是利用计算机软、硬件技术对数据进行分类、组织、编码、保存和检索的过程，目的在于充分、有效地发挥数据的作用。数据管理技术的优劣，将直接影响数据处理的效率。

数据管理技术的发展与计算机软、硬件的发展有密切关系，大致经历了人工管理、文件管理和数据库管理等 3 个阶段。

1. 人工管理阶段

20 世纪 50 年代中期以前，计算机的主要应用是进行科学计算。在人工管理阶段，硬件方面，数据存储设备主要是纸带、卡片和磁带，没有磁盘等直接存储设备；软件方面，没有操作系统，没有管理数据的专门软件。此时数据需要人工管理。

在人工管理阶段，数据管理的特点如下。

（1）数据不保存。

（2）系统没有专门的软件对数据进行管理。

（3）数据不共享。数据面向程序，一组数据只对应一个程序，存在大量的冗余数据。

（4）数据不具有独立性，加重了程序员的负担。

该阶段程序和数据之间的关系如图 1.1 所示。

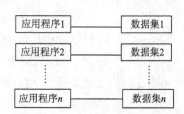

图 1.1　人工管理阶段程序与数据的关系

2. 文件管理阶段

20 世纪 50 年代后期到 60 年代中期，计算机技术有了很大的发展：硬件方面，已经有了磁盘、磁鼓等直接存储设备，数据以文件的形式长期保存；软件方面，出现了操作系统，并且有了专门的数据管理软件，即文件系统（操作系统中的文件管理功能）进行数据管理。

在文件管理阶段，数据管理的特点如下。

（1）数据以文件形式长期存在。

（2）由文件系统管理数据。在文件管理阶段，利用"按文件名访问，按记录进行存取"的管理技术，对文件中的数据进行修改、插入和删除操作。

（3）应用程序和数据之间有了一定的独立性，但文件仍然面向应用的，数据的冗余度较大，给数据的修改和维护带来困难。

该阶段程序与数据之间的关系如图 1.2 所示。

图 1.2　文件管理阶段程序和数据的关系

3. 数据库管理阶段

20 世纪 60 年代末以来，随着数据处理规模的扩大，以及计算机软件、硬件技术的不断发展，以文件系统作为数据管理手段已经不能满足应用的需求，出现了数据库技术和统一管理数据的专门软件系统——数据库管理系统。

在数据库管理阶段，数据管理的特点如下。

（1）数据库能够根据不同的需求按照不同的方法组织数据，以最大限度地提高用户或应用程序访问数据的效率。

（2）数据共享性高，降低数据冗余。

（3）数据具有较高的独立性。数据与应用程序相互独立，降低了应用程序的开发代价。

（4）提供了一套完整的安全机制来保证数据的安全和可靠。

该阶段应用程序与数据之间的对应关系如图 1.3 所示。

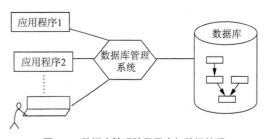

图 1.3　数据库管理阶段程序与数据关系

1.2　数据库系统

数据库系统（Database System, DBS）是指在计算机系统中引入数据库后的系统，一般由计算机系统、数据库、数据库管理系统、应用程序和用户等几部分组成。数据库系统各组成部分的关系如图 1.4 所示。

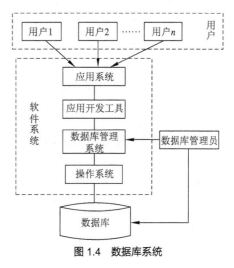

图 1.4　数据库系统

1.　计算机系统

计算机系统由硬件系统和软件系统组成。

（1）硬件：指存储和运行数据库系统的硬件设备，包括中央处理器（Central Processing Unit，CPU）、内存、大容量存储设备、输入/输出设备和外部设备等。数据库中的数据量一般都比较大，而且数据库管理系统自身的规模也比较大，因此，它必须要有足够大的内存以存放数据库管理系统、操作系统等，而且还要有足够大的硬盘空间来存放数据库数据以及进行数据的备份。

（2）必需的软件：指计算机正常运行所需的操作系统和各种驱动程序。

2.　数据库

数据库（Database，DB）就是"存放数据的仓库"。数据库是长期存储在计算机内、有组织的、可共享的大量数据的集合。数据库具有如下特点。

（1）数据实现集中管理，实现数据共享，减少了数据的冗余度。

（2）数据库不仅能表示数据本身，还要能表示数据与数据之间的联系。

（3）数据独立性高。数据独立性是指应用程序不会因数据的物理表示方式和访问技术的变化而改变，即应用程序不依赖于任何特定的物理表示方式和访问技术。

3.　数据库管理系统

数据库管理系统（Database Management System, DBMS），位于应用程序和操作系统之间。它是一种操纵和管理数据库的大型软件，用于建立、使用和维护数据库。DBMS 对数据库进行统一的管理和控制，以保证数据库的安全性和完整性。DBMS 是数据库系统的核心。

4. 应用程序

应用程序介于用户和数据库管理系统之间。它将用户的操作转换成一系列的命令执行。

5. 用户

用户是指使用数据库的人，他们可以对数据库进行存储、维护等操作，主要包括数据库管理员（Database Administrator，DBA）、数据库分析员、数据库设计员、应用程序员和最终用户。

数据库管理员是专门负责建立、配置、管理和维护数据库的人员，可以是一个人，也可以是一个团队，DBA 应熟悉计算机的软硬件系统，具有较为全面的数据处理能力，熟悉本单位的业务、数据及其流程。特别对于大型的数据库系统，DBA 极其重要。

DBA 的主要职责如下。

（1）帮助终端客户使用数据库系统。

（2）参与数据库系统的设计与建立。

（3）定义数据的安全性和完整性约束条件，负责分配各个用户对数据库的存取权限、数据的保密级别和完整性约束条件。

（4）监控数据库的使用和运行。

（5）改进和重组、重构数据库。

1.3　数据库管理系统

数据库管理系统（DBMS）是数据库系统的重要组成部分，是用户与数据库的接口。应用程序需要通过 DBMS 才能和数据库"打交道"。目前较为流行的数据库管理系统有 SQL Server 和 Oracle 等。

操作系统统一管理计算机资源，数据库管理系统借助操作系统完成对硬件的访问，并且通过数据库管理系统，用户可以逻辑、抽象地处理数据，不用关心数据在计算机中的具体存储方式，以及计算机处理数据的过程细节。一切具体而烦琐的工作由 DBMS 完成。

1.3.1　DBMS 的主要功能

1. 数据定义功能

DBMS 提供数据定义语言对数据库中的数据对象（如模式、视图、表等）进行定义。

2. 数据组织、存储和管理

为了提高数据的存取效率，数据库管理系统要分类组织、存储和管理各种数据。数据库管理系统要确定组织数据的文件结构和存取方式，以及实现数据之间的联系。

3. 数据操纵功能

DBMS 提供数据操纵语言完成数据的查询、插入、删除和修改等操作。

4. 数据库的运行管理

DBMS 提供数据库控制功能，完成对数据库中数据的安全性控制、完整性控制、多用户环境下的并发控制等，确保数据库中的数据的正确有效和数据库系统的正常运行。

5. 数据库的建立和维护功能

数据库的建立和维护功能包括数据库初始数据装载转换、数据库转储、介质故障恢复、数据库的重组织、性能监视分析等。这些通过数据库管理系统中的一些实用程序实现。

6. 其他功能

除上述功能外，DBMS 还具备与网络中其他软件系统的通信、两个 DBMS 系统的数据转换、异构数据库之间的互访和互操作等功能。

1.3.2 DBMS 的组成

根据功能和应用需求，数据库管理系统通常由以下几部分组成。

1. 数据库语言

数据库语言是给用户提供的语言，包括两个子语言：数据定义语言和数据操纵语言。SQL 语言就是一个集数据定义和数据操纵语言为一体的典型数据库语言。关系数据库系统产品绝大多数提供 SQL 语言作为标准数据库语言。

（1）数据定义语言

数据定义语言（Data Definition Language，DDL）包括数据库模式定义和数据库存储结构与存取方法定义两方面。为了对数据库中数据进行存取，数据定义语句必须正确描述数据及数据之间的联系。DBMS 根据这些数据定义从物理记录导出全局逻辑记录，从而导出应用程序所需记录。

（2）数据操纵语言

数据操纵语言（Data Manipulation Language，DML）用来表示用户对数据库的操作请求，是用户与 DBMS 之间的接口。一般对数据库的主要操作包括：查询数据库中的信息、向数据库插入新的信息、从数据库删除信息以及修改数据库中的某些信息等。

2. 例行程序

从程序的角度看，DBMS 是由许多程序组成的一个软件系统。每个程序都有自己的功能，它们互相配合完成 DBMS 的一项或多项工作。这些程序就是数据库管理系统的例行程序。例行程序因系统而异，一般包括以下几个部分。

（1）语言翻译处理程序

语言翻译处理程序包括数据定义语言翻译程序、数据操纵语言处理程序、终端命令解释程序和数据库控制命令解释程序等，其中，DDL 翻译程序把各级源模式翻译成各级目标模式；DML 处理程序将应用程序中的 DML 语句转换成可执行程序，实现对数据库的检索、插入、删除等操作。

（2）系统运行控制程序

DBMS 提供了一系列的运行控制程序，负责数据库系统运行过程中的控制与管理，主要包括系统的初启程序、文件读写与维护程序、存取路径管理程序、缓冲区管理程序、安全性控制程序、完整性检查程序、并发控制程序事务管理、程序运行日志管理程序和通信控制程序等。

（3）公用程序

公用程序包括定义公用程序和维护公用程序。定义公用程序包括信息格式定义、概念模式定义、外模式定义和保密定义公用程序等。维护公用程序包括数据装入、数据库更新、重组、重构、恢复、统计分析、工作日记转储和打印公用程序等。

1.3.3　DBMS 对数据的存取过程

在数据库系统中，DBMS 与操作系统、应用程序等协同工作，共同完成各种数据存取操作。DBMS 对数据的存取通常包括以下步骤。

（1）用户使用某种特定的数据操纵语言向 DBMS 发出存取请求。

（2）DBMS 接受请求并将该请求转换成机器代码指令。

（3）DBMS 依次检查外模式、外模式/模式映像、模式、模式/内模式映像及存储结构定义。

（4）DBMS 对存取数据库执行必要的存取操作。

（5）从对数据库的存取操作中接受结果。

（6）对得到的结果进行必要处理，如格式转换等。

（7）将处理的结果返回给用户。

上述存取过程中还包括安全性控制、完整性控制等。在应用程序运行时，DBMS 将开辟一个缓冲区，用于数据的传输和格式的转换。

DBMS 的工作方式和存取数据的过程分别如图 1.5 和图 1.6 所示。

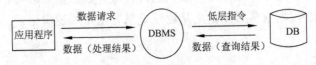

图 1.5　DBMS 工作方式

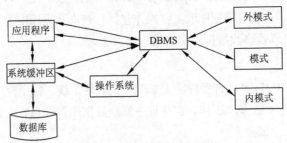

图 1.6　DBMS 存取数据的过程

1.3.4　DBMS 的选择原则

用户选择数据库管理系统时，应考虑以下几个方面。

（1）构造数据库的难易程度。

（2）程序开发的难易程度。

（3）数据库管理系统的性能分析。

（4）对分布式应用的支持。

（5）并行处理能力。

（6）可移植性和可扩展性。

（7）数据完整性约束。

（8）并发控制功能。

（9）容错能力。

1.4　数据库系统的体系结构

　　数据库系统的体系结构是数据库系统的一个总的框架，分为内部体系结构和外部体系结构两种。内部体系结构是从数据库管理系统的角度来看数据库系统，而外部体系结构是从数据库最终用户角度来看数据库系统。

1.4.1　内部体系结构

　　美国国家标准协会（American National Standards Institute，ANSI）的数据库管理系统小组提出标准化建议，将数据库结构分为 3 级：面向用户或应用程序员的用户级、面向建立和维护数据库人员的概念级和面向系统程序员的物理级，其中，用户级对应外模式，概念级对应模式，物理级对应内模式，使不同级别的用户对数据库形成不同的视图。

1．3 级模式

　　（1）模式

　　模式（Schema）也称逻辑模式（Logical Schema）或概念模式（Conceptual Schema），是数据库中全体数据的逻辑结构和特征的描述，是所有用户的公共数据视图。模式实际上是数据库数据在逻辑层次上的视图。它不涉及数据的物理存储细节和硬件环境，也与具体的应用程序、开发工具及高级程序设计语言无关。

　　一个数据库只有一个模式。DBMS 提供模式定义语言（模式 DDL）来定义模式，定义模式时不仅要定义数据的逻辑结构，还要定义数据之间的联系以及数据有关的安全性、完整性要求。

　　（2）外模式

　　外模式（External Schema）也称子模式（Subschema）或用户模式（User Schema）。它是对用户感兴趣的局部数据的描述，是数据库各个用户的数据视图。

　　外模式通常是模式的子集，它是数据库整体数据结构的子集或局部重构。由于不同的用户看待数据的方式不同，对数据的要求也不同，所以不同用户的外模式的描述是不同的。一个数据库可以有多个外模式，同一外模式可以为某一用户的多个应用系统所使用，但一个应用程序只能使用一个外模式。

　　DBMS 提供外模式描述语言（外模式 DDL）来定义外模式。

　　（3）内模式

　　内模式（Internal Schema）也称存储模式（Storage Schema）或物理模式（Physical Schema），是对数据物理结构和存储方式的描述，是数据在数据库内部的表示方式。

　　一个数据库只有一个内模式。DBMS 提供内模式描述语言（内模式 DDL）来定义内模式。内模式对一般用户是透明的。用户通常不需要关心内模式的具体实现细节，但它的设计会直接影响到数据库的性能。

2．2 级映像

　　数据库的 3 级模式是对数据的 3 个抽象级别。它使用户能逻辑地处理数据，不必关心数据在计算机内部的存储方式，把数据的具体组织交给了 DBMS 管理。为了能够在系统内部实现这 3 级抽象层次的联系和转换，DBMS 在这 3 级模式之间提供了 2 级映像：外模式/模式映像和模式/内模式映像，如图 1.7 所示。所谓映像是一种对应规则，它体现出映像双方如何进行转换。这两级映像保证了数据库系统中的数据具有较高的逻辑独立性和物理独立性。

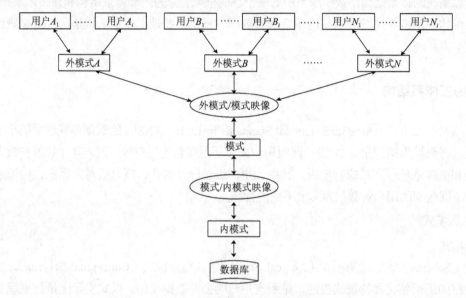

图 1.7　3 级模式结构与 2 级映像

（1）外模式/模式映像

模式描述的是数据的全局逻辑结构，外模式描述的是数据的局部逻辑结构，对应于同一个模式来说可以有任意多个外模式。每一个外模式，数据库系统都有一个外模式/模式映像。它定义了该外模式与模式之间的对应关系。这些映像定义通常包含在各自外模式的描述中。

当模式改变时（例如，增加新的关系、新的属性、改变属性的数据类型等），由数据库管理员对各个外模式/模式的映像作相应的修改，可以使外模式保持不变。应用程序是依据数据的外模式编写的，因此，当数据库的外模式/模式的映像发生改变时，不会影响到应用程序。这保证了数据与程序的逻辑独立性，简称数据的逻辑独立性。

（2）模式/内模式映像

数据库中只有一个模式，也只有一个内模式，所以模式/内模式映像是唯一的。它定义了数据全局逻辑结构与存储结构之间的对应关系。该映像定义通常包含在模式描述中。

当数据库的存储结构发生改变（例如，选用了另一种存储结构），由数据库管理员对模式/内模式映像作相应改变，可以使模式保持不变，同时使用该数据库的应用程序也不必改变。这保证了数据与程序的物理独立性，简称数据的物理独立性。

3 级模式与 2 级映像使数据库系统具有如下优点。

① 保证数据的独立性。外模式与模式分开，保证了数据的逻辑独立性，模式与内模式分开，保证了数据的物理独立性。

② 简化了用户接口。用户按照外模式编写应用程序或输入命令，不需要了解数据库内部的存储结构，使用户使用数据库更为方便。

③ 有利于数据共享。在不同的外模式下，可以有多个用户共享系统中数据，减少了数据冗余。

④ 有利于数据的安全保密。在外模式下，用户根据要求进行操作，只能对限定的数据操作，保证了其他数据的安全。

1.4.2 外部体系结构

从数据库管理系统角度来看，数据库系统是 3 级模式结构，但是对于用户而言，它是透明的，看到的是数据库系统的外部体系结构。

1. 单用户结构的数据库系统

单用户结构的数据库系统又称为桌面型数据库系统，将应用程序、DBMS 和数据库安装在一台计算机上，被一个用户独占，不同计算机之间不能共享数据，是早期和最简单的数据库系统，适用于未联网用户、个人用户等。如图 1.8 所示。

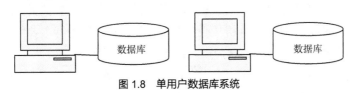

图 1.8　单用户数据库系统

2. 主从式结构的数据库系统

主从式结构是一台主机带多个终端的多用户结构，应用程序、DBMS 和数据库集中存放在主机上，所有处理任务都是主机完成的，各个用户通过主机的终端并发地存取数据库，共享数据资源。如图 1.9 所示。

主从式结构数据库系统的优点是易于管理、控制和维护；缺点是当终端用户个数增加到一定程度后，主机的任务会过于繁重甚至成为瓶颈，使得系统的性能下降，系统的可靠性依赖于主机，当主机出现故障时，整个系统都不能使用。

3. 分布式结构的数据库系统

在该结构中，数据库的数据逻辑上是一个整体，但物理地分布在计算机网络的不同节点上，网络中的每个节点都可以独立处理本地数据库中的数据，在执行局部应用的同时也可以存取和处理多个异地数据库中的数据，从而执行全局应用。如图 1.10 所示。

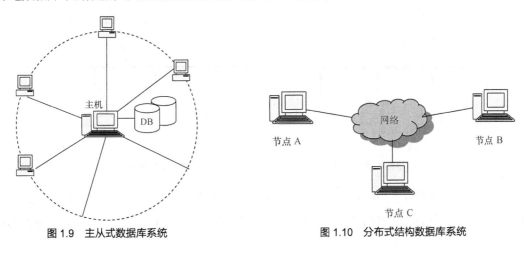

图 1.9　主从式数据库系统　　　　图 1.10　分布式结构数据库系统

该结构的数据库系统的优点是满足了地理上分散的公司、团体和组织对数据库应用的需求；缺点是数据的分散存放给数据的处理、管理和维护带来困难，当用户需要经常访问远程数据时，系统效率会受到网络传输的制约。

4. 客户/服务器结构的数据库系统

在客户/服务器（Client/Server，C/S）结构中，DBMS 功能和应用分开，网络中某个（些）节点上的计算机专门用于执行 DBMS 功能，称为数据库服务器，简称服务器；其他节点上的计算机安装DBMS 的外围应用开发工具、用户的应用系统，称为客户机。

从较高的层次来看，数据库系统通常包含两个非常简单的部分：服务器（也称后端）和一组客户机（也称前端）。客户机和服务器将应用的处理要求分开，同时又共同实现其处理要求。

后端服务器通常运行某个 DBMS，通常称为数据库服务器，为客户机上的应用程序提供数据服务。客户端程序和服务器系统构成了客户/服务器（C/S）结构的基本框架。

应用程序或应用逻辑根据需要划分为服务器和客户机。客户机主要负责界面的描述和显示、业务逻辑和计算、向服务器发送请求并分析从服务器接收的数据。服务器主要负责数据管理和程序处理、响应客户请求并将处理结果返回给客户机。结构如图 1.11 所示。

C/S 结构开发比较容易，操作简便，但应用程序的升级和客户端程序的维护较为困难。

5. 浏览器/服务器结构数据库系统

浏览器/服务器（Browser/Server，B/S）结构是 Web 兴起后的一种网络结构模式（Web 浏览器是客户端最主要的应用软件）。这种模式统一了客户端，将系统功能实现的核心部分集中到服务器上，简化了系统的开发、维护和使用。客户机上只需要安装一个浏览器（Browser），如 Internet Explorer，服务器端需安装 SQL Server、Oracle、MYSQL 等数据库。浏览器通过 Web Server 同数据库进行数据交互。

B/S 结构类似于 3 层 C/S 结构，应用程序主要包括 3 个部分：浏览器（Browser）、Web 服务器和数据库服务器，如图 1.12 所示。

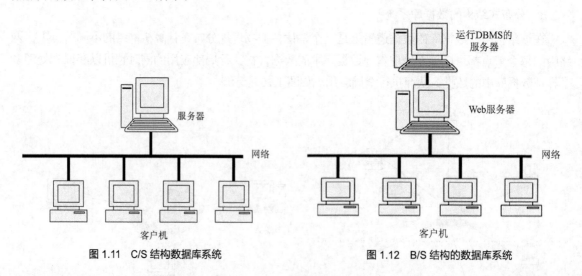

图 1.11　C/S 结构数据库系统　　　　图 1.12　B/S 结构的数据库系统

由于客户端没有程序，应用程序的升级和维护都可以在服务器端完成，升级维护方便。由于客户端使用浏览器，使得用户界面"丰富多彩"，但数据的打印输出等功能受到了限制。为了克服这个缺点，一般把利用浏览器方式实现困难的功能，单独开发成可以发布的控件，在客户端利用程序调用来完成。

本 章 小 结

本章首先介绍了数据和信息的含义和关系（数据是信息的载体，信息是数据的内涵），然后介绍了数据管理技术的发展（经历了人工管理、文件管理和数据库管理三个阶段）。数据库管理技术将复杂的功能转换为由数据库管理系统统一实现，不但减轻开发者的负担，而且带来了数据共享、安全和一致性等诸多好处。数据库系统一般由计算机系统、数据库、数据库管理系统（DBMS）、应用程序和用户组成，其中 DBMS 是数据库系统的核心。数据库管理系统是一个非常复杂的大型系统软件，主要进行数据库的建立、运行和维护。常见的 DBMS 包括 Oracle、Sybase 和 SQL Server 等。数据库管理系统的选择应从构造数据库的难易程度、程序开发的难易程度等多个方面进行考虑。数据库系统的体系结构是数据库系统的一个总的框架，分为内部体系结构和外部体系结构两种。内部体系结构即模式、外模式、内模式三级模式结构和二级映像，使得数据库具有较高的数据独立性。外部体系结构包括单用户结构、主从式结构等。

习 题 1

一、填空题

（1）信息是数据的内涵，数据是信息的_____。

（2）数据库系统一般由计算机系统、_____、DBMS、应用程序和用户组成。

（3）在数据管理技术发展过程中，数据独立性最高的是_____阶段。

（4）数据库管理系统是位于应用程序和_____之间的软件系统。

（5）数据库的三级模式结构中，描述数据库全体数据的全局逻辑结构和特征的是_____。

（6）数据库管理系统的组成包括数据库语言和_____。

（7）数据库系统中，物理存储视图用_____来描述。

（8）数据库系统的核心是_____。

（9）数据库管理系统提供了两个数据独立性，分别是逻辑独立性和_____独立性。

（10）浏览器/服务器结构也称_____，应用程序主要包括三个部分：浏览器、Web 服务器和数据库服务器。

二、选择题

（1）数据库（DB）、数据库管理系统（DBMS）和数据库系统（DBS）之间的关系是（　　）。

　　A．DB 包含 DBS 和 DBMS　　　　　　　　B．DBMS 包含 DB 和 DBS

　　C．DBS 包含 DB 和 DBMS　　　　　　　　D．没有任何关系

（2）下列选项中，不是数据库特点的是（　　）。

　　A．数据共享　　　　B．数据完整性　　　　C．数据冗余度高　　D．数据独立性高

（3）数据独立性是指（　　）。

    A. 数据与程序独立存放

    B. 不同的数据被存放在不同的文件中

    C. 不同的数据只能被对应的应用程序所使用

    D. 以上说法都不对

（4）数据库系统具有三级模式结构，下列不属于三级模式的是（   ）。

    A. 内模式   B. 抽象模式   C. 外模式   D. 概念模式

（5）数据库三级模式结构的划分，有利于（   ）。

    A. 数据的独立性   B. 管理数据库文件

    C. 建立数据库   D. 操作系统管理数据库

（6）关于二级映像说法正确的是（   ）。

    A. 外模式/模式映像是由应用程序实现的，模式/内模式映像是由 DBMS 实现的

    B. 外模式/模式映像是由 DBMS 实现的，模式/内模式映像是由应用程序实现的

    C. 外模式/模式映像和模式/内模式映像都是由 DBMS 实现的

    D. 外模式/模式映像和模式/内模式映像都是由应用程序实现的

（7）关于数据库中逻辑独立性的说法，正确的是（   ）。

    A. 当内模式发生变化时，模式可以不变

    B. 当内模式发生变化时，应用程序可以不变

    C. 当模式发生变化时，应用程序可以不变

    D. 当模式发生变化时，内模式可以不变

（8）下列模式中，用于描述单个用户数据视图的是（   ）。

    A. 内模式   B. 外模式   C. 模式   D. 存储模式

（9）数据库管理系统是一种（   ）。

    A. 数学软件   B. 应用软件   C. 操作系统   D. 系统软件

（10）子模式是（   ）。

    A. 模式的副本   B. 模式的逻辑子集

    C. 多个模式的集合   D. 存储模式

三、简答题

（1）什么是数据库？其特点是什么？

（2）简述数据管理发展的三个阶段的特点。

（3）数据库系统由哪几部分组成？每一部分的作用大致是什么？

（4）什么是数据库管理系统？简述 DBMS 的基本组成。

（5）如何选择数据库管理系统？

（6）数据库的内部体系结构是什么样的？采取该结构的优势是哪些？

02 第2章 关系数据库

学习目标

- 了解数据模型的概念和组成。
- 掌握关系模型的数据结构、操作和完整性的内容。
- 掌握关系代数。
- 掌握规范化理论。

在众多的数据模型中，关系模型是一种非常重要的数据模型。支持关系模型的数据库称为关系数据库。它是目前应用最广泛，最重要的一种数据库。

本章首先介绍数据模型的基本概念，随后介绍数据库系统中常见的几种数据模型，接着从数据结构、数据操作和完整性约束等 3 个方面介绍关系模型的内容，并介绍关系代数的运算符和应用，最后介绍规范化理论。

2.1 数据模型

模型是现实世界的抽象，而数据模型是数据特征的抽象，是某个数据库的框架，形式化地描述了数据库的数据的组织形式。现有的数据库系统都是基于某种数据模型的。数据模型的选择是数据库设计的一项重要任务。

2.1.1 数据模型的概念及组成

对于模型，特别是具体模型人们并不陌生，例如飞机模型、建筑设计沙盘等都是具体模型。人们可以通过模型模拟现实世界中事物。若要使用计算机处理现实世界中的事物，必须先抽象出事物的数据特征，然后建立相应的数据模型。数据模型（Data Model）也是一种模型，其是对现实世界数据特征的抽象，描述了数据及其联系的组织方式、表达方式和存取路径。数据模型是数据库系统的核心与基础。

数据模型的内容包括以下 3 个部分。

（1）数据结构。数据结构描述系统的静态特性，例如数据对象的数据类型、内容、属性以及数据对象之间的联系。数据结构是刻画一个数据模型性质重要的方面。在数据库系统中，一般按照其数据结构的类型来命名数据模型。例如，层次模型、网状模型等。

（2）数据操作。数据操作描述系统的动态特性，是对数据库中各种对象的值允许执行的操作的集合，包括操作及有关的操作规则。采用的数据结构不同，数据操作及其操作规则也有所不同。

数据库操作主要有查询和更新两大类，更新包括插入、删除和修改。一种具体的数据模型必须定义这些操作的确切含义、操作符号、操作规则以及实现操作的语言。

（3）完整性约束。数据的完整性约束，即数据要满足的一些条件。它是一组完整性规则的集合，给出了数据及其联系所需满足的制约和依存规则，可保证数据的正确性、有效性和相容性。

2.1.2 数据模型分类

由于数据模型既要面向现实世界，又要面向机器世界，所以一般要求数据模型要满足以下 3 个方面的要求。

（1）必须真实地模拟现实世界。

（2）易于被人们所理解。

（3）便于在计算机上实现。

用一种模型要同时很好地满足这 3 个方面要求比较困难，因此，数据库设计时，针对不同的应用目的和使用对象，采用不同的数据模型来实现。

根据模型应用的不同目的，可以将数据模型分为两大类：概念层数据模型和组织层数据模型。

1. 概念层数据模型

概念层数据模型也称为概念模型或信息模型。它从数据的应用语义视角来抽取现实世界中有价值的数据，并按照用户的观点来对数据进行建模。概念层数据模型是面向用户和现实世界的，与具体的数据库管理系统（DBMS）无关，与具体的实现方式无关。常用的概念层数据模型有实体—联系模型、语义对象模型等。

2. 组织层数据模型

组织层数据模型也称为组织模型。它从数据的组织方式来描述数据，即用什么样的逻辑结构来组织数据。组织层数据模型主要是从计算机系统的观点对数据进行建模。它与所使用的数据库管理系统有关。不同的数据库管理系统支持的数据模型可以不同。

目前，组织层数据模型主要有层次模型（Hierarchical Model）、网状模型（Network Model）、关系模型（Relational Model）和面向对象模型（Object Oriented Model），其中，层次模型和网状模型统称为格式化模型或非关系模型。

（1）层次模型

层次模型是数据库系统中最早出现的数据模型，层次数据库管理系统采取层次模型作为数据组织方式。IBM 公司 1968 年推出的数据库管理系统（Information Management System，IMS）是层次模型的典型代表。

层次模型采用树形结构来表示各类实体以及实体间的联系，现实世界中很多实体之间的联系本身就呈现出一种自然的层次关系，如行政机构、家族关系等。例如，图书馆的行政机构图就是一个层次结构，如图 2.1 所示。

层次模型简单清晰，便于表示一对多的关系。若要表达多对多的关系，需要引入冗余数据，或者通过引入虚拟结点来创建非自然的数据组织来解决。另外，层次模型对数据的插入、删除和更新操作的限制较多，缺乏快速定位机制。

（2）网状模型

在现实世界中，事物之间的联系更多的是非层次关系，采用层次模型表述时有很多的限制。这时，采用网状模型更适合。

网状模型采用图形结构来表示各类实体及实体之间的关系。图 2.2 所示的为一个简单的网状模型。

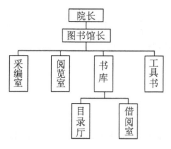

图 2.1 图书馆行政机构层次模型

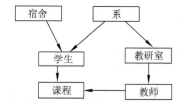

图 2.2 网状模型示意图

网状数据模型可以直接表示多对多关系，能够更为直接地描述现实世界，具有良好的性能，存取效率高，但是其结构比较复杂，不利于最终用户掌握。另外，该模型下，应用程序在访问数据时必须选择适当的存取路径，加重了编写应用程序的负担。

（3）关系模型

关系模型是目前最重要的一种数据模型。从用户观点看，关系模型由一组关系组成，每个关系的数据结构是一张规范化的二维表。该二维表由行和列组成。如表 2.1 所示。

表 2.1 读者信息表

读者编号	读者姓名	性别	年龄	证件号码
20161818	李莎	女	21	512345199711022421
20162345	薛蒙	女	26	411234199205094025
20170001	张明	男	23	345784199506126112
20170002	吴刚	男	26	378541199207065112
20171234	李小兰	女	19	522123199908091221
20172763	王平	男	25	425423199312213031
20173212	薛雪	女	26	421223199202213021
20175678	张小军	男	32	522123198601023031

关系模型建立在严格数学理论的基础之上，从而使得基于关系模型的数据库技术的发展与深化具有广阔的天地与坚实的支撑。关系模型的概念清晰单一，数据结构简洁明晰，用户易懂易学。关系模型的存取路径对用户透明，从而具有更高的数据独立性，及更好的安全保密性。

由于存取路径对用户透明，关系数据模型查询效率往往很低。为了提高性能，DBMS 必须对用户的查询请求进行优化。这增加了开发的难度。

（4）面向对象模型

随着科学技术的发展，关系数据库技术的应用越来越广泛，但是也呈现出一定的局限性，如支持的数据类型有限、可扩充性差、对象之间的关系简单、不能实现实体间的聚合和继承等复杂联系等。面对这些不足，人们将面向对象技术与数据库技术进行结合，以满足应用需求。

面向对象的程序设计是目前程序设计的主要方法之一，十分接近人们分析和处理问题的思维方式。面向对象的方法将现实中的一切实体都表示为对象。在面向对象的程序设计中，对象、类、方法和消息是基本的概念。面向对象的程序设计将对象的数据和操作都封装在对象的类型中，能够支持复杂的数据结构。对象模型没有单一固定的数据库结构，编程人员可以给类或对象类型定义任何有用的结构。

面向对象模型能完整地描述现实世界的数据结构，具有丰富的表达能力，但模型相对比较复杂，涉及的知识较多，因此面向对象数据库尚未达到关系数据库的普及程度。

2.2　关系模型

关系数据库使用关系数据模型组织数据。真正系统、严格提出关系数据模型的是 IBM 的研究员埃德加·弗兰克·科德（E.F.Codd）。他于 1970 年在美国计算机学会会刊上发表了题为"A Relational Model of Data of Shared Data Banks"的论文，开创了数据库系统的新纪元。这之后，他陆续发表了多篇论文，奠定了关系数据库的理论基础。

关系模型由关系数据结构、关系操作和关系完整性等 3 部分组成。

2.2.1　关系的数据结构

关系模型的数据结构非常简单。它用二维表来组织数据。这个二维表在关系数据库中就称为关系。关系数据库就是表或者说关系的集合。关系模型中，实体以及实体之间的联系均由关系来表示。关系模型建立的基础是集合代数，因此，首先用集合代数给出关系数据结构的形式化定义。

1. 域

定义 2.1　域（Domain）是一组具有相同数据类型的值的集合，又称值域（用 D 表示）。例如，整数、日期等的集合都是域。

域中包含的元素个数称为域的基数（用 m 表示）。例如，D_1={张浩，孙巍，李明}，m_1=3，其中，D_1 为域名，表示姓名的集合。

2. 笛卡儿积

定义 2.2　给定一组域 $D_1,D_2,\cdots,D_n$，这些域中可以有相同的域。$D_1,D_2,\cdots,D_n$ 的笛卡儿积（Cartesian Product）表示为：　$D_1 \times D_2 \times \cdots \times D_n = \{ (d_1,d_2,\cdots,d_n) \mid d_i \in D_i,\ i = 1,2,\cdots,n\}$。

笛卡儿积也是一个集合，具有如下特点。

（1）每一个元素 $(d_1,d_2,\cdots,d_n)$ 叫作一个 n 元组（n-Tuple）或简称元组（Tuple）。

（2）元组 $(d_1,d_2,\cdots,d_n)$ 中的每一个值 d_i 叫作一个分量（Component）。

（3）若 $D_i (i = 1,2,\cdots,n)$ 为有限集，其基数为 $m_i (i = 1,2,\cdots,n)$，则 $D_1 \times D_2 \times \cdots \times D_n$ 的基数 M（元素 $(d_1,d_2,\cdots,d_n)$ 的个数）的计算公式如下。

$$M = \prod_{i=1}^{n} m_i$$

可以将笛卡儿积表示为一个二维表，表中的每行对应一个元组，表中的每列对应一个域。笛卡儿积表示各集合中各个元素间的一切可能的组合。

例如，D_1 表示读者的集合，D_1={张浩，孙巍，李明}；D_2 表示性别的集合，D_2={男，女}，则 $D_1 \times D_2$={(张浩，男), (张浩,女), (孙巍，男), (孙巍,女) (李明，男), (李明,女)}。可见，$D_1 \times D_2$ 由 $3 \times 2 = 6$ 个元组组成。这 6 个元组可以用一个二维表来表示，如表 2.2 所示。

表 2.2 中的笛卡儿积存在一定的矛盾，例如第一行和第二行只能有一个是合理的。所以，一般来说，笛卡儿积是没有实际意义的。它只是各个域中全部值的排列组合。只有它的某个子集才有实际含义。

表 2.2 D_1、D_2 笛卡儿积

D_1	D_2
张浩	男
张浩	女
孙巍	男
孙巍	女
李明	男
李明	女

3. 关系

定义 2.3 $D_1 \times D_2 \times \cdots \times D_n$ 的任一子集叫做域 $D_1,D_2,\cdots,D_n$ 上的 n 元关系（Relation），表示为：R（$D_1,D_2,\cdots,D_n$），这里 R 是关系名，n 是关系的目或度（Degree）。

一个关系所包含的属性的个数称为该关系的度（Degree），而一个关系当前所包含的元组的个数称为关系的基数（Cardinality）。

关系是笛卡儿积的有限集，所以关系也是一个二维表。表的每行对应一个元组，也可称为记录（Record）。表的每列对应一个域，也可以称为字段（Filed）或属性（Attribute）。由于域可以相同，所以为了加以区分，必须为每列起一个名字，称为属性名。属性名要唯一。表 2.3 是表示图书基本信息的一张二维表，其中每个元组是一本书的基本信息。表 2.4 是表示借阅信息的一张二维表，其中每个元组是一条借阅信息。

表 2.3 图书信息表

图书编号	图书名称	作者	出版社	图书价格
9787030481900	算法与数据结构	江世宏	科学出版社	39.80
9787111185260	软件测试（原书第 2 版）	（美）佩腾（Patton,R.）	机械工业出版社	30.00
9787111304265	操作系统：精髓与设计原理（原书第 6 版）	（美）斯托林斯	机械工业出版社	69.00
9787535450388	堂吉诃德	塞万提斯	西安交通大学出版社	21.60
9787302244752	Java 程序设计	朱庆生，古平	清华大学出版社	36.00
9787302408307	C++程序设计（第 3 版）	谭浩强	清华大学出版社	49.50

表 2.4 借阅信息表

读者编号	图书编号	借阅日期	归还日期	操作员编号
20170001	9787030481900	2017-02-01	2017-03-25	1
20170001	9787111185260	2017-02-01	2017-03-25	1
20162345	9787111185260	2017-04-21	2017-05-20	1
20161818	9787530215593	2017-01-09	2017-01-12	1
20161818	9787530216781	2017-07-02	2017-07-29	1
20170002	9787811237252	2017-06-14	2017-07-12	1
20170002	9787111185260	2017-05-28	2017-06-25	1

4. 候选码

定义 2.4 能唯一地标识一个元组的属性或属性组，称为候选码（Candidate Key）。候选码又称为候选关键字或候选键。

例如，在图书信息表中，图书编号是候选码，若没有重名现象，则图书名称也可以是候选码。作为候选码的属性组中不能有多余的属性。

构成候选码的属性称为主属性（Prime attribute）。不包含在任何候选码中的属性称为非主属性（Non-prime attribute）或非码属性（Non-key attribute）。

最简单的情况下，候选码只包含一个属性。在最极端的情况下，所有属性的组合是关系模式的候选码，称为全码（All-key）。

一个关系可以包含多个候选码。在多个候选码中，从中选定一个作为主码（Primary Key）。主码也称为主关键字或主键。每个关系中可以有多个候选码，但是有且仅有一个主码。主码一旦选定就不能随便改变。

5. 外码

定义 2.5　设有关系 R_1 和 R_2，若关系 R_2 的一个属性或一组属性 X 不是所在关系 R_2 的候选码，而是另一个关系 R_1 的候选码，则称该属性或属性组 X 为所在关系 R_2 的外码（Foreign Key）或外部关键字，并称关系 R_2 为参照关系，关系 R_1 为被参照关系。

例如，借阅信息表的候选码是（读者编号、图书编号、借阅时间），而在图书信息表中"图书编号"是候选码，因此"图书编号"是借阅信息表的外码。主码和外码提供了一个实现关系间联系的手段，通过"图书编号"使得图书和读者之间的借阅关系更清楚。

外码不一定要与相对应的候选码同名，但在实际应用中，为了便于识别，当外码与相应的候选码属于不同的关系时，一般给它们取相同的名字。

6. 关系模式

定义 2.6　二维表的结构称为关系模式（Relation Schema）。它是对关系的描述，可以用一个五元组来表示：$R(U,D,DOM,F)$，其中，R 表示关系名，U 表示组成该关系的属性集合，D 表示属性集合 U 中属性所来自的域，DOM 表示属性向域的映像集合，F 表示属性间的数据依赖关系集合。

关系模式通常可以简记为如下形式。

$$R(U) \quad \text{或} \quad R(A_1, A_2, \cdots, A_n)$$

其中，A_1，A_2，$\cdots$，A_n 为各属性名。

在关系数据库中，关系模式是型，关系是值。关系模式是静态的、稳定的，而关系是关系模式在某一时刻的状态或内容，是动态的、随时间不断变化的。在实际工作中，人们常常把关系模式和关系统称为关系，可以从上下文中加以区别。

7. 关系的性质

尽管关系与二维表很类似，但是它们还是有区别的。严格来讲，关系是一种规范化了的二维表。在关系模型中，对关系做了规范性限制，关系具有如下性质。

（1）列是同质的（Homogeneous），即每一列中的分量是同一类型的数据，来自同一个域。

（2）不同的列可出自同一个域，其中的每一列称为一个属性，不同的属性要给予不同的属性名。

（3）列的顺序无所谓，即列的次序可以任意交换。

（4）任意两个元组的候选码不能完全相同。

（5）行的顺序无所谓，即行的次序可以任意交换。

（6）关系中每一个属性都具有原子性，都是不可分解的。

2.2.2 关系的操作

关系操作是集合操作方式，操作的对象和操作结果都是集合。这种方式也称为一次一集合（set-at-a-time）的方式。而非关系数据结构的数据操作方式为一次一记录（record-at-a-time）方式。

关系模型中常用的关系操作包括查询操作和更新操作两大部分，其中，更新操作包括插入、删除和修改操作。

2.2.3 关系的完整性

关系完整性是为了使数据库中的数据与现实世界保持一致，保证数据库中数据的正确性和相容性，对关系模型提出的某种约束条件或规则。关系模型中有如下 3 类完整性约束。

1. 实体完整性

定义 2.7 若属性 A 是基本关系 R 的主属性，则属性 A 不能取空值。

实体完整性（Entity Integrity）约束是用来约束候选码中属性的取值的，即主属性不能为空值。某属性为空，意味着两种可能：一种是其值未知，即目前还不知道它的取值；另一种是不存在。若某实体的主属性为空，则可能导致该实体不能被标识，无法与其他实体相区分。例如，在读者信息表中，候选码是"读者编号"，"读者编号"是主属性，其中，"读者编号"的取值不能为空，否则，无法区分不同的读者。

2. 参照完整性

定义 2.8 若属性（或属性组）F 是基本关系 R 的外码，其与基本关系 S 的主码 K 相对应（基本关系 R 和 S 不一定是不同的关系），则对于 R 中每个元组在 F 上的值必须满足以下两点。

① 或者取空值（此时，F 的每个属性值均为空值）。

② 或者等于 S 中某个元组的主码值。

参照完整性（Referential Integrity）是涉及两个关系的约束条件。它体现了关系之间主码和外码的约束条件。例如，对于借阅信息表而言，每个元组的"图书编号"的取值只能有两种情况。

① 空值。此时，该元组中所有属性都取空值，表示没有借阅操作。

② 非空值。此时，该属性的取值必须是图书信息表关系中出现的"图书编号"的值，否则，该图书不存在。

3. 用户定义的完整性

由于应用环境的不同，不同的关系数据库系统往往还有一些特殊的约束条件。用户定义完整性（User Defined Integrity）是针对某一具体关系数据库的约束条件。这一约束条件一般不应由应用程序提供，而应由关系模型提供定义并检验。用户定义完整性主要包括字段的有效性约束和记录有效性。

实体完整性和参照完整性是关系模型必须满足的完整性约束条件，也称为关系的两个不变性，应该由关系系统自动支持。用户定义的完整性是指针对具体应用需要自行定义的约束条件。

2.3 关系代数

早期的关系操作通常用代数方式或逻辑方式表示，分别称为关系代数和关系演算。关系代数是用对关系的运算来表达查询要求，关系演算是用谓词来表达查询要求。

关系代数是一种过程化的、抽象的查询语言，描述了运算的详细过程，但是不涉及具体的关系数据库系统，是一种纯理论的语言。

关系代数的运算对象是关系，运算结果也是关系。运算对象、运算符和运算结果是关系代数的三大要素。

关系代数的运算分为以下两大类。

- 传统的集合运算：将关系看作是元组的集合。传统的集合运算包括并、交、差和笛卡儿积四种运算，都是二目运算。
- 专门的关系运算：除了把关系看作是元组的集合外，还通过运算表达了查询的要求。专门的关系运算包括选择、投影、连接和除等操作，其中，选择和投影为单目运算，连接和除为二目运算操作。

并、差、笛卡儿积、投影和选择运算是关系代数中的 5 种基本运算。关系代数中运算的优先级按照从高到低的顺序为：投影、选择、笛卡儿积、连接和除（同级）、交、并和差（同级）。关系代数用到的运算符如表 2.5 所示。

表 2.5　关系代数运算符

运　算　符		含　义	运　算　符		含　义
集合运算符	∪	并	比较运算符	>	大于
	∩	交		<	小于
	−	差		≥	大于等于
	×	笛卡儿积		≤	小于等于
				=	等于
				≠	不等于
专门的关系运算符	σ	选择	逻辑运算符	∧	与
	π	投影		∨	或
	∞	连接		¬	非
	÷	除			

注意　比较运算符和逻辑运算符是配合专门的关系运算符来构造表达式的。

2.3.1　传统的集合运算

传统的关系运算包括并、交、差和笛卡儿积等 4 种运算。若要对关系 R 和 S 进行并、交、差运算，则关系 R 和 S 必须具有相同的度，且 R 中的第 i 个属性和 S 中的第 i 个属性必须取自同一个域，而对于笛卡儿积不需要满足此要求。

1. 并（Union）

关系 R 和关系 S 的并记作如下形式。

$$R \cup S = \{ t | t \in R \lor t \in S \}$$

其中，"∪"是并运算符；"*t*"是元组变量；"∨"是逻辑或运算符。

运算的结果是将关系 R 和关系 S 中的所有元组合并，再删除重复的元组（即重复元组只保留一个），组成一个新的关系。

2. 交（Intersection）

关系 R 与关系 S 的交记作如下形式。

$$R \cap S = \{ t | t \in R \wedge t \in S \}$$

其中，"∩"是交运算符；"*t*"是元组变量；"∧"是逻辑与运算符。

运算结果是由既属于关系 R 又属于关系 S 的元组组成的集合，即将关系 R 与关系 S 中相同的元组取出，组成一个新的关系。

3. 差（Difference）

关系 R 与关系 S 的差记作如下形式。

$$R - S = \{ t | t \in R \wedge t \notin S \}$$

其中，"－"是差运算符；"*t*"是元组变量；"∧"是逻辑与运算符。

运算结果是由属于 R 而不属于 S 的所有元组组成的集合，即在关系 R 中删除存在于关系 S 中的元组，组成一个新的关系。

4. 笛卡儿积（Cartesian Product）

假设关系 R 具有 n 个属性，k_1 个元组，关系 S 具有 m 个属性，k_2 个元组，则关系 R 和关系 S 的笛卡儿积是一个具有（m+n）个属性、$k_1 \times k_2$ 个元组的关系，记作如下形式。

$$R \times S = \{ t_r {}^\wedge t_s \ | t_r \in R \wedge t_s \in S \}$$

其中，$t_r {}^\wedge t_s$ 表示由两个元组 t_r 和 t_s 前后有序连接而成的一个元组。

实际操作时，可以从 R 的第一个元组开始，依次与 S 的每一个元组组合，然后，对 R 的下一个元组进行同样的操作，直到 R 的最后一个元组也进行同样的操作为止。

 注意 这里笛卡儿积运算的操作对象不是域，而是元组，也称为广义笛卡儿积。

【例 2-1】已知 2 个关系 R 和 S，分别如表 2.6 和表 2.7 所示。求以下各种运算结果。

（1）R∪S （2）R–S （3）R∩S （4）R×S

表 2.6 关系 R

A	B	C
10	5	1
15	5	3
6	7	1
8	3	5

表 2.7 关系 S

A	B	C
10	15	5
6	7	1
15	5	3
7	6	5

相关运算结果分别如表 2.8 ～ 表 2.11 所示。

表 2.8 $R \cup S$

A	B	C
10	5	1
15	5	3
6	7	1
8	3	5
10	15	5
7	6	5

表 2.9 $R \cap S$

A	B	C
6	7	1
15	5	3

表 2.10 $R-S$

A	B	C
10	5	1
8	3	5

表 2.11 $R \times S$

R.A	R.B	R.C	S.A	S.B	S.C
10	5	1	10	15	5
10	5	1	6	7	1
10	5	1	15	5	3
10	5	1	7	6	5
15	5	3	10	15	5
15	5	3	6	7	1
15	5	3	15	5	3
15	5	3	7	6	5
6	7	1	10	15	5
6	7	1	6	7	1
6	7	1	15	5	3
6	7	1	7	6	5
8	3	5	10	15	5
8	3	5	6	7	1
8	3	5	15	5	3
8	3	5	7	6	5

2.3.2 专门的关系运算

为了实现灵活多样的数据操作要求，在关系代数中还定义了 4 种专门的关系运算。为了方便进行运算的描述，以表 2.1、表 2.3 和表 2.4 为例介绍专门的关系运算。

1. 选择

选择（Selection）又称限制（Restriction），操作结果是在指定的关系中选择满足给定条件的若干元组形成一个新的关系。选择运算是一个单目运算，作用在一个关系上，它是从行的角度进行的运算，运算结果对应的关系模式不变，但元组数目小于等于原来关系的元组的个数。

选择运算可以记作如下形式。

$$\sigma_F(R) = \{t \mid t \in R \wedge F(t) = \text{true}\}$$

其中，σ 是选择运算符；R 是关系名；F 表示选择条件，其以逻辑表达式的形式给出，基本形式为 $X \theta Y$，其中，θ 为比较运算符，X 和 Y 是关系 R 中的属性名，也可以为常量，或简单函数，属性名也可以用它在关系中的序号来代替。

【例 2-2】查询年龄为 19 岁的读者信息。

关系表达式如下。

$$\sigma_{\text{年龄}=19}(\text{读者信息表})$$

根据读者信息表得到运算结果如表 2.12 所示。

表 2.12　例 2-2 的运算结果

读者编号	读者姓名	性别	年龄	证件号码
20171234	李小兰	女	19	522123199908091221

【例 2-3】查询书名为 Java 程序设计的图书信息。

关系表达式如下。

$$\sigma_{\text{图书名称}='\text{Java 程序设计}'}(\text{图书信息表})$$

运算结果如表 2.13 所示。

表 2.13　例 2-3 的运算结果

图书编号	图书名称	作者	出版社	价格
9787302244752	Java 程序设计	朱庆生，古平	清华大学出版社	36.00

> **注意**　字符型数据的值应该用单引号括起来。

表达式也可以表示如下。

$$\sigma_{2='\text{Java 程序设计}'}(\text{图书信息表})$$

其中，标号 2 表示属性图书名称的序号。不建议使用属性序号的实现方式。

2. 投影

投影（Projection）运算的结果是从指定关系中选取若干属性，用这些属性组成一个新的关系。投影运算也是一个单目运算，是从列的角度进行的运算，相当于对关系进行垂直分解。运算的结果可能是消除了关系的某些列或者是重新安排列的顺序。投影运算取消了某些列后，如果出现重复行，应该要取消这些完全重复的行。所以，投影后不只是属性减少了，元组也可能减少。

投影运算可以记作如下形式。

$$\pi_A(R) = \{t[A] \mid t \in R\}$$

其中，π 是投影运算符，R 是关系名，A 为 R 中的属性列或属性集。

【例 2-4】查询读者的姓名、性别和年龄。

关系表达式如下。

$$\prod_{\text{读者姓名,性别,年龄}}(\text{读者信息表})$$

运算结果如表 2.14 所示。

【例 2-5】查询图书馆中有哪些图书，要求给出图书名和图书编号。

关系表达式如下。

$$\prod_{\text{图书名称,图书编号}}(\text{图书信息表})$$

运算结果如表 2.15 所示。

表 2.14　例 2-4 的运算结果

读者姓名	性别	年龄
李莎	女	21
薛蒙	女	26
张明	男	23
吴刚	男	26
李小兰	女	19
王平	男	25
薛雪	女	26
张小军	男	32

表 2.15　例 2-5 的运算结果

图书名称	图书编号
算法与数据结构	9787030481900
软件测试（原书第 2 版）	9787111185260
操作系统：精髓与设计原理（原书第 6 版）	9787111304265
堂吉诃德	9787535450388
Java 程序设计	9787302244752
C++程序设计（第 3 版）	9787302408307

3. 连接

连接（Join）运算用来连接相互之间有联系的两个关系，产生一个新的关系。这个过程由连接属性（字段）来实现。一般情况下，这个连接属性是出现在不同关系中的语义相同的属性。

连接运算也叫 θ 连接，是一个双目运算，运算结果是从两个关系的笛卡儿积中选取属性间满足连接条件的元组，组成新的关系。

连接运算可以记作如下形式。

$$R \underset{A\theta B}{\infty} S = \{t_r {}^\wedge t_s \mid t_r \in R \wedge t_s \in S \wedge t_r[A]\theta t_s[B]\}$$

其中，∞ 为连接运算符；R 和 S 为关系名，A 和 B 分别为 R 和 S 上度数相等且可比的属性组；θ 为比较运算符，$A\theta B$ 为连接条件。

在连接运算中，若 θ 为 "="，也称为等值连接（Equi-join），即从 $R \times S$ 中选择 R 在 A 上的属性值等于 S 在 B 上的属性值的那些元组。等值连接可以表示如下。

$$R \underset{A=B}{\infty} S = \{t_r {}^\wedge t_s \mid t_r \in R \wedge t_s \in S \wedge t_r[A] = t_s[B]\}$$

自然连接（Natural Join）是一种特殊的等值连接。它要求两个关系必须有公共域，并通过公共域进行等值连接，在结果中要把重复的属性列去掉。假设 R 和 S 具有相同的属性组 B，则自然连接可记作如下形式。

$$R \infty S = \{t_r {}^\wedge t_s \mid t_r \in R \wedge t_s \in S \wedge t_r[B] = t_s[B]\}$$

对两个关系 R 和 S 进行自然连接时，相关计算步骤如下。

（1）计算 R 和 S 的笛卡儿积 $R \times S$。

（2）设 R 和 S 的公共属性是 A_1、A_2，$\cdots$，A_k，从笛卡儿积中挑选 $R.A_1 = S.A_1$、$R.A_2 = S.A_2$，$\cdots$，$R.A_k = S.A_k$ 的那些元组，构成新关系。

（3）删除重复的列 $R.A_1$、$R.A_2$，$\cdots$，$R.A_k$ 或 $S.A_1$、$S.A_2$，$\cdots$，$S.A_k$。

一般的连接是从行的角度进行运算，自然连接还需要去掉重复列，所以是同时从行和列的角度进行运算。

表 2.3 和表 2.4 连接后，相关等值连接和自然连接的结果分别如表 2.16 和表 2.17 所示。

表 2.16　等值连接的结果

图书编号	图书名称	作　者	出版社	图书价格	读者编号	图书编号	借阅日期	归还日期	操作员编号
9787030481900	算法与数据结构	江世宏	科学出版社	39.80	20170001	9787030481900	2017-02-01	2017-03-25	1
9787111185260	软件测试（原书第 2 版）	（美）佩腾(Patton,R.)	机械工业出版社	30.00	20170001	9787111185260	2017-02-01	2017-03-25	1
9787111185260	软件测试（原书第 2 版）	（美）佩腾(Patton,R.)	机械工业出版社	30.00	20162345	9787111185260	2017-04-21	2017-05-20	1
9787111185260	软件测试（原书第 2 版）	（美）佩腾(Patton,R.)	机械工业出版社	30.00	20170002	9787111185260	2017-05-28	2017-06-25	1

表 2.17　自然连接的结果

图书编号	图书名称	作者	出版社	图书价格	读者编号	借阅日期	归还日期	操作员编号
9787030481900	算法与数据结构	江世宏	科学出版社	39.80	20170001	2017-02-01	2017-03-25	1
9787111185260	软件测试（原书第 2 版）	（美）佩腾(Patton,R.)	机械工业出版社	30.00	20170001	2017-02-01	2017-03-25	1
9787111185260	软件测试（原书第 2 版）	（美）佩腾(Patton,R.)	机械工业出版社	30.00	20162345	2017-04-21	2017-05-20	1
9787111185260	软件测试（原书第 2 版）	（美）佩腾(Patton,R.)	机械工业出版社	30.00	20170002	2017-05-28	2017-06-25	1

自然连接和等值连接的区别如下。

① 两个关系中只有同名属性才能进行自然连接；而等值连接不要求相等属性值的属性名称相同。

② 在连接的结果中，自然连接需要去掉重复属性，而等值连接不去掉重复属性。

4. 除

除（Division）运算是一个双目运算。

设有关系 $R(X,Y)$ 和 $S(Y,Z)$，其中 X、Y、Z 为属性集合。R 中的 Y 与 S 中的 Y 可以有不同的属性名，但必须出自相同的域。关系 $R(X,Y)$ 除以 $S(Y,Z)$ 得到一个新关系 $Q(X)$，Q 是 R 中满足下列条件的元组在 X 属性上的投影：元组在 X 上分量值 x 的像集 Y_x 包含 S 在 Y 上投影的集合，记作如下形式。

$$R \div S = \{t_r[X] \mid t_r \in R \wedge Y_x \supseteq \Pi_Y(S)\}$$

其中，Y_x 为 x 在 R 中的像集。

像集：给定一个关系 $R(X,Y)$，X 和 Y 为属性组。定义当 $t[X]=x$ 时，x 在 R 中的像集为：

$$Y_x = \{t[Y] \mid t \in R \wedge t[X] = x\}$$

其中，$t[Y]$ 和 $t[X]$ 分别表示 R 中的元组 t 在属性组 Y 和 X 上的分量的集合。

【例 2-6】关系 R 和关系 S 分别如表 2.18 和表 2.19 所示。求 $R \div S$ 的结果。

表 2.18　关系 R

A	B	C
2	5	8
4	3	6
3	9	2
1	3	6
4	3	4
1	9	2

表 2.19　关系 S

B	C	D
3	6	4
9	2	5

R 和 S 共同属性组为 B 和 C 的组合，R 中 A 的取值域为 $\{1,2,3,4\}$，分别对应 R 中 B 和 C 的如下组合取值。

1：$\{(3,6),(9,2)\}$ 2：$\{(5,8)\}$

3：$\{(9,2)\}$ 4：$\{(3,6),(3,4)\}$

而 S 中 B 和 C 的组合取值为 $\{(3,6),(9,2)\}$，所以 R 中只有 1 对应的 B 和 C 的组合取值在 S 中 B 和 C 组合取值投影上，所以 $R \div S = \{1\}$，如表 2.20 所示。

表 2.20　例 2-6 的运算结果

A
1

除法运算是同时从行和列的角度进行运算，适用于"全部"之类的短语的信息查询。

上述关系代数的操作总结如表 2.21 所示。

表 2.21　关系代数操作总结

操作	表示方法	功　能
并	$R \cup S$	产生一个新关系，它由 R 和 S 中所有不同元组构成，R 和 S 必须可以进行并运算
交	$R \cap S$	产生一个新关系，它由即属于 R 又属于 S 的元组构成，R 和 S 必须可以进行交运算
差	$R - S$	产生一个新关系，它由属于 R 但不属于 S 的元组构成，R 和 S 必须可以进行差运算
笛卡儿积	$R \times S$	产生一个新关系，它是关系 R 中每一个元组和关系 S 中每一个元组连接的结果
选择	$\sigma_F(R)$	产生一个新关系，由 R 中满足条件 F 的元组构成
投影	$\Pi_A(R)$	产生一个新关系，由 R 中指定属性集 A 组成的一个垂直子集构成，并且去掉了重复元组
连接	$R \underset{A\theta B}{\infty} S$	产生一个新关系，由 R 和 S 的笛卡儿积中所有满足 θ 运算的元组构成
自然连接	$R \infty S$	产生一个新关系，由 R 和 S 的笛卡儿积中所有公共属性都相等的元组构成，每个公共属性只保留一个
除	$R \div S$	若关系 $R(X,Y)$ 和 $S(Y,Z)$ 进行运算，则产生一个属性集合 X 上的新关系。该关系的元组与 S 中的每个关系的元组组合都能在 R 中找到匹配的元组。这里 X 是属于 R 但不属于 S，是属性集合

2.3.3　关系代数的应用

关系代数是关系数据库系统查询语句的理论基础，可以用关系代数表达式表示各种数据查询操作，关系数据查询语言是关系代数的具体实现。

关系代数表达式的运算涉及了关系操作的步骤，选择合适的优化策略，可以提高查询的效率，例如，在关系代数表达式中应尽可能早地执行选择操作。

【例 2-7】查询所有图书的图书编号和价格。

$$\Pi_{\text{图书编号,图书价格}}(\text{图书信息表})$$

【例 2-8】查询机械出版社的图书名和图书编号。

$$\Pi_{\text{图书名称,图书编号}}(\sigma_{\text{出版社='机械出版社'}}(\text{图书信息表}))$$

【例 2-9】查询借阅了编号为"9787111185260"读者的姓名。

$$\Pi_{\text{读者姓名}}(\sigma_{\text{图书编号='9787111185260'}}(\text{借阅信息表}) \infty \text{读者信息表})$$

【例 2-10】查询借阅了"数据库原理"的读者的编号和姓名。

$$\Pi_{\text{读者编号,读者姓名}}(\sigma_{\text{图书名='数据库原理'}}(\text{图书信息表}) \infty \text{借阅信息表} \infty \text{读者信息表})$$

【例 2-11】查询没有借阅图书的读者的编号。

$$\Pi_{读者编号}(读者信息表) - \Pi_{读者编号}(借阅信息表)$$

【例 2-12】查询没有借阅过图书的读者的信息。

$$(\Pi_{读者编号}(读者信息表) - \Pi_{读者编号}(借阅信息表)) \infty 读者信息表$$

2.4 规范化理论

数据库设计主要是关系模式的设计，关系模式设计的好坏直接影响数据库的质量，那么如何判断所设计的关系模式的好坏呢？如果设计的"不好"，如何进行修改？规范化理论提供了判断关系模式好坏的理论标准，是数据库设计人员的有力武器，同时，也使数据库设计有了严格的理论基础。

已知关系模式：图书借阅（读者编号，读者姓名，电话，图书编号，图书名称，借阅日期，归还日期，操作员编号，操作员姓名）。该关系如表 2.22 所示。

表 2.22 图书借阅

读者编号	读者姓名	电话	图书编号	图书名称	借阅日期	归还日期	操作员编号	操作员姓名
20170001	张明	62371299	9787030481900	算法与数据结构	2017-02-01	2017-03-25	1	周平
20170001	张明	62371299	9787111185260	软件测试（原书第2版）	2017-02-01	2017-03-25	2	黄海
20172763	王平	62381091	9787030481900	算法与数据结构	2017-04-21	2017-05-20	1	周平
20161818	李莎	64271349	9787302244752	Java 程序设计	2017-01-09	2017-01-12	2	黄海
20161818	李莎	64271349	9787535450388	堂吉诃德	2017-07-02	2017-07-29	2	黄海
20175678	张小军	64532933	9787302244752	Java 程序设计	2017-06-14	2017-07-12	1	周平
20170002	吴刚	65365543	9787535450388	堂吉诃德	2017-05-28	2017-06-25	1	周平

从图书借阅关系可以看出，（读者编号，图书编号，借阅日期）这 3 个属性的组合能够唯一标识一个元组，所以（读者编号，图书编号，借阅日期）是该关系模式的候选码。在使用过程中会出现以下问题。

1. 数据冗余

当在一个读者借阅多本图书时，读者姓名、电话等基本信息重复出现，导致了数据的冗余。

2. 更新异常

由于数据冗余，当更新数据库中数据时，会面临数据不一致的危险。例如，读者的电话发生变化时，必须保证所有与其有关的借阅记录中该属性的值都被修改到。

3. 插入异常

对于一个新的读者，如果还没有借阅任何图书，则没有图书编号和借阅时间，根据实体完整性规则，主属性不能为空，所以，该新读者的信息是不能体现出来的。

4. 删除异常

当某个读者被注销，则需要删除该读者的有关信息，为保持完整性，需要将整个元组删掉，造成读者借阅信息的丢失。

因此，图书借阅关系模式不是一个合适的关系模式。为什么会出现这些问题？这是因为在模式中存在一些"不合适"数据依赖关系。数据依赖是对属性间数据的相互关系的描述，其中函数依赖是最常见、最重要的一种数据依赖。函数依赖是关系数据库规范化理论的基础。

2.4.1 函数依赖

定义 2.9 设 $R(U)$ 是一个属性集 U 上的关系模式，X 和 Y 是 U 的子集。若对于 $R(U)$ 的任意一个可能的关系 r，r 中不可能存在两个元组在 X 上的属性值相等，而在 Y 上的属性值不等，则称 X 函数确定 Y 或 Y 函数依赖于 X，记作 $X \rightarrow Y$。

例如，图书信息表（图书编号，类别编号，图书名称，作者，出版社，出版日期，价格）有以下的函数依赖：图书编号→图书名称，图书编号→作者，图书编号→出版社，图书编号→价格。

函数依赖是语义范畴的概念，是对现实世界中事物性质之间相关性的一种断言，只能根据语义来确定一个函数依赖。例如，对于图书信息表，在图书名称不存在重名的情况下，可以得到图书名称→作者，图书名称→出版社，图书名称→图书价格。这种函数依赖只能在没有同名的图书的条件下成立，否则不存在。因此，函数依赖反映了一种语义完整性约束。

定义 2.10 设 $R(U)$ 是属性集 U 上的关系模式，X、Y 是 U 的子集，若 $X \rightarrow Y$，且 $Y \subseteq X$，则称 $X \rightarrow Y$ 是平凡的函数依赖，否则，称为 $X \rightarrow Y$ 是非平凡的函数依赖。若不特殊说明，讨论的都是非平凡的函数依赖。

例如，在关系模式图书借阅（读者编号，读者姓名，电话，图书编号，图书名称，借阅日期，归还日期，操作员编号，操作员姓名）中，（读者编号，图书编号，借阅日期）→电话为非平凡函数依赖，而（读者编号，图书编号）→图书编号则为平凡函数依赖。

定义 2.11 在 $R(U)$ 中，X 和 Y 是属性 U 的子集，如果 $X \rightarrow Y$，并且对于 X 的任何一个真子集 X'，都有 Y 不函数依赖于 X'，则称 Y 对 X 完全函数依赖（Full Functional Dependency），记作 $X \xrightarrow{F} Y$。

例如，（读者编号，图书编号，借阅日期）→操作员姓名是完全函数依赖。

定义 2.12 在 $R(U)$ 中，X 和 Y 是属性 U 的子集，若 $X \rightarrow Y$，但 Y 不完全函数依赖于 X，则称 Y 对 X 部分函数依赖（Part Functional Dependency），记作 $X \xrightarrow{P} Y$。

例如，（读者编号，图书编号，借阅日期）→读者姓名是部分函数依赖。因为有读者编号→读者姓名的依赖关系。

定义 2.13 在 $R(U)$ 中，X、Y 和 Z 是属性 U 的子集，如果 $X \rightarrow Y$，但 $Y \nrightarrow X$，且 $Y \rightarrow Z$（$Y \nsubseteq X$，$Z \nsubseteq Y$），则称 Z 对 X 传递函数依赖（Transitive Functional Dependency），记作 $X \xrightarrow{T} Z$，如果 $Y \rightarrow X$，则 Z 对 X 直接函数依赖，而不是传递函数依赖。

例如，在图书借阅关系模式中有：（读者编号，图书编号，借阅日期）→操作员编号，而操作员编号→操作员姓名，则有（读者编号，图书编号，借阅日期）$\xrightarrow{T}$ 操作员姓名。

若 $X \rightarrow Y$，则 X 称为这个函数依赖的决定属性组，也称为决定因素（Determinant）。

利用函数依赖关系，我们可以给候选码一个新的定义形式：已知 $R(U,F)$ 是属性 U 上的关系模式，F 是属性 U 上的一组数据依赖，设 K 为 $R(U,F)$ 的属性或属性组合，若 $K \xrightarrow{F} U$，则 K 称为 R 的候选码。

2.4.2 范式

要想设计一个好的关系，必须使关系满足一定的约束条件。这种约束条件已经形成规范，我们称之为范式。范式理论首先是由科德（E. F. Codd）提出来的。范式一词来自英文的 Normal Form，简称 NF。满足最低一级要求的关系称为属于第一范式，在此基础上如果进一步满足某种约束条件，达到第二范式标准，则称该关系属于第二范式，以此类推。当某一关系模式 R 满足某一范式时，记为 $R \in x$NF（其中，x 对应数字，NF 表示范式）。各种范式之间存在如下联系。

$$1\text{NF} \supset 2\text{NF} \supset 3\text{NF} \supset \text{BCNF} \supset 4\text{NF} \supset 5\text{NF}$$

一个较低的范式，可以通过关系的分解转换为若干个较高级范式的关系。这个过程称为关系的规范化。规范化理论用来改造关系模式，通过对关系模式的分解，可以消除其中不适合的数据依赖，以解决数据冗余、插入异常等问题。范式越高，规范化程度越高，关系模式越好。

1. 第一范式（1NF）

第一范式是对关系模式的最低要求。不满足第一范式的数据库模式不能称为关系数据库。

定义 2.14　如果一个关系模式 R 的所有属性都是不可分的基本数据项，则称 R 属于第一范式，简称 1NF，记作 $R(U,F) \in 1\text{NF}$。

例如，图书借阅关系模式每一列都不可再分，因此，它满足第一范式。

只要是关系模式，就必须满足 1NF，一个关系符合 1NF 是其符合其他范式的前提。如果一个关系不满足 1NF，可以通过以下方法转化为 1NF。

（1）如果模式中有组合属性，则去掉组合属性。

（2）如果关系中存在重复组，则对其进行拆分。

只满足第一范式的关系模式并不一定是一个好的关系模式。例如，上面提到的图书借阅表，虽然它满足第一范式，但是存在着插入异常、删除异常等情况。

2. 第二范式（2NF）

定义 2.15　如果 $R(U,F) \in 1\text{NF}$，且每一个非主属性完全函数依赖于主码，则称 R 属于第二范式，简称 2NF，记作 $R(U,F) \in 2\text{NF}$。

从定义可以看出，若某个属于 1NF 的关系模式的主码是由一个属性构成，则该关系满足 2NF。如果主码是由多个属性共同构成的复合主码，并且存在非主属性对主码的部分函数依赖，则这个关系就不满足 2NF。

【例 2-13】已知关系模式图书借阅（读者编号，读者姓名，电话，图书编号，图书名称，借阅日期，归还日期，操作员编号，操作员姓名），分析该关系模式是否满足 2NF 关系。

在图书借阅关系中，主码是（读者编号，图书编号，借阅日期）。非主属性为读者姓名、电话、图书名称、归还日期、操作员编号和操作员姓名。

（读者编号，图书编号，借阅日期）$\xrightarrow{P}$ 图书名称，即存在非主属性对码的部分函数依赖，因此图书借阅关系模式不满足 2NF 关系。这个关系模式存在操作异常。例如，当在一个读者借阅多本图书时，则读者的姓名和电话要重复多次；当新增加一名读者时，由于没有借书，所以读者信息无法录入。这些异常是由于它存在部分函数依赖造成的。

可以采用模式分解的方法将一个非 2NF 的关系模式分解为多个 2NF 的关系模式。去掉部分函数依赖的分解过程如下。

① 对于组成主码的属性集合的每一个子集，用它作为主码构成一个关系模式。

② 将依赖于这些主码的属性放置到相应的关系模式中。

③ 去掉只由主码的子集构成的关系模式。

按照上述方法对图书订购关系进行分解，具体过程如下。

（1）分解为如下形式的7张表。

读者信息表（读者编号……）

图书信息表（图书编号……）

借阅日期信息表（借阅日期……）

读者图书信息表（读者编号，图书编号，……）

读者借阅日期信息表（读者编号，借阅日期，……）

图书借阅日期信息表（图书编号，借阅日期，……）

图书借阅信息表（读者编号，图书编号，借阅日期，……）

（2）将依赖于这些码的属性放置到相应的表中。

读者信息表（读者编号，读者姓名，电话）

图书信息表（图书编号，图书名称）

借阅日期信息表（借阅日期）

读者图书信息表（读者编号，图书编号）

读者借阅日期信息表（读者编号，借阅日期）

图书借阅日期信息表（图书编号，借阅日期）

图书借阅信息表（读者编号，图书编号，借阅日期，归还日期，操作员编号，操作员姓名）

（3）去掉只由主码的子集构成的关系模式。因此，图书借阅关系模式最终分解的形式如下。

读者信息表（读者编号，读者姓名，电话）

图书信息表（图书编号，图书名称）

图书借阅信息表（读者编号，图书编号，借阅日期，归还日期，操作员编号，操作员姓名）。

下面分析一下分解后的关系模式。

① 读者信息表（读者编号，读者姓名，电话）中读者编号为主码，满足2NF。

② 图书信息表（图书编号，图书名）中图书编号为主码，满足2NF。

③ 图书借阅信息表（读者编号，图书编号，借阅日期，归还日期，操作员编号，操作员姓名）中，（读者编号，图书编号，借阅日期）为主码，非主属性对主码都是完全函数依赖，满足2NF。

但是图书借阅信息表中还存在操作异常。例如，当一个操作员多次进行图书借阅操作时，姓名会重复出现多次。由此可以看出，满足第二范式的关系模式同样也可能存在操作异常情况，因此还需要对此关系模式进一步分解。

3. 第三范式（3NF）

定义 2.16 如果 $R(U,F)\in 2NF$，并且所有非主属性都不传递依赖于主码，则称 R 属于第三范式，简称3NF，记作 $R(U,F)\in 3NF$。

前面提到的图书借阅信息表满足2NF，试判断一下，它是否满足3NF？

在图书借阅信息表（读者编号，图书编号，借阅日期，归还日期，操作员编号，操作员姓名）

中，主码是（读者编号，图书编号，借阅日期），其中有（读者编号，图书编号，借阅日期）→操作员编号，操作员编号→操作员姓名，所以（读者编号，图书编号，借阅日期）$\xrightarrow{T}$操作员姓名，即存在非主属性对主码的传递函数依赖，所以该关系模式不满足 3NF。

去掉传递函数依赖的方法如下。

① 对于不是候选码的每个决定因子，从关系模式中删去依赖于它的所有属性。

② 新建一个关系模式，新关系模式中包含在原关系模式中所有依赖于该决定因子的属性。

③ 将决定因子作为新关系模式的主码。

图书借阅信息表分解后的关系模式为：图书借阅（读者编号，图书编号，借阅日期，归还日期，操作员编号）和操作员信息（操作员编号，操作员姓名）。分解后的两个关系模式不存在传递依赖关系，函数依赖关系更加简单明了，之前存在的问题也得到了解决。

关系模式分解到 3NF，所有的异常现象都已经消失。不过，3NF 只是限制了非主属性对主码的依赖关系，并没有限制主属性对主码的依赖关系。有时仍有可能会存在操作异常现象，此时，需要对 3NF 继续规范化，来消除主属性对主码的依赖关系。这导致了另一种范式的出现，即 Boyce-Codd 范式，简称 BC 范式或 BCNF。通常认为 BCNF 是修正的第三范式，有时也称为扩充的第三范式。

4. BC 范式（BCNF）

定义 2.17 关系模式 $R(U,F) \in 1NF$，若 $X \rightarrow Y$ 且 $Y \not\subseteq X$ 时，X 必包含候选码，则 $R(U,F) \in BCNF$。

也就是说，关系模式 $R(U,F)$ 中，若每一个决定因素都包含候选码，则 $R(U,F) \in BCNF$。

简单地讲，当且仅当关系中每个函数依赖的决定因子都是候选码时，该范式即满足 BCNF。

3NF 和 BCNF 的区别在于：一个函数依赖 $A \rightarrow B$，3NF 允许 B 是主属性，而 A 不是候选码。BCNF 则要求这个函数依赖中，A 必须是候选码。因此，BCNF 也是 3NF，只是更加规范。因此，满足 BCNF 的关系一定满足 3NF，但是满足 3NF 的关系不一定满足 BCNF。

例如，针对关系模式仓库管理（商品号，仓库号，管理员，库存数量），我们规定：一个管理员只能在一个仓库工作；一个仓库可以存放多种商品。这个关系模式中，它的码是（商品号，仓库号）和（商品号，管理员）。表中唯一的非主属性为库存数量，是符合 3NF 的。但是它不符合 BNCF 范式，因为它存在以下依赖关系。

仓库号→管理员，管理员→仓库号。

该关系模式存在如下操作异常。

（1）删除异常

当仓库被清空后，所有商品和库存数量的信息被删除，同时，仓库和管理员的信息也被删除。

（2）插入异常

当仓库中没有任何商品时，无法给仓库分配管理员。

（3）更新异常

如果仓库更换管理员，则表中涉及管理员的行均要修改。

若要使该关系模式满足 BCNF，则需要对其进行分解。该关系模式可被分解为两个关系模式：仓库_管理（仓库号，管理员）和商品_仓库（商品号，仓库号，库存数量）。这两个关系模式都符合 BCNF 范式。

规范化的过程是进行模式分解，模式分解后，原来一张表中表达的信息被分解到多张表中描述。因此，为了能够表达分解前关系的语义，在分解后除了要标识主码之外，还要标识相应的外码。特别要注意的是，分解后产生的关系模式要与原关系模式等价，即模式分解不能破坏原来的语义，同时还要保证不丢失原来的函数依赖关系。

规范化的过程如图 2.3 所示。

在关系规范化过程中，一般会将一个关系分解为若干关系，规范化的本质是把表示不同主题的信息分解到不同的关系中，使每个关系只包含一个主题。但是，分解后，关系数目增加，关系之间的关联约束也变得复杂，对关系的使用也变得复杂。当某个操作涉及多个子模式时，要进行连接运算，势必会影响操作速度，因此并不是分解的越细越好。另外，一些特定的应用可能会降低规范化级别，通过使用冗余信息来改进性能。在实际应用中，用户需要根据数据库系统的性能要求做适当的选择。大多数情况下，第三范式数据库是进行规范化功能与易用程度的最好的平衡点之一。

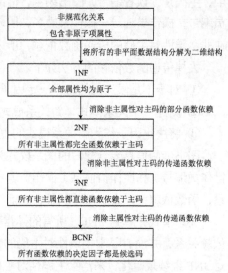

图 2.3　规范化过程

本 章 小 结

关系数据库是目前应用最广的数据库。本书的重点也是讨论关系数据库。本章首先介绍了数据模型的定义、组成和分类，然后重点介绍了关系模型的有关概念、关系模型的数据结构、关系模型的完整性及关系操作等内容。

本章结合实例详细介绍了关系代数运算。关系代数运算包括传统的集合运算和专门的关系运算。在传统的集合运算基础上再运用专门的关系运算，可以实现对关系的多条件查询操作。

关系规范化理论是设计没有操作异常的关系数据库表的基本原则，而规范化理论主要研究关系表中各属性之间的依赖关系。本章主要介绍了 1NF、2NF、3NF 和 BCNF 的定义及分解方法。在实际应用过程中，关系模式设计规范到哪个层次，还需要具体问题具体分析。

习 题 2

一、填空题

（1）在用户的观点，关系模型中的数据的逻辑结构是_____。

（2）关系模式的一般表示为_____。

（3）实体完整性要求主码中的主属性不能为_____。

（4）包含在_____中的属性叫主属性。

（5）关系模型定义了三类完整性约束中_____和_____是关系模型必须满足的完整性约束条件。

（6）设有关系 R，从关系 R 中选择符合条件 F 的元组，则关系代数表达式应为_____。

（7）当两个关系 *R* 和 *S* 进行自然连接运算时，要求 *R* 和 *S* 含有一个或多个共有的_____。

（8）如果关系 *R*2 的外键 *X* 与关系 *R*1 的主键相符，则外键 *X* 的每个值必须在关系 *R*1 的主键的值中找到，或者为空，这是关系的_____规则。

（9）设有关系模式为系（系编号，系名称，电话，办公地点），则该关系模型的主键是_____，主属性是_____非主属性是_____。

（10）实体完整性规则是对_____的约束，参照完整性规则是对_____的约束。

二、选择题

（1）下列不是关系模式组成的是（　　）。

　　A. 关系数据结构　　B. 操作集合　　　C. 函数依赖　　　D. 完整性约束

（2）下列不是关系代数中基本运算的是（　　）。

　　A. 并运算　　　　　B. 交运算　　　　C. 选择　　　　　D. 差运算

（3）从一个关系中挑出若干属性列，组成一个新的关系的操作称为（　　）。

　　A. 投影　　　　　　B. 选择　　　　　C. 笛卡儿积　　　D. 差运算

（4）假设有一学生关系学生（学号，姓名、性别，家庭住址，所在系，系主任），则该关系最高满足（　　）。

　　A. 1NF　　　　　　B. 2NF　　　　　　C. 3NF　　　　　D. BCNF

（5）当关系有多个候选码时，选定一个作为主键，若主键为全码，则应包含（　　）。

　　A. 单个属性　　　　B. 两个属性　　　C. 多个属性　　　D. 全部属性

（6）在基本的关系中，下列说法正确的是（　　）。

　　A. 与行列顺序有关　　　　　　　　　B. 属性名允许重名

　　C. 任意两个元组不允许重复　　　　　D. 列是非同质的

（7）根据关系的完整性规则，一个关系中的主键（　　）。

　　A. 不能有两个　　　　　　　　　　　B. 不可以作为其他关系的外部键

　　C. 可以取空值　　　　　　　　　　　D. 不可以是属性组合

（8）关系代数的 5 个基本操作是（　　）。

　　A. 并、交、差、笛卡儿积、除　　　　B. 并、交、选择、笛卡儿积、除

　　C. 并、交、选择、投影、除　　　　　D. 并、差、选择、笛卡儿积、投影

（9）当两个关系没有公共属性时，其自然连接操作的结果表现为（　　）。

　　A. 结果为空关系　　B. 笛卡儿积　　　C. 等值连接操作　D. 无意义的操作

（10）关系数据的二维表至少是（　　）。

　　A. 1NF　　　　　　B. 2NF　　　　　　C. 3NF　　　　　D. BCNF

三、简答题

（1）简述关系的特性。

（2）关系代数有哪些基本运算？各自的含义和表示方式是什么？

（3）试说明范式的分类及各范式的关系。

（4）关系数据库的 3 个完整性约束是什么？

（5）等值连接和自然连接的区别是什么？

（6）已知关系 R 和 S 如图 2.4 所示，计算以下运算的值：$R-S$, $R\cup S$, $R\cap S$, $R\times S$, $\sigma_{B>'4'}(R), \prod_{B,A}(S), R\underset{R.C<S.C}{\infty}S, R\infty S$。

关系 R

A	B	C
12	5	24
7	4	22
15	18	5

关系 S

A	B	C
15	12	7
12	5	24
3	26	16
15	18	5

图 2.4 关系 R 和关系 S

（7）设一个关系为学生（学号，姓名，性别，所在系，出生日期），判断此关系属于第几范式？为什么？

（8）关系规范化中操作异常有哪些？产生的原因是什么？

（9）设有关系模式：学生修课（学号，姓名，性别，所在系，课程号，课程名，学分，成绩）。设一名学生可以选多门课程，一门课程可以被多名学生选。一名学生只能隶属于一个系，每门课程有唯一的课程名。请指出此关系模式的候选码，判断此关系模式是第几范式，若不是第三范式，请将其规范化为第三范式，并指出分解后每个关系模式的主码和外码。

03 第3章 数据库基本操作

学习目标

- 掌握 SQL 的功能及特点。
- 掌握 SQL Server 2012 常用对象。
- 了解 SQL Server 2012 的组成。
- 掌握 SQL Server 2012 的命名规则。
- 熟练应用 SQL 常用数据类型。
- 掌握数据库基本操作。

数据库是存放数据的容器，所以在进行数据库设计时，用户需要先设计好数据库。因此，数据库的基本操作是读者学习数据库非常重要的组成部分。

本章首先介绍 SQL 发展、SQL 的功能和特点；随后介绍 SQL Server 常用的对象，包括数据表、视图、索引等内容；然后介绍了数据库的组成相关的内容，包括数据库引擎、分析服务、集成服务和报表服务，以及 SQL Server 命名规则和常用数据类型；最后重点介绍了数据库基本操作，包括创建数据库、删除数据库、修改数据库以及查看数据库信息等。

3.1 SQL 概述

3.1.1 SQL 简介

对数据库进行查询和修改操作的语言叫结构化查询语言（Structured Query Languate，SQL）。它是一种特殊的编程语言，是一种数据库查询和程序设计语言，用于存取数据以及查询、更新和管理关系数据库系统；同时也是数据库脚本文件的扩展名。

1986 年 10 月，在美国国家标准协会对 SQL 进行规范后，SQL 成为关系式数据库管理系统的标准语言（ANSI X3. 135-1986），并在 1987 年得到国际标准组织的支持成为国际标准。不过各种通行的数据库系统在其实践过程中都对 SQL 规范作了某些编改和扩充。所以，实际运用中，不同数据库系统之间的 SQL 并不能完全通用。

3.1.2 SQL 数据库结构

支持 SQL 的关系数据库管理系统同样支持关系数据库的三级模式结构，如图 3.1 所示。

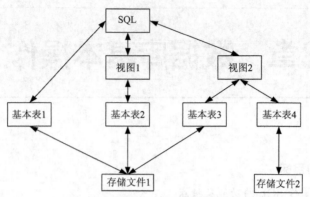

图 3.1　SQL 对关系数据库模式的支持

（1）全体基本表构成了关系数据库的模式。基本表是 SQL 数据库本身独立存在的表，在 SQL 中一个关系就是一个基本表。一个基本表对应一个存储文件，一个表可以带若干索引，建立索引的目的是提高对基本表的查询速度，索引也存放在存储文件中。

（2）视图和部分基本表构成了关系数据库的外模式。视图是从一个或几个基本表中导出的虚表。它本身不独立存储在数据库中。数据库中存放的是视图的定义，而不是实际的数据。这些数据仍存放在导出视图的基本表中。视图在概念上与基本表等同，用户可以在视图上再定义视图。

（3）存储文件的逻辑结构组成了关系数据库的内模式。基本表对应的存储文件及索引文件等的逻辑结构组成了关系数据库的内模式，存储文件的物理结构是任意的，对用户是透明的。

3.1.3　SQL 的功能

SQL 是一种介于关系代数和关系演算之间的语言，是功能极强的关系数据库语言，其功能分为四大类：数据定义、数据操纵、数据控制和一些附加的语言元素。

SQL 的数据定义功能是通过数据定义语言（Data Definition Language，DDL）来实现的。数据定义实际上就是建立数据库数据的一个框架，即定义数据库的逻辑结构，包括对模式、基本表、视图和索引的定义。这些操作可以由 CREATE、ALTER 和 DROP 语句来完成。

SQL 的数据操纵包括数据查询和数据更新。数据操纵功能是通过数据操纵语言（Data Manipulation Language，DML）来实现的。数据查询就是从数据库存放的数据中找出符合某种条件的部分数据或者将这些数据找出来之后，再对它们进行适当的运算，然后得到某种汇总信息。数据查询对象可以是基本表，也可以是视图。SQL 的数据查询功能由 SELECT 语句完成。数据更新是指对数据库中的对象进行插入、修改和删除等操作。这些操作可以由 INSERT、UPDATE 和 DELETE 语句来完成。

SQL 的数据控制功能是通过数据控制语言（Data Control Language，DCL）来实现的，主要包括对基本表和视图的存取权限控制、对基本表的完整性约束的描述和事务控制等功能。它通过对数据库用户的授权和回收命令来实现对数据的存取控制，还提供了数据完整性约束条件的定义和检查机制来保障数据库的完整性。数据控制语句包括 GRANT、DENY 和 REVOKE。

附加的语言元素包括：BEGIN TRANSACTION/COMMIT，ROLLBACK，SET TRANSACTION，DECLARE OPEN，FETCH，CLOSE，EXECUTE。

3.1.4　SQL 的特点

SQL 具有以下特点。

1. 综合统一

数据库系统的主要功能是通过数据库支持的数据语言来实现的。

非关系模型的数据库语言一般都分为模式数据定义语言、外模式数据定义语言与数据存储有关的描述语言及数据操纵语言，分别用于定义模式、外模式、内模式和数据的存取与处理。当数据库运行后，如果需要修改模式，必须停止现有的数据库运行，转储数据，修改模式并编译后，再重新装入数据库。这个过程十分麻烦。

SQL 语言集数据定义、数据操纵、数据控制的功能于一体，语言风格统一，可以独立完成数据库生命周期中的全部活动，包括定义关系模式、录入数据以建立数据库、查询、更新、维护、数据库重构、数据库安全性控制等一系列操作要求。这就为数据库应用系统开发提供了良好的环境。例如，用户在数据库投入运行后，还可根据需要随时、逐步修改模式，并不影响数据库的运行，从而使系统具有良好的可扩充性。

2. 高度非过程化

非关系数据模型的数据操纵语言是面向过程的语言。用户通过数据操纵语言完成某项请求时，必须指定存取路径。而用 SQL 语言进行数据操作，用户只需提出"做什么"，而不必指明"怎么做"，因此用户无需了解存取路径。存取路径的选择以及 SQL 语句的操作过程由系统自动完成。这不但大大减轻了用户负担，而且有利于提高数据独立性。

3. 面向集合的操作方式

非关系数据模型采用的是面向记录的操作方式，任何一个操作对应的对象都是一条记录。例如，查询所有年龄在 30 岁以上的读者姓名，用户必须说明完成该请求的具体处理过程，即如何用循环结构按照某条路径一条一条地把满足条件的读者记录读出来。SQL 语言采用集合操作方式，不仅查找结果可以是元组的集合，而且插入、删除、更新操作的对象也可以是元组的集合。

4. 以同一种语法结构提供两种使用方式

SQL 语言既是自含式语言，又是嵌入式语言。

作为自含式语言，它能够独立地用于联机交互的使用方式，而用户可以在终端键盘上直接键入 SQL 命令对数据库进行操作。作为嵌入式语言，SQL 语句能够嵌入高级语言（例如 C、PB）程序中，供程序员设计程序时使用。而在两种不同的使用方式下，SQL 语言的语法结构基本上是一致的。这种以统一的语法结构提供两种不同的使用方式的做法，为用户提供了极大的灵活性与方便性。

5. 语言简洁，易学易用

SQL 功能极强，但语言却十分简洁，完成核心功能只用了 9 个动词（SELECT、CREATE、DROP、ALTER、INSERT、UPDATE、DELETE、GRANT、REVOKE）。另外，SQL 语言接近英语口语，易学易用。

所有 SQL 语句都有自己的格式，由于它关注"做什么"，所以每条语句都是由一个动词开始，用于描述该语句要产生的动作。动词后面紧接着是一条或多条子句，给出被动词作用的数据或提供有关的动作的详细信息。每一条子句由一个关键字开始。相关实例如下。

```
SELECT 读者姓名,年龄
FROM 读者信息表
WHERE 年龄<30;
```

上面所给出的语句中 SELECT 是动词，FROM 和 WHERE 是子句的关键字。

3.1.5　SQL 语法的约定

表 3.1 列出了 SQL 语法中使用的约定，并进行了说明。

表 3.1　语法约定

约定	表示内容
大写	SQL 关键字
斜体	用户提供的 SQL 语法的参数
粗体	数据库名、表名、列名、索引名、存储过程、实用工具、数据类型名以及必须按所显示的原样输入的文本
下划线	指示当语句中省略了带下划线的值的子句时，应用的默认值
|（竖线）	分隔括号或大括号中的语法项，只能使用其中一项
[]（方括号）	可选语法项。不要输入方括号
{}（大括号）	必选语法项。不要输入大括号
[,...*n*]	指示前面的项可以重复 *n* 次。各项之间以逗号分隔
[...*n*]	指示前面的项可以重复 *n* 次。每一项由空格分隔
;	SQL 语句终止符。此版本中大部分语句不需要
<label>::=	语法块的名称。此约定用于对可在语句中的多个位置使用的过长语法段或语法单元进行分组和标记。可使用语法块的每个位置，由尖括号内的标签指示：<标签>

3.1.6　SQL 常用的数据类型

数据类型是一种属性，其相当于一个容器，容器的大小决定了装的东西的多少。将数据分为不同的数据类型可以节省磁盘空间和资源。SQL Server 2012 数据库管理系统中的数据类型可以分为两类，分别是：系统默认的数据类型和用户自定义的数据类型。

1. 系统数据类型

SQL Server 2012 提供的系统数据类型如表 3.2 所示。

表 3.2　主要系统数据类型

类型表示		类型说明
整型	bigint	8 字节，数据范围 $-2^{63}\sim2^{63}-1$
	int	4 字节，数据范围 $-2^{31}\sim2^{31}-1$
	smallint	2 字节，数据范围 $-2^{15}\sim2^{15}-1$
	tinyint	1 字节，数据范围 $0\sim255$
浮点型	real	取决于机器精度的浮点数
	float[(*n*)]	精度至少为 *n* 位数字的浮点数
	decimal[(*p*[,*s*])]和 numeric[(*p*[,*s*])]	由 *p* 位（不包括符号和小数点）组成，小数后有 *s* 位数字
字符型	char(*n*)	长度为 *n* 的定长字符串
	varhcar(*n*|*max*)	最大长度为 *n* 的变长字符串
	nchar(*n*)	长度为 *n* 的定长统一编码字符串
	nvarchar(*n*|*max*)	与 varchar 类似，存储可变长度 Unicode 字符数据

续表

类型表示		类型说明
日期和时间型	date	日期型，格式为 YYYY-MM-DD
	time	时间型，格式为 HH:MM:SS
	datetime	时间日期型，格式为 YYYY-MM-DD HH:MM:SS
	datetime2	datetime 的扩展类型，其数据范围更大，格式为 YYYY-MM-DD hh:mm:ss[.fractional seconds]
文本和图形型	text	用于存储文本数据
	image	用于存储照片、目录图片或者图画
货币型	money	8 个字节，用于存储货币值
	smallmoney	4 个字节，与 money 类型相似

2. 用户自定义数据类型

SQL Server 2012 除了上面介绍的几种数据类型外，还允许用户在 SQL Server 2012 系统数据类型的基础上，根据需要创建自定义数据类型。自定义数据类型的优点是使用比较方便，缺点是性能开销大。SQL Server 2012 提供如下两种方法来创建自定义数据类型。

（1）使用 SQL Server Management Studio 创建

由于自定义数据类型与具体的数据库相关，所以在创建新数据类型之前，用户需要选择要创建数据类型所在的数据库。步骤如下。

① 依次打开【数据库】→【新建数据库】，输入数据库名称 Test。

② 依次打开【Test】→【可编程性】→【类型】节点，右键单击【用户定义数据类型】节点，在弹出的快捷菜单中选择【新建用户定义数据类型】，如图 3.2 所示。

③ 在打开窗口的【名称】文本框中输入需要定义的数据类型名称，假设新创建的类型名为 test，用来存储一个地址。其他内容如图 3.3 所示。如果允许该数据类型的字段值为空，则要选择【允许 NULL 值】复选框。

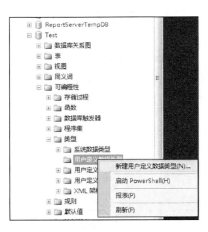

图 3.2　选择【新建用户定义数据类型】命令　　　图 3.3　【新建用户定义数据类型】窗口

④ 单击【确定】按钮，完成用户自定义数据类型的创建，如图 3.4 所示。

（2）使用 SQL 语句创建

① 新建一个查询窗口。如图 3.5 所示，单击【新建查询】，在弹出的查询框中编写 SQL 语句，如在 Test 数据库中创建一个类型名为 test1、长度为 30、允许为空的 char 型时，语句如下。

```
USE Test
CREATE TYPE test1 FROM char(30) NULL;
```

图 3.4　用户自定义数据类型

图 3.5　新建查询

② 单击【查询】→【分析】检查是否有语法错误，在没有语法错误的情况下单击【查询】→【执行】。这时通过刷新用户定义数据类型可以看到 test1 已经创建好了。当然，这一步也可以通过工具栏上的【分析】【执行】来实现，结果是一样的，如图 3.6 所示。

图 3.6　执行查询

删除用户自定义数据类型的方法也有两种。第一种是在 SQL Server Management Studio 中用鼠标右键单击待删除的数据类型，在弹出的快捷菜单中选择【删除】菜单命令，如图 3.7 所示。

第二种是采用 SQL 命令来删除，语法格式如下。

```
Use 数据库名称
DROP TYPE 用户自定义数据类型名;
```

例如，删除刚刚创建的 test1 数据类型的命令如下。

```
USE Test
DROP TYPE test1;
```

注意	正在使用的用户自定义的数据类型是不能被删除的。

图 3.7　删除自定义数据类型

3.2　SQL Server 2012

3.2.1　SQL Server 2012 常用对象

SQL Server 2012 常用对象包括数据表、视图、索引、存储过程及触发器等。本节对常用的对象进行简单介绍。

1. 数据表

数据表是数据库的主要对象。它是一系列二维数组的集合，用于存储数据，简称表。数据库中的表同日常工作中使用的表格类似，由行和列构成。列表示同类信息，每列又称为一个字段，每列的标题称为字段名。行包含若干列，一行表示一条记录。表是由若干条记录组成的，没有记录的表称为空表。

2. 视图

视图是由表或其他视图导出的虚拟表。它看上去跟表几乎一模一样，也具有一组字段和数据项，能够对表进行的一些查询、插入、更新、删除操作，同样适用于视图。但它其实是一个虚拟的表，也就是说在数据库中并不实际存在。它是由查询数据库表产生的，只显示了需要的数据信息。

3. 索引

索引是对数据库表中一列或多列值进行排序的一种结构。它为数据快速检索提供支持，是可以保证数据唯一性的辅助数据结构。

4. 存储过程

存储过程是为完成特定的功能而汇集在一起的一组 T-SQL 语句，是经过编译后存储在数据库中的 SQL 程序。

5. 触发器

触发器是特殊的存储过程，当表中数据改变时，该存储过程被自动执行。

3.2.2　SQL Server 2012 的组成

SQL Server 2012 由 4 部分组成，分别是数据库引擎、分析服务、集成服务和报表服务。

1. 数据库引擎

数据库引擎是 SQL Server 2012 系统的核心服务，负责完成数据的存储、处理和安全管理。利用数据库引擎，可以控制访问权限并快速处理事务，满足企业内部要求高并且需要处理大量数据的应用需要。

通常情况下，使用数据库系统实际上就是在使用数据库引擎。数据库引擎是一个复杂的系统。它本身就包含了许多功能组件，如复制、全文搜索等。

2. 分析服务

分析服务的主要作用是通过服务器和客户端技术的组合提供联机分析处理和数据挖掘功能。通过分析服务，用户可以设计、创建和管理包含来自于其他数据源的多维结构，通过对多维数据进行多角度分析，可以使管理人员对业务数据有更全面的理解。另外，使用分析服务，用户可以完成数据挖掘模型的构造和应用，实现知识的发现、表示和管理。

3. 集成服务

SQL Server 2012 是一个用于生成高性能数据集成和工作流解决方案的平台，负责完成数据的提取、转换和加载等操作。其他的 3 种服务就是通过集成服务来进行联系的。除此之外，数据集成服务可以协助用户高效地处理各种各样的数据源，例如 SQL Server、Oracle、Excel、XML 文档、文本文件等。

4. 报表服务

报表服务主要用于创建和发布报表及报表模型的图形工具和向导、管理报表服务的报表服务器管理工具，以及对报表服务对象模型进行编程和扩展的应用程序编程接口。SQL Server 2012 的报表服务是一种基于服务器的解决方案，用于生成从多种关系数据源的多维数据源提取内容的企业报表，发布能以各种格式查看的报表，以及集中管理安全性和订阅。

3.2.3　SQL Server 2012 系统数据库

SQL Sever 系统数据库用来存储系统级的数据和元数据，包含了 4 个系统数据库：master、model、msdb 和 tempdb。

1. master 数据库

master 数据库是 SQL Server 2012 中的最重要的数据库，是整个数据库服务器的核心，记录了所有的 SQL Server 数据库系统的系统级信息。用户不能直接修改该数据库，因为如果损坏了 master 数据库，那么整个 SQL Server 服务器将不能工作。该数据库中包含的内容有：所有用户的登录信息，用户所在组，所有系统的配置选项，服务器中本地数据库的名称和信息，SQL Server 的初始化方式等。master 数据库应该定期备份。

2. model 数据库

model 数据库是一个模板数据库，其包含了建立新数据库时所需的基本对象。当执行建立新数据库操作时，它会复制这个模板数据库的内容到新的数据库。同时，如果更改 model 数据库中的内容，则之后建立的数据库也都会包含这些更改。

3. msdb 数据库

msdb 数据库是 SQL Server 代理的数据库，用来做存储自动化作业定义、作业调度、操作定义、触发提醒定义。用户在使用 SQL Server 时不要直接修改 msdb 数据库。SQL Server 中的其他一些程序会自动使用该数据库。例如，当用户对数据进行存储或备份时，msdb 数据库会记录与执行这些任务相关的一些信息。

4. tempdb 数据库

tempdb 数据库是 SQL Server 用于暂时存储数据（如临时表、视图、游标和表值变量）的一个临时数据库。SQL Server 关闭后，tempdb 中的内容就被清空，每次重新启动服务器之后，tempdb 数据库将被重建。tempdb 数据库可以被所有用户访问，可以创建和修改临时对象。这种访问有可能会带来死锁和大小限制的问题，因此，对 tempdb 数据库的监测是很重要的。

3.2.4　SQL Server 2012 的命名规则

为便于管理数据库，SQL Server 2012 设计了严格的命名规则。要求用户在创建或引用数据库实例时，必须遵守 SQL Server 2012 的命名规则，否则可能发生一些难以预测和检测的错误。本节将简单介绍 SQL Server 2012 的标识符、对象和实例的命名规则。

1. 标识符

SQL Server 2012 定义了两种类型的标识符：规则标识符和界定标识符。

规则标识符严格遵守标识符有关格式的规定，不必使用界定符。

界定标识符指使用了双引号（""）或者方括号（[]）等界定符、用来限定位置的标识符，可以遵守标识符命名规则，也可以不遵守。

标识符的命名规则如下。

（1）标识符的首字母是下面两种情况之一。

① 必须是所有统一码标准中规定的字符，包括 26 个英文字母 a~z 和 A~Z 以及一些语言字符，如汉字。

② 一些特殊符号如 "_" "@" "#"。

（2）标识符首位字母后的字符可以是下面 3 种情况。

① 所有统一码标准中规定的字符，包括 26 个英文字母 a~z 和 A~Z 以及一些语言字符，如汉字。

② 一些特殊符号如 "_" "@" "#" "$"。

③ 数字 0~9。

注　意　（1）标识符不允许是 SQL Server 系统中保留的关键字。由于 SQL Server 中是不区分大小写字母的，所以无论是大写的保留的关键字，还是小写的保留的关键字，都是不允许使用的。保留关键字如附录 A 所示。

注意

（2）有些特殊符号标识符在 SQL Server 中也是有特定的意义的，不能随便定义。比如，以"#"开头表示当前数据库内的临时表或存储过程；以"##"开头表示全局的临时数据库对象。

（3）无论是界定标识符还是规则标识符都最多只能容纳 128 个字符，对于本地的临时表最多可以有 116 个字符。

2. 对象的命名规则

SQL Server 2012 的数据库对象名称是由 1~128 个字符组成的，不区分大小写。一个数据库对象由服务器名、数据库名、架构名和对象名等 4 部分组成，格式如下。

```
[[[server.][database].][owner_name].]object_name
```

3. 实例的命名规则

SQL Server 2012 中，默认实例的名称采用计算机名，实例的名字一般由计算机名和实例名两部分组成。

3.3 数据库操作

下面介绍几种常见的数据定义语句，相关数据操作与数据控制语句将在第 4 章具体介绍。

3.3.1 创建数据库

数据库的存储结构分为逻辑存储和物理存储。下面分别对这两种存储结构进行简要说明。

逻辑存储结构：说明数据库是由哪些性质的信息所组成。SQL Server 的数据库不仅仅是数据的存储，所有与数据处理操作相关的信息都存储在数据库中。

物理存储结构：讨论数据库文件在磁盘中是如何存储的。数据库在磁盘上是以文件为单位存储的，由数据库文件和事务日志文件组成。一个数据库至少应该包含一个数据库文件和一个事务日志文件。

SQL Server 2012 数据库管理系统中的数据库文件是由数据文件和日志文件组成的，其中，数据文件以盘区为单位存储在存储器中。

1. 数据文件

数据库的数据文件是指数据库中用来存放数据库数据和数据库对象的文件。一个数据库可以有一个或多个数据文件，一个数据文件只能属于一个数据库。虽然一个数据库可以包含多个数据文件，但有且仅有一个文件被定为主数据文件，扩展名为 .mdf。它用来存储数据库的启动信息和部分或者全部数据。一个数据库可以有多个次数据文件，用以存放除主数据文件外的所有数据文件，扩展名为 .ndf。

2. 日志文件

日志文件由一系列日志记录组成，记录了对数据库进行的插入、删除和更新等各种操作。当数据库发生损坏时，可以根据日志文件来分析出错的原因，或者数据丢失时，可以使用事务日志恢复数据库。一个数据库可以有多个日志文件。

采用 CREATE DATABASE 语句创建数据库的基本语法格式如下。

```
CREATE DATABASE database_name
[ ON [ PRIMARY ] [ <filespec> [,…n] ] ]
[ LOG ON [ <filespec>  [,…n] ] ];
<filespec>::=
(
NAME = logical_file_name
[ , NEWNAME = new_logical_name ]
[ , FILENAME = {'os_file_name' | 'filestream_path' } ]
[ , SIZE = size [ KB| MB | GB | TB ] ]
[ , MAXSIZE = { max_size [ KB| MB | GB | TB ] | UNLIMITED } ]
[ , FILEGROWTH = growth_increment [ KB| MB | GB | TB | % ] ]
);
```

【说明】

• database_name：数据库名称，不能与 SQL Server 中现有的数据库实例名称相冲突，最多可以包含 128 个字符。

• ON：指定显示定义用来存储数据库中数据的磁盘文件。

• PRIMARY：指定关联的<filespec>列表定义的主文件，在主文件组<filespec>项中指定的第一个文件将生成主文件，一个数据库只能有一个主文件。如果没有指定 PRIMARY，那么 CREATE DATABASE 语句中列出的第一个文件将成为主文件。

• LOG ON：指定用来存储数据库日志的日志文件。如果没有指定 LOG ON，系统将自动创建一个日志文件，其大小为该数据库的所有数据文件大小总和的 25% 或 512KB，取两者之中的较大者。

• NAME：指定文件的逻辑名称。

• FILENAME：指定创建文件时由操作系统使用的路径和文件名。执行 CREATE DATABASE 语句前，指定的路径必须存在。

• SIZE：指定数据库文件的初始大小，如果没有为主文件提供 SIZE，数据库引擎将使用 model 数据库中的主文件的大小。

• MAXSIZE：指定文件的最大容量。默认后缀为 MB，如不指定，则文件的大小将不断增长直至磁盘被占满。

• FILEGROWTH：指定文件的自动增量。默认后缀为 MB，如果指定 %，则增量大小为发生增长时文件大小的指定百分比。

【例 3-1】创建一个数据库 TEST，要求：该数据库的主数据文件逻辑名为 TEST，物理文件名为 TEST.mdf，初始大小为 5MB，最大尺寸为 15MB，增长速度为 10%；数据库日志文件的逻辑名称为 TEST_LOG，保存日志的物理文件名称为 TEST.ldf，初始大小为 1MB，最大尺寸为 3MB，增长速度为 128KB。具体操作实现如下。

（1）启动 SQL Server 管理平台（SQL Server Management Studio，SSMS），依次选择【文件】→【新建】→【使用当前连接的查询】，如图 3.8 所示。

（2）在打开的空白 .sql 文档中输入如下语句。

```
CREATE DATABASE TEST ON PRIMARY
(
NAME = 'TEST_DB',
FILENAME = 'D:\TEST.MDF',
SIZE =5MB,
MAXSIZE =15MB,
FILEGROWTH=10%
```

```
)
LOG ON
(
NAME = 'TEST_LOG',
FILENAME='D:\TEST_LOG.LDF',
SIZE =1024KB,
MAXSIZE=3MB,
FILEGROWTH=128KB
);
```

（3）单击【执行】按钮，命令执行成功后，刷新数据库节点，就可以看到新创建的数据库。如图 3.9 所示。

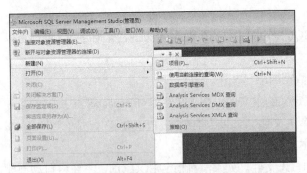

图 3.8　新建数据库

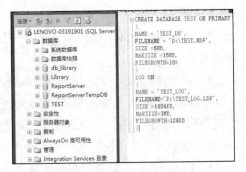

图 3.9　新建 TEST 数据库

SQL Server 创建数据库的方法有两种，除上述方法外，还有一种是使用对象资源管理器创建数据库。具体步骤如下。

（1）启动 SQL Server Management Studio，使用账户登录数据库服务器。然后在【对象资源管理器】窗口中打开【数据库】节点，并在此节点上单击鼠标右键，在弹出的快捷菜单中选择【新建数据库】菜单，如图 3.10 所示。

（2）打开【新建数据库】窗口。该窗口左侧选项页中有【常规】【选项】【文件组】3 个选项。默认选择的是【常规】选项。该窗口的右侧包括【数据库名称】【所有者】等参数，具体参数如图 3.11 所示。

图 3.10　【新建数据库】菜单命令

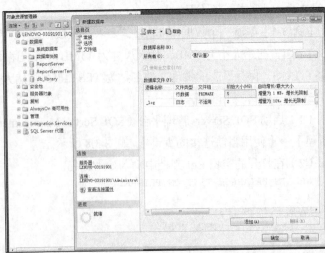

图 3.11　【新建数据库】窗口

下面对各参数进行简要介绍。

* 数据库名称：数据库名称常采用产品或者项目的名字命名，在命名时避免使用特殊字符，如 "'" "'" "*" "/" "?" ":" "\" "<" ">" "_" 等。此处数据库名称输入图书馆。

* 所有者：指定任何一个拥有创建数据库权限的账户。如果使用 Windows 系统身份验证登录，则这里的值将会是系统用户 ID；如果使用 SQL Server 身份验证登录，则这里的值将会是连接到服务器的 ID。此处的默认值的意思为当前登录到 SQL Server 的账户。

* 使用全文索引：若勾选该复选框，则表示想让数据库具有搜索特定内容的字段。

* 逻辑名称：引用文件时使用的文件的名称。

* 文件类型：表示该文件存放的内容，行数据表示这是一个数据库文件，其中存储了数据库中的数据；日志文件中记录的是用户对数据进行的操作。

* 文件组：为数据库中的文件指定文件组，可以指定的值有 PRIMARY 和 SECOND。数据库中必须有一个主文件组（PRIMARY）。

* 初始大小：该列下的两个值分别表示数据库文件的初始大小为 5MB，日志文件的初始大小为 1MB。

* 自动增长：指当数据文件超过初始大小时，文件大小增加的速度，数据文件每次增加 1MB，日志文件每次增加的大小为初始大小的 10%；默认情况下，增长时不限制文件的增长极限，但磁盘空间可能会被完全占满。因此，在应用时，用户要根据需要设置一个合理的文件增长的最大值。

* 路径：指数据文件和日志文件的保存位置。默认路径为 "C:\Program Files\Microsoft SQL Server\MSSQL11.MSSQLSERVER\MSSQL\DATA"。如果要修改路径，则用户需单击路径右边按钮，选择保存数据的路径。

* 文件名：用来存储数据库中数据的物理文件名称。

选择页中【选项】【文件组】两项这里不做详细介绍。

3.3.2　删除数据库

因为数据库被删除后系统无法轻易恢复被删除的数据，所以要慎重选择。如果数据库正在使用或正在恢复，则一般不能被删除。

1. 使用 DROP 语句

使用 DROP 语句可以一次删除一个或多个数据库。基本语法格式如下。

```
DROP DATABASE database_name [,…n];
```

【例 3-2】删除数据库 TEST。

语句如下。

```
DROP DATABASE TEST;
```

2. 使用对象资源管理器删除

使用对象资源管理器删除数据库 TEST 的具体步骤如下。

（1）在对象资源管理器中选中要删除的数据库，从弹出菜单中选择【删除】命令，打开图 3.12 所示的窗口。

（2）在打开的【删除对象】窗口中，确认删除数据库对象。在该窗口的最下方有关于是否选择【删除数据库备份和还原历史记录信息】和【关闭现有连接】复选框，用户可根据自身需要进行选择，最后单击【确定】按钮，完成数据库删除操作。

图 3.12　删除对象

3.3.3　修改数据库

对数据库的修改指的是对数据库属性的修改，方法有以下两种。

1. 使用 SQL 语句进行修改

用户使用 SQL 语句进行修改的基本语法格式如下。

```
ALTER DATABASE database_name
{
MODIFY NAME = new_database _name
| ADD FILE <filespec> [,…n] [ TO FILEGROUP { filegroup_name } ]
| ADD LOG FILE <filespec> [,…n]
|REMOVE FILE logical_file_name
|MODIFY FILE < filespec>
}
    < filespec>::=
(
NAME = logical_file_name
[,NEWNAME = new_logical_name ]
[,FILENAME = {'os_file_name' | 'filestream_path'}]
[,SIZE =size [ KB |MB | GB|TB ] ]
[, MAXSIZE = { max_size[KB |MB | GB|TB ] |UNLIMITED } ]
[,FILEGROWTH = growth_increment [KB |MB | GB|TB |% ] ]
[,OFFLINE ]
);
```

【说明】

- Database_name：表示要修改的数据库的名称。
- MODIFY NAME：指定新的数据库名称。
- ADD FILE：向数据库中添加文件。
- TO FILEGROUP{filegroup_name}：将指定文件添加到的文件组，其中，Filegroup_name 为文件组名称。

- ADD LOG FILE：将要添加的日志文件添加到指定的数据库。

- REMOVE FILE logical_file_name：指从 SQL Server 的实例中删除逻辑文件并删除物理文件。除非文件为空，否则无法删除文件。Logical_file_name 是在 SQL Server 中引用文件时所用的逻辑名称。

- MODIFY FILE：指定应修改的文件。一次只能更改一个<filespec>属性。必须在<filespec>中指定 NAME，以标识要修改的文件。如果指定了 SIZE，那么新文件大小必须比文件当前大小要大。

【例 3-3】修改数据库 TEST 的日志文件大小为 10MB。语句如下。

```
ALTER DATABASE TEST
MODIFY File
(
    NAME = TEST_LOG,
    SIZE = 10MB
);
```

2. 使用对象资源管理器修改

具体步骤为：打开【数据库】节点，用鼠标右键单击需要修改的数据库，在弹出的菜单中选择【属性】，在打开的【数据库属性】窗口左侧有可进行修改的属性，如图 3.13 所示，包括常规、文件、文件组、选项、更改跟踪、权限、扩展属性、镜像、事务日志传送。用户可以根据需要对相应权限进行修改。

图 3.13　【数据库属性】窗口

3.3.4　数据库重命名

【例 3-4】将 TEST 数据库名称改为 TEST2。

1. 使用 SQL 语句更名

使用 ALTER DATABASE 语句可以修改数据库名称，其语法格式如下。

```
ALTER DATABASE old_database_name MODIFY NAME=new_database_name;
```

如将数据库 TEST2 的名称修改为 TEST，输入语句如下。

```
ALTER DATABASE TEST2 MODIFY NAME=TEST;
```

执行成功后，刷新数据库节点，可以看到修改后的新数据库名称。

2. 使用对象资源管理器更名

（1）在 TEST 数据库节点上单击鼠标右键，在弹出的快捷菜单中选择【重命名】，如图 3.14 所示。

（2）在显示的文本框中输入新的数据库名称 TEST2，如图 3.15 所示。

图 3.14　数据库重命名

图 3.15　修改数据库名称

3.3.5　查看数据库信息

创建好的数据库可以通过 SSMS 查看数据库信息。打开 SSMS 窗口之后，用户可在【对象资源管理器】窗口中，使用鼠标右键单击要查看信息的数据库节点，在弹出的快捷菜单中选择【属性】，接着在弹出的【数据库属性】窗口中即可查看数据库基本信息、文件信息、文件组信息和权限信息等，如图 3.16 所示。

图 3.16　查看数据库基本信息

本　章　小　结

SQL Server 2012 包括数据表、视图、索引、存储过程及触发器常用对象，由数据库引擎、分析服务、集成服务和报表服务组成。SQL 是目前数据库系统中应用最广泛的标准语言，可分为数据定义、数据操作、数据控制。本章详细介绍了数据库基本操作。

习 题 3

一、填空题

（1）SQL Server 2012 常用对象包括_____、_____、索引、存储过程及触发器等。

（2）删除表的命令是_____。

（3）删除数据库的命令是_____。

（4）视图是从其他_____或视图导出的表。

（5）SQL 的功能包括_____、_____、_____。

（6）创建数据库的命令是_____。

（7）修改表的命令是_____。

（8）SQL Server 2012 的系统数据库包括_____、_____、_____、_____。

二、选择题

（1）如果要在一张管理职工工资的表中限制工资的输入范围，应使用（   ）约束。

    A. PDRIMARY KEY   B. FOREIGN KEY   C. unique   D. check

（2）记录数据库事务操作信息的文件是（   ）。

    A. 数据文件   B. 索引文件   C. 辅助数据文件   D. 日志文件

（3）列值为空值（NULL），则说明这一列（   ）。

    A. 数值为 0   B. 数值为空格   C. 数值是未知的   D. 不存在

（4）下面不属于数据定义功能的 SQL 语句是（   ）。

    A. CREATE TABLE B. CREATE CURSOR C. UPDATE   D. ALTER TABLE

（5）在 T-SQL 语言中，若要修改某张表的结构，应该使用的修改关键字是（   ）。

    A. ALTER   B. UPDATE   C. UPDAET   D. ALLTER

（6）SQL 语言称为（   ）。

    A. 结构化定义语言 B. 结构化控制语言 C. 结构化查询语言 D. 结构人操纵语言

（7）下列 SQL 语句命令，属于 DDL 语言的是（   ）。

    A. SELECT   B. CREATE   C. GRANT   D. DELETE

（8）以下操作不属于数据更新的是（   ）。

    A. 插入   B. 删除   C. 修改   D. 查询

（9）下列不是 SQL Server 2012 的系统数据库的是（   ）。

    A. master 数据库 B. msdb 数据库   C. pubs 数据库   D. model 数据库

三、简答题

（1）SQL Server 2012 由哪几部分组成？

（2）SQL Server 2012 的系统数据库有哪几种？功能是什么？

（3）SQL 的功能有哪些？

（4）SQL 常用的数据类型有哪些？

第4章　数据表基本操作

学习目标

- 掌握 CREATE、DROP、ALTER 的应用。
- 掌握 SELECT 语句的应用。
- 掌握 INSERT 语句的应用。
- 掌握 UPDATE、DELETE 语句的应用。
- 掌握 GRANT、DENY、REVOKE 等语句的应用。

在 SQL Server 中，表存储在数据库中。当数据库建立之后，用户接下来的工作就是建立存储数据的表。用户可以通过数据定义语言创建数据表，并对数据表进行修改、删除操作。数据库表创建好后，为使用户能够查询数据库中数据，数据库管理员需要对数据表中的数据进行插入、删除、更新、查询以及权限设置。

本章主要介绍如何对数据表进行操作，包括表的创建、修改、删除、对表中数据的查询、表中数据的插入、删除、更新，以及权限的设置等内容。本章主要用到读者信息表、图书信息表和图书借阅信息表，相关表结构和表内容如附录 B 所示。

4.1 数据表的定义

4.1.1 创建数据表

数据库的主要对象是数据表。数据表是一系列二维表的集合，简称表。例如，图书信息表中的每列包含的是图书的相关信息，如图书名称、作者等；每行则包含了某本图书的所有信息，如图书编号、图书名称、作者、译者、出版社、出版日期、图书价格等，而这些信息构成了一条记录。

所谓创建数据表指的是在已经创建好的数据库中创建新表。这个过程就是规定数据列属性、实施数据完整性约束的过程。

使用 **CREATE** 语句创建新表的基本语法格式如下。

```
CREATE TABLE [database_name.[schema_name].] table_name
[column_name <data_type>
[NULL|NOT NULL ]|[DEFAULT constant_expression ]|[ROWGUIDECOL ]
{PRIMARY KEY|UNIQUE} [CLUSTERED | NONCLUSTERED ]
[ ASC|DESC]
] [,…n];
```

【说明】

- database_name：指定要在其中创建表的数据库名称，不指定数据库名称，则默认使用当前数据库。
- schema_name：指定新表所属架构的名称，若此项为空，则默认为新表的创建者所在的当前架构。
- table_name：指定创建的数据表的名称。
- column_name：指定数据表中的各个列的名称，列名称必须唯一。
- data_type：指定字段列的数据类型，可以是系统数据类型也可以是用户定义数据类型。
- NULL| NOT NULL：表示确定列中是否允许使用空值。
- DEFAULT：用于指定列的默认值。
- ROWGUIDCOL：指示新列是行全局唯一标识符列。对于每个表，只能将其中的一个 uniqueidentifier 列指定为 ROWGUIDCOL 列。
- PRIMARY KEY：主键约束，通过唯一索引对给定的一列或多列强制实体完整性的约束。每个表只能创建一个 PRIMARY KEY 约束。PRIMARY KEY 约束中的所有列都必须定义为 NOT NULL。
- UNIQUE：唯一性约束。该约束通过唯一索引为一个或多个指定列提供实体完整性。一个表可以有多个 UNIQUE 约束。
- CLUSTERED|NONCLUSTERED：表示为 PRIMARY KEY 或 UNIQUE 约束创建聚集索引还是非聚集索引。PRIMARY KEY 约束默认为 CLUSTERED，而 UNIQUE 约束默认为 NONCLUSTERED。在 CREATE TABLE 语句中，可只为一个约束指定 CLUSTERED。如果在为 UNIQUE 约束指定 CLUSTERED 的同时又指定了 PRIMARY KEY 约束，则 PRIMARY KEY 将默认为 NONCLUSTERED。
- ASC|DESC：指定加入表约束中的一列或多列的排序顺序，其中，ASC 为升序排列，DESC 为降序排列，默认值为 ASC。

【例 4-1】使用 SQL 语句创建读者信息表，并设置读者编号为主键，读者姓名取值唯一，语句如下。

```
CREATE TABLE 读者信息表
(
读者编号 varchar(13)  PRIMARY KEY,
读者姓名 varchar(10)  UNIQUE,
性别 varchar(2)  NOT NULL,
年龄 int,
证件号码 varchar(30)  NOT NULL
);
```

【例 4-2】使用 SQL 语句创建图书信息表、图书借阅信息表，语句如下。

```
CREATE TABLE 图书信息表
(
图书编号 varchar(13)  PRIMARY KEY,
图书名称 varchar(40)  NOT NULL,
作者 varchar(21)  NOT NULL,
译者 varchar(30),
```

```
出版社 varchar(50)  NOT NULL,
出版日期 date  NOT NULL,
图书价格 money NOT NULL
);
CREATE TABLE 图书借阅信息表
(
图书编号 VARCHAR(13),
读者编号 VARCHAR(13),
操作员编号 VARCHAR(13),
借阅日期 datetime  NOT NULL,
归还日期 datetime,
PRIMARY KEY(图书编号,读者编号，借阅日期)
);
```

图 4.1 新建表

另外，也可以使用对象资源管理器创建数据表，具体操作步骤如下。

（1）启动 SQL Server Management Studio，在【对象资源管理器】中展开【数据库】节点，选择数据库，如这里选择【图书馆】数据库，鼠标右键单击【表】节点，在弹出的快捷菜单中选择【新建表】菜单项。如图 4.1 所示。

（2）打开【表设计】窗口，在窗口中输入表中各字段名及数据类型，并设置是否允许为 Null。如图 4.2 所示。

（3）单击【保存】或【关闭】按钮，在弹出的【选择名称】对话框中输入表名称读者信息表，单击【确定】按钮完成表创建。如图 4.3 所示。

	列名	数据类型	允许 Null 值
🔑	图书编号	varchar(13)	☐
▶	图书名称	varchar(40)	☑
	作者	varchar(21)	☑
	译者	nchar(30)	☑
	出版社	varchar(50)	☑
	出版日期	date	☑
	图书价格	money	☑
			☐

图 4.2 图书信息表结构

图 4.3 【选择名称】对话框

（4）在【表】节点上右键单击，选择【刷新】，即可看到创建的新表。

采用同样方法创建另外两张表。

4.1.2 删除数据表

当数据表不再使用时，用户可以将其删除。

【例 4-3】删除图书信息表。

语句如下。

```
DROP TABLE 图书信息表;
```

使用对象资源管理器进行删除，找到待删除的表，其步骤与删除数据库比较相似，这里不再赘述。

4.1.3 修改数据表

数据表创建完成后，用户可以对数据表进行管理，包括表名称、字段名、数据类型等。下面介绍两种修改数据表的方法。

【例 4-4】向图书信息表中添加类型编号字段，其数据类型为文本，不允许为空。

1. 使用 SQL 语句进行管理修改

ALTER TABLE 语句的基本语法格式如下。

```
ALTER TABLE  table_name
{
ADD column_name type_name
[NULL | NOT NULL ] |[ DEFAULT constant_expression] | [ ROWGUIDCOL ]
{ PRIMARY KEY | UNIQUE } [ CLUSTERED | NONCLUSTERED ]
};
```

【说明】

① table_name：新增字段的数据表名称。

② column_name：新增字段名称。

③ type_name：新增字段数据类型。

在新建查询中输入以下语句并执行即可为图书信息表新增字段。

```
ALTER TABLE 图书信息表 ADD 类别编号 varchar(13) not null;
```

2. 使用对象资源管理器修改

打开【对象资源管理器】，选择读者信息表右键单击，在弹出的快捷菜单中选择【设计】，直接对话框中输入类别编号及数据类型的选择，如图 4.4 所示。

如要对字段的属性、约束条件等进行修改，可在设计界面进行，这里不再具体介绍。

	列名	数据类型	允许 Null 值
⚷	图书编号	varchar(13)	☐
	图书名称	varchar(40)	☐
	作者	varchar(21)	☐
	译者	varchar(30)	☑
	出版社	varchar(50)	☐
	出版日期	date	☑
	图书价格	money	☐
▶	类别编号	varchar(13)	☑
			☐

图 4.4　添加字段

4.2　数据操作

4.2.1　数据查询

数据库管理系统的最重要的功能之一就是提供数据查询。数据查询就是从数据库存放的数据中找出符合某种条件的部分数据或者将这些数据找出来之后，再对它们进行适当的运算，然后得到某种汇总信息。数据查询对象可以是基本表，也可以是视图。

使用 SELECT 语句的基本语法结构如下。

```
SELECT [ ALL | DISTINCT ] { *| <select_list>}
FROM table_name | view_name
[ WHERE <condition> ]
[ GROUP BY <column_name>] [ HAVING < expression > ]
[ OREDER BY < select_list >] [ ASC | DESC ]
```

【说明】

- ALL：指定在结果集中可以包含重复行。
- DISTINCT：指定在结果集中只能包含唯一行。对于 DISTINCT 关键字来说，NULL 值是相等的。
- { *| < select_list >}：星号通配符和选字段列表，其中，"*"表示查询所有的字段；"select_list"表示查询指定的字段，字段列至少包含一个字段名称，如果要查询多个字段，多个字段之间用逗号隔开，最后一个字段后不要加逗号。
- FROM table_name | view_name：表示查询数据的来源，其中，table_name 表示从数据表中查询数据，view_name 表示从视图中查询。表和视图查询时均可指定单个或者多个。
- WHERE <condition>：指定查询结果需要满足的条件。
- GROUP BY < select_list >：按照指定的字段分组。
- [HAVING < expression >]：分组后的条件约束。
- OREDER BY < select_list >：按照指定字段进行排序，默认升序（ASC），降序（DESC）。

1. 查询记录中指定字段

【例 4-5】查询所有图书的书名和价格。

```
SELECT 图书名称,图书价格
FROM 图书信息表;
```

查询结果如图 4.5 所示。

【例 4-6】查询所有读者的读者编号和姓名。

```
SELECT 读者编号,读者姓名
FROM 读者信息表;
```

查询结果如图 4.6 所示。

	图书名称	图书价格
1	算法与数据结构	39.80
2	软件测试（原书第2版）	30.00
3	操作系统：精髓与设计原理（原书第6版）	69.00
4	HTML+CSS网页设计与布局从入门到精通	49.00
5	Google软件测试之道	59.00
6	中文版AutoCAD 2014技术大全	85.30
7	计算机网络（第7版）	45.00
8	Java程序设计	36.00
9	C++程序设计（第3版）	49.50
10	Web编程技术——PHP+MySQL动态网页设计	33.00
11	活着	35.00
12	平凡的世界	108.00
13	堂吉诃德	21.60
14	见字如面	49.80
15	PHP程序设计	33.00

图 4.5 查询所有图书的书名和价格

	读者编号	读者姓名
1	20161818	李莎
2	20162345	薛蒙
3	20170001	张明
4	20170002	吴刚
5	20171234	李小兰
6	20172763	王平
7	20173212	薛雪
8	20175678	张小军

图 4.6 查询所有读者的读者号和姓名

2. 查询全部列

【例 4-7】查询所有图书信息。

```
SELECT *
FROM 图书信息表;
```

执行结果如图 4.7 所示。

	图书编号	图书名称	作者	译者	出版社	出版日期	图书价格	类别编号
1	9787030481900	算法与数据结构	江世宏	江世宏	科学出版社	2016-05-01 00:00:00	39.80	1
2	9787111185280	软件测试（原书第2版）	(美)佩腾（Patton,R.）	张小松	机械工业出版社	2006-04-01 00:00:00	30.00	3
3	9787111304265	操作系统：精髓与设计原理（原书第6版）	(美)斯托林斯	陈向群	机械工业出版社	2010-09-01 00:00:00	69.00	1
4	9787115183392	HTML+CSS网页设计与布局从入门到精通	温谦	温谦	人民邮电出版社	2008-08-01 00:00:00	49.00	5
5	9787115330246	Google软件测试之道	(美)惠特克	黄利	人民邮电出版社	2013-09-27 00:00:00	59.00	3
6	9787115344816	中文版AutoCAD 2014技术大全	周芳	周芳	人民邮电出版社	2014-04-01 00:00:00	85.30	6
7	9787121302954	计算机网络（第7版）	谢希仁	谢希仁	电子工业出版社	2016-12-01 00:00:00	45.00	1
8	9787302244752	Java程序设计	朱庆生,古平	朱庆生,古平	清华大学出版社	2012-08-01 00:00:00	36.00	4
9	9787302408307	C++程序设计（第3版）	谭浩强	谭浩强	清华大学出版社	2015-08-01 00:00:00	49.50	4
10	9787303129812	Web编程技术——PHP+MySQL动态网页设计	刘秋菊,刘书伦	刘秋菊,刘书伦	北京师范大学出版社	2011-09-01 00:00:00	33.00	1
11	9787530215593	活着	余华	余华	北京十月文艺出版社	2017-06-01 00:00:00	35.00	2
12	9787530216781	平凡的世界	路遥	路遥	北京十月文艺出版社	2017-06-01 00:00:00	108.00	2
13	9787535450388	堂吉诃德	塞万提斯	刘京胜	西安交通大学出版社	2011-06-01 00:00:00	21.60	7
14	9787540481346	见字如面	关正文	关正文	湖南文艺出版社	2017-07-01 00:00:00	49.80	7
15	9787811237252	PHP程序设计	李英梅,刘新飞	李英梅,刘新飞	北京交通大学出版社	2011-05-01 00:00:00	33.00	1

图 4.7　查询所有图书信息

3. 在查询结果中使用表达式

【例 4-8】查询全体读者的姓名及出生年份。

```
SELECT 读者姓名,2018-年龄          --假设当前年份是 2018
FROM 读者信息表;
```

查询结果如图 4.8 所示。

4. 消除取值重复的行

两个本来并不完全相同的元组，投影到指定的某些列上后，可能变成相同的行了，可以用 DISTINCT 取消它们。

【例 4-9】查询借阅了图书的读者的读者编号。

```
SELECT 读者编号
FROM 图书借阅信息表;
```

查询结果如图 4.9 所示。该查询结果里包含了许多重复行，去掉结果表中的重复行必须采用 DISTINCT 关键字，相关代码如下。

```
SELECT DISTINCT 读者编号
FROM 图书借阅信息表;
```

查询结果如图 4.10 所示。

	读者姓名	（无列名）
1	李莎	1997
2	薛蒙	1992
3	张明	1995
4	吴刚	1992
5	李小兰	1999
6	王平	1993
7	薛雪	1992
8	张小军	1986

图 4.8　查询全体读者的姓名及出生年份

	读者编号
1	20170001
2	20170001
3	20162345
4	20161818
5	20161818
6	20170002
7	20170002
8	20175678

图 4.9　查询借阅了图书的读者号

结果	消息
	读者编号
1	20161818
2	20162345
3	20170001
4	20170002
5	20175678

图 4.10　去掉重复行后的读者号

5. 显示部分查询结果

SELECT 将返回所有匹配的行，可能是表中所有的行，如果只需要返回第一行或者前几行，则使用 TOP 关键字。基本语法格式如下。

```
TOP n [PERCENT]
```

- N 为指定返回行数的数值。
- 如果指定了 PERCENT，则表示查询返回结果为符合条件的前 n% 的行。

【例 4-10】显示图书信息表中前 5 条记录。

```
SELECT TOP 5 *
FROM 图书信息表;
```

查询结果如图 4.11 所示。

	图书编号	图书名称	作者	译者	出版社	出版日期	图书价格	类别编号
1	9787030481900	算法与数据结构	江世宏	江世宏	科学出版社	2016-05-01 00:00:00	39.80	1
2	9787111185260	软件测试（原书第2版）	(美)佩腾（Patton,R.）	张小松	机械工业出版社	2006-04-01 00:00:00	30.00	3
3	9787111304265	操作系统：精髓与设计原理（原书第6版）	(美)斯托林斯	陈向群	机械工业出版社	2010-09-01 00:00:00	69.00	1
4	9787115183392	HTML+CSS网页设计与布局从入门到精通	温谦	温谦	人民邮电出版社	2008-08-01 00:00:00	49.00	5
5	9787115330246	Google软件测试之道	(美)惠特克	黄利	人民邮电出版社	2013-09-27 00:00:00	59.00	3

图 4.11　显示图书信息表中前 5 条记录

6. 带限定条件的查询

【例 4-11】查询年龄在 30 岁以下的读者的读者姓名及年龄。

```
SELECT 读者姓名,年龄
FROM 读者信息表
WHERE 年龄<30;
```

查询结果如图 4.12 所示。

【例 4-12】查询清华大学出版社出版的图书的信息。

```
SELECT *
FROM 图书信息表
WHERE 出版社='清华大学出版社';
```

查询结果如图 4.13 所示。

	读者姓名	年龄
1	李莎	21
2	薛蒙	26
3	张明	23
4	吴刚	26
5	李小兰	19
6	王平	25
7	薛雪	26

图 4.12　查询年龄在 30 岁以下的
读者姓名及年龄

	图书编号	图书名称	作者	译者	出版社	出版日期	图书价格	类别编号
1	9787302244752	Java程序设计	朱庆生,古平	朱庆生,古平	清华大学出版社	2012-08-01 00:00:00	36.00	4
2	9787302408307	C++程序设计（第3版）	谭浩强	谭浩强	清华大学出版社	2015-08-01 00:00:00	49.50	4

图 4.13　查询清华大学出版社出版的图书信息

7. 带 AND 的多条件查询

【例 4-13】查询年龄在 20~29 岁（包括 20 岁和 29 岁）的读者的
姓名和年龄。

```
SELECT 读者姓名,年龄
FROM 读者信息表
WHERE 年龄 >=20 AND 年龄<=29;
```

查询结果如图 4.14 所示。

	读者姓名	年龄
1	李莎	21
2	薛蒙	26
3	张明	23
4	吴刚	26
5	王平	25
6	薛雪	26

图 4.14　查询年龄在 20~29 岁的
读者姓名和年龄

8. 带 OR 的多条件查询

【例 4-14】查询清华大学出版社和人民邮电出版社出版的图书的图书编号和图书名称。

```
SELECT 图书编号,图书名称
FROM 图书信息表
WHERE 出版社='清华大学出版社'OR 出版社='人民邮电出版社';
```

查询结果如图 4.15 所示。

9. 带 IN 的查询

【例 4-15】查询清华大学出版社和人民邮电出版社出版的图书的图书编号、图书名称。

```
SELECT 图书编号,图书名称
FROM 图书信息表
WHERE 出版社 IN ('清华大学出版社','人民邮电出版社');
```

查询结果与图 4.15 一样。

【例 4-16】查询既不是清华大学出版社，也不是人民邮电出版社的图书的图书编号和图书名称。

```
SELECT 图书编号,图书名称
FROM 图书信息表
WHERE 出版社 NOT IN ('清华大学出版社','人民邮电出版社');
```

查询结果如图 4.16 所示。

图 4.15　查询清华大学出版社和人民邮电出版社出版的图书编号、图书名称

图 4.16　查询不是清华大学出版社和人民邮电出版社的图书编号和图书名称

10. 使用 LIKE 运算符进行匹配查询

谓词 LIKE 可以用来进行字符串的匹配。匹配串可以是完整的字符串，也可以含有通配符。可以使用的通配符如表 4.1 所示。

表 4.1　通配符

通配符	说　　明
%	包含零个或多个字符的任意字符串
_	任何单个字符
[]	指定范围（[a-f]）或集合（[abcdef]）中的任何单个字符
[^]	不属于指定范围（[a-f]）或集合（[abcdef]）中的任何单个字符

【例 4-17】查找读者编号为 20170001 的读者信息。

```
SELECT *
FROM 读者信息表
WHERE 读者编号 LIKE '20170001';
```

查询结果如图 4.17 所示。

【例 4-18】查询所有姓张的读者的姓名、性别。

```
SELECT 读者姓名,性别
FROM 读者信息表
WHERE 读者姓名 LIKE '张%';
```

查询结果如图 4.18 所示。

	读者编号	读者姓名	性别	年龄	证件号码
1	20170001	张明	男	23	345784199506126112

图 4.17　查找读者号为 20170001 的读者信息

	读者姓名	性别
1	张明	男
2	张小军	男

图 4.18　查询所有姓张的读者姓名、性别

【例 4-19】查询图书名称含有"软件"的所有图书的编号、名称、出版社。

```
SELECT *
FROM 图书信息表
WHERE 图书名称 LIKE '%软件%';
```

查询结果如图 4.19 所示。

	图书编号	图书名称	作者	译者	出版社	出版日期	图书价格	类别编号
1	9787111185260	软件测试（原书第2版）	(美)佩腾（Patton,R.）	张小松	机械工业出版社	2006-04-01 00:00:00	30.00	3
2	9787115330246	Google软件测试之道	(美)惠特克	黄利	人民邮电出版社	2013-09-27 00:00:00	59.00	3

图 4.19　查询图书名含有软件的所有图书编号、名称、出版社

【例 4-20】查询读者全名为两个汉字的读者的信息。

```
SELECT *
FROM 读者信息表
WHERE 读者姓名 LIKE '__';
```

查询结果如图 4.20 所示。

【例 4-21】查询读者姓名第 2 个字为"小"字的读者的信息。

```
SELECT *
FROM 读者信息表
WHERE 读者姓名 LIKE '_小%';
```

查询结果如图 4.21 所示。

	读者编号	读者姓名	性别	年龄	证件号码
1	20161818	李莎	女	21	512345199711022421
2	20162345	薛蒙	女	26	411234199205094025
3	20170001	张明	男	23	345784199506126112
4	20170002	吴刚	男	26	378541199207065112
5	20172763	王平	男	25	425423199312213031
6	20173212	薛雪	女	26	421223199202213021

图 4.20　查询读者全名为两个汉字的读者信息

	读者编号	读者姓名	性别	年龄	证件号码
1	20171234	李小兰	女	19	522123199908091221
2	20175678	张小军	男	32	522123198601023031

图 4.21　查询读者姓名第 2 个字为"小"字的读者信息

【例 4-22】查询所有不姓张的读者的信息。

```
SELECT *
FROM 读者信息表
WHERE 读者姓名 NOT LIKE '张%';
```

查询结果如图 4.22 所示。

【例 4-23】查询图书信息表中，图书名字以"efgh"4 个字母之一开头的图书名称。

```
SELECT 图书名称
FROM 图书信息表
WHERE 图书名称 LIKE '[efgh]%';
```

查询结果如图 4.23 所示。

	读者编号	读者姓名	性别	年龄	证件号码
1	20161818	李莎	女	21	512345199711022421
2	20162345	薛蒙	女	26	411234199205094025
3	20170002	吴刚	男	26	378541199207065112
4	20171234	李小兰	女	19	522123199908091221
5	20172763	王平	男	25	425423199312213031
6	20173212	薛雪	女	26	421223199202213021

	图书名称
1	Google软件测试之道
2	HTML+CSS网页设计与布局从入门到精通

图 4.22　查询所有不姓张的读者信息　　　　图 4.23　图书名字以"efgh"4 个字母之一开头的图书名称

【例 4-24】查询图书信息表中，图书名字不以"efgh"4 个字母之一开头的图书名称。

```
SELECT 图书名称
FROM 图书信息表
WHERE 图书名称 LIKE '[^efgh]%';
```

查询结果如图 4.24 所示。

11. 使用 BETWEEN AND 进行查询

【例 4-25】查询年龄在 20~29 岁（包括 20 岁和 29 岁）的读者的姓名和年龄。

```
SELECT 读者姓名,年龄
FROM 读者信息表
WHERE 年龄 BETWEEN 20 AND 29;
```

查询结果如图 4.25 所示。

	图书名称
1	C++程序设计（第3版）
2	Java程序设计
3	PHP程序设计
4	Web编程技术——PHP+MySQL动态网页设计
5	操作系统：精髓与设计原理（原书第6版）
6	活着
7	计算机网络（第7版）
8	见字如面
9	平凡的世界
10	软件测试（原书第2版）
11	算法与数据结构
12	堂吉诃德
13	中文版AutoCAD 2014技术大全

	读者姓名	年龄
1	李莎	21
2	薛蒙	26
3	张明	23
4	吴刚	26
5	王平	25
6	薛雪	26

图 4.24　图书名字不以"efgh"4 个字母之一开头的图书名称　　　图 4.25　查询年龄在 20~29 岁的读者姓名和年龄

【例 4-26】查询年龄不在 20～29 岁的读者的姓名和年龄。

```
SELECT 读者姓名,年龄
FROM 读者信息表
WHERE 年龄 NOT BETWEEN 20 AND 29;
```

查询结果如图 4.26 所示。

12. 对查询结果排序

【例 4-27】查询 25 岁以下读者的姓名和年龄，查询结果按年龄降序排列。

```
SELECT 读者姓名,年龄
FROM 读者信息表
WHERE 年龄<25
ORDER BY 年龄 DESC;
```

查询结果如图 4.27 所示。

图 4.26　查询年龄不在 20~29 岁的读者姓名和年龄

图 4.27　查询 25 岁以下读者的姓名和年龄

13. 聚集函数

聚集函数也叫统计函数或聚合函数，作用是对一组值进行计算并返回一个单值。SQL 提供了许多聚集函数，如表 4.2 所示。

表 4.2　聚集函数

函　　数	作　　用
AVG()	返回某列的平均值
COUNT()	返回某列的行数
MAX()	返回某列的最大值
MIN()	返回某列的最小值
SUM()	返回某列值的和

【例 4-28】查询读者的最大年龄、最小年龄、平均年龄。

```
SELECT MAX(年龄) 最大年龄,MIN(年龄) 最小年龄,AVG(年龄)
平均年龄
FROM 读者信息表;
```

查询结果如图 4.28 所示。

【例 4-29】查询读者人数。

```
SELECT COUNT(*) 读者人数
FROM 读者信息表;
```

查询结果如图 4.29 所示。

【例 4-30】统计类别编号为 1 的图书的价格总和。

```
SELECT SUM(图书价格) 价格总和
FROM 图书信息表
where 类别编号='1';
```

查询结果如图 4.30 所示。

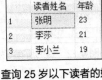

图 4.28　查询读者的最大年龄、最小年龄、平均年龄　　　图 4.29　查询读者人数　　图 4.30　统计类别编号为 1 的图书价格总和

在聚集函数遇到空值时，除 COUNT(*) 外，都跳过空值而只处理非空值。

14.　使用 GROUP BY 分组

【例 4-31】统计每类图书价格总和，并列出类型编号、图书价格总和。

SELECT 类别编号,SUM(图书价格)图书价格总和

FROM 图书信息表

GROUP BY 类别编号;

查询结果如图 4.31 所示。

GROUP BY 可以和 HAVING 一起限定显示记录所需满足的条件，只有满足条件的分组才会被显示。

【例 4-32】查询借阅图书数量多于一本的读者的读者编号。

SELECT 读者编号

FROM 图书借阅信息表

GROUP BY 读者编号

HAVING COUNT(*)>1;

查询结果如图 4.32 所示。

	类别编号	图书价格总和
1	1	219.80
2	2	143.00
3	3	89.00
4	4	85.50
5	5	49.00
6	6	85.30
7	7	71.40

图 4.31　统计每类图书价格总和

	读者编号
1	20161818
2	20170001
3	20170002

图 4.32　查询借阅图书数量多于一本的读者号

15.　嵌套查询

嵌套查询是指一个外层查询语句包含有另一个内层查询，其中，外层查询称为主查询，内层查询称为子查询。在 SELECT 子句中先计算子查询，子查询的结果作为外层查询的过滤条件。查询可以基于一个表或者多个表。子查询中可以使用比较运算符，如 "<" "<=" ">" ">=" "! =" 等。

【例 4-33】查询与《Java 程序设计》同一个出版社的图书的图书编号、图书名称、出版社。

SELECT 图书编号,图书名称,出版社

FROM 图书信息表

WHERE 出版社 IN (

SELECT 出版社

FROM 图书信息表

WHERE 图书名称='Java 程序设计');

查询结果如图 4.33 所示。

【例 4-34】查询借阅了图书《软件测试（原书第 2 版）》的读者的读者编号、读者姓名。

SELECT 读者编号,读者姓名

FROM 读者信息表

WHERE 读者编号 IN (

SELECT 读者编号

```
          FROM 图书借阅信息表
          WHERE 图书编号 IN (
                    SELECT 图书编号
                    FROM 图书信息表
                    WHERE 图书名称='软件测试（原书第 2 版）'));
```

查询结果如图 4.34 所示。

	图书编号	图书名称	出版社
1	9787302244752	Java程序设计	清华大学出版社
2	9787302408307	C++程序设计（第3版）	清华大学出版社

图 4.33　查询与《Java 程序设计》同一个出版社的图书

图 4.34　例 4-34 的查询结果

当内查询结果是一个值时（一本图书只有一个图书编号），可以用"="代替 IN，所以上面的语句也可以写成下面这种形式。

```
SELECT 读者编号,读者姓名
FROM 读者信息表
WHERE 读者编号 IN (
                    SELECT 读者编号
                    FROM 图书借阅信息表
                    WHERE 图书编号 = (
                              SELECT 图书编号
                              FROM 图书信息表
                              WHERE 图书名称='软件测试（原书第 2 版）'));
```

16. 连接查询

连接是关系数据库模型的主要特点。连接查询是关系数据库中最主要的查询，包括内连接、外连接等。

内连接要求两个表的相关字段满足连接条件。内连接的语法格式如下。

```
FROM TABLE1 [INNER] JOIN TABLE2 ON <连接条件>
```

内连接是最常用的连接类型，包括等值连接和不等连接。等值连接在连接条件中使用等于号（=）运算符比较被连接列的值，其查询结果中列出被连接表中的所有列，包括其中的重复列。

【例 4-35】查询每位读者及其借书情况。

```
SELECT 图书借阅信息表.*,读者信息表.*
FROM 图书借阅信息表 JOIN 读者信息表 ON 图书借阅信息表.读者编号= 读者信息表.读者编号;
```

查询结果如图 4.35 所示。

	图书编号	读者编号	操作员编号	借阅日期	归还日期	读者编号	性别	年龄	证件号码
1	9787030481900	20170001	1	2017-02-01 10:35:45.000	2017-03-25 09:50:21.000	20170001	张明	23	345784199506126112
2	9787111185260	20162345	1	2017-04-21 09:50:22.000	2017-05-20 11:50:12.000	20162345	薛蒙	26	411234199205094025
3	9787111185260	20170001	1	2017-02-01 10:35:46.000	2017-03-25 09:50:22.000	20170001	张明	23	345784199506126112
4	9787111185260	20170002	1	2017-05-28 14:00:00.000	2017-06-25 10:12:13.000	20170002	吴刚	26	378541199207065112
5	9787121302954	20175678	1	2017-07-14 08:30:00.000	2017-08-14 08:30:00.000	20175678	张小军	32	522123198601023031
6	9787530215593	20161818	1	2017-01-09 09:12:11.000	2017-01-12 15:12:11.000	20161818	李莎	21	512345199711022421
7	9787530216781	20161818	1	2017-07-02 08:56:11.000	2017-07-29 16:45:01.000	20161818	李莎	21	512345199711022421
8	9787811237252	20170002	1	2017-06-14 11:12:13.000	2017-07-12 16:12:15.000	20170002	吴刚	26	378541199207065112

图 4.35　查询每位读者及其借书情况

不等连接：在连接条件中使用除等于运算符以外的其他比较运算符，包括">""">=""<="""<"
"!>""!<"和"<>"。

【例 4-36】查询已经外借的图书中读者张明已归还的图书的信息。

```
SELECT 图书借阅信息表.*,读者信息表.*
FROM 图书借阅信息表 INNER JOIN 读者信息表
ON 图书借阅信息表.读者编号< > 读者信息表.读者编号
WHERE 读者姓名='张明';
```

查询结果如图 4.36 所示。

	图书编号	读者编号	操作员编号	借阅日期	归还日期	读者编号	读者姓名	性别	年龄	证件号码
1	9787111185260	20162345	1	2017-04-21 09:50:22.000	2017-05-20 11:50:12.000	20170001	张明	男	23	345784199506126112
2	9787111185260	20170002	1	2017-05-28 14:00:00.000	2017-06-25 10:12:13.000	20170001	张明	男	23	345784199506126112
3	9787121302954	20175678	1	2017-07-14 08:30:00.000	2017-08-14 08:30:00.000	20170001	张明	男	23	345784199506126112
4	9787530215593	20161818	1	2017-01-09 09:12:11.000	2017-01-12 15:12:11.000	20170001	张明	男	23	345784199506126112
5	9787530216781	20161818	1	2017-07-02 08:56:11.000	2017-07-29 16:45:01.000	20170001	张明	男	23	345784199506126112
6	9787811237252	20170002	1	2017-06-14 11:12:13.000	2017-07-12 16:12:15.000	20170001	张明	男	23	345784199506126112

图 4.36　例 4-36 的查询结果

内连接返回的查询结果仅是符合查询条件和连接条件的行，但有时候需要包含没有关联的行的数据，即返回到查询结果集合中的不仅包含符合连接条件的行，而且还包括连接表中所有数据行。

外连接只限制一张表中的数据必须满足连接条件，而另一张表中的数据可以不满足连接条件。外连接的语法格式如下。

```
FROM  TABLE1  LEFT|RIGHT [OUTER] JOIN TABLE2 ON  <连接条件>
```

外连接分为左外连接和右外连接。左外连接的含义是限制 TABLE2 中的数据必须满足连接条件，而不管 TABLE1 中的数据是否满足连接条件，均输出 TABLE1 中的数据，对应 TABLE2 中的属性填空值（NULL）。右外连接的含义是限制 TABLE1 中的数据必须满足连接条件，而不管 TABLE2 中的数据是否满足连接条件，均输出 TABLE2 中的数据，对应 TABLE1 中的属性填空值。

【例 4-37】查询读者的借书情况，包括借了图书的读者和没有借图书的读者。

```
SELECT 图书借阅信息表.读者编号,图书编号,读者姓名,性别,年龄
FROM 读者信息表 LEFT JOIN 图书借阅信息表
ON 图书借阅信息表.读者编号= 读者信息表.读者编号;
```

查询结果如图 4.37 所示。

【例 4-38】查询借了图书的读者信息。

```
SELECT 图书借阅信息表.读者编号,图书编号,读者姓名,性别,年龄
FROM 图书借阅信息表 LEFT JOIN 读者信息表
ON 图书借阅信息表.读者编号= 读者信息表.读者编号;
```

查询结果如图 4.38 所示。

图 4.37　查询读者的借书情况

图 4.38　查询借了图书的读者信息

17. 带有 ANY、SOME 或 ALL 谓词的查询

ANY 和 SOME 是同义词，表示满足其中任一条件。ALL 与 ANY 和 SOME 不同，使用 ALL 时需要同时满足所有内层查询的条件。ANY、ALL 与聚集函数的对应关系如表 4.3 所示。

表 4.3　　ANY、ALL 与聚集函数的对应关系

运算符	=	<>或!=	<	<=	>	>=
ANY	IN	----	<MAX	<=MAX	>MIN	>=MIN
ALL	----	NOT IN	<MIN	<=MIN	>MAX	>=MAX

【例 4-39】查询图书价格至少比读者 20161818 所借某一本图书价格要高的图书的图书编号。

```
SELECT 图书编号
FROM 图书信息表
WHERE 图书价格>ANY (SELECT 图书价格
FROM 图书信息表
WHERE 图书编号 IN ( SELECT 图书编号
FROM 图书借阅信息表
WHERE 读者编号='20161818'))
AND 图书编号 NOT IN ( SELECT 图书编号
FROM 图书借阅信息表
WHERE 读者编号='20161818');
```

查询结果如图 4.39 所示。

【例 4-40】查询图书价格比读者 20170001 所借任意一本图书价格都要高的图书的图书编号。

```
SELECT 图书编号
FROM 图书信息表
WHERE 图书价格>ALL (SELECT 图书价格
FROM 图书信息表
WHERE 图书编号 IN ( SELECT 图书编号
FROM 图书借阅信息表
WHERE 读者编号='20170001'))
AND 图书编号 NOT IN ( SELECT 图书编号
FROM 图书借阅信息表
WHERE 读者编号='20170001');
```

查询结果如图 4.40 所示。

	图书编号
1	9787030481900
2	9787111304265
3	9787115183392
4	9787115330246
5	9787115344816
6	9787121302954
7	9787302244752
8	9787302408307
9	9787540481346

图 4.39　例 4-39 的查询结果

	图书编号
1	9787111304265
2	9787115183392
3	9787115330246
4	9787115344816
5	9787121302954
6	9787302408307
7	9787530216781
8	9787540481346

图 4.40　例 4-40 的查询结果

18. EXISTS

使用子查询进行存在性测试时，通常采用 EXISTS。带有 EXISTS 的子查询不返回任何数据，只产生逻辑真值 TRUE 或逻辑假值 FALSE。

【例 4-41】查询借阅了 9787111185260 图书的读者的姓名。

```
SELECT 读者姓名
FROM 读者信息表
WHERE EXISTS
( SELECT *
FROM 图书借阅信息表
WHERE 读者编号= 读者信息表.读者编号 AND 图书编号='9787111185260');
```

查询结果如图 4.41 所示。

NOT EXISTS 与 EXISTS 使用方法相同，返回的结果相反。

【例 4-42】查询没有借阅 9787111185260 图书的读者的姓名。

```
SELECT 读者姓名
FROM 读者信息表
WHERE NOT EXISTS
( SELECT *
FROM 图书借阅信息表
WHERE 读者编号= 读者信息表.读者编号 AND 图书编号='9787111185260');
```

查询结果如图 4.42 所示。

图 4.41　查询借阅了 9787111185260 图书的借阅者姓名

图 4.42　例 4-42 的查询结果

19. 集合查询

SELECT 语句的查询结果是元组的集合，所以多个 SELECT 语句的结果可以进行集合操作。集合操作要求各查询结果的列数必须相同，对应项的数据类型也必须相同。集合操作主要包括并操作 UNION、交操作 INTERSECT、差操作 EXCEPT。

使用 UNION 将多个查询结果合并起来时，系统自动去掉重复元组。如果想要将多个查询结果合并起来后保留重复元组，则用 UNION ALL 操作符。

【例 4-43】查询人民邮电出版社出版的、价格高于 50 元的图书的名称和对应价格。

```
SELECT 图书名称,图书价格
FROM 图书信息表
WHERE 出版社='人民邮电出版社'
UNION
SELECT 图书名称,图书价格
FROM 图书信息表
WHERE 图书价格>50;
```

查询结果如图 4.43 所示。

【例 4-44】查询借阅了图书编号为 9787111185260 的图书而没有借阅图书编号为 9787030481900 的图书的读者的编号。

```
SELECT 读者编号
FROM 图书借阅信息表
WHERE 图书编号='9787111185260'
EXCEPT
SELECT 读者编号
FROM 图书借阅信息表
WHERE 图书编号='9787030481900';
```

查询结果如图 4.44 所示。

	图书名称	图书价格
1	Google软件测试之道	59.00
2	HTML+CSS网页设计与布局从入门到精通	49.00
3	操作系统：精髓与设计原理（原书第8版）	69.00
4	平凡的世界	108.00
5	中文版AutoCAD 2014技术大全	85.30

图 4-43　例 4-43 的查询结果

	读者编号
1	20162345
2	20170002

图 4.44　例 4-44 的查询结果

【例 4-45】查询人民邮电出版社出版的、价格高于 50 元的图书的名称和对应的价格。要求用交集表示。

```
SELECT 图书名称,图书价格
FROM 图书信息表
WHERE 出版社='人民邮电出版社'
INTERSECT
SELECT 图书名称,图书价格
FROM 图书信息表
WHERE 图书价格>50;
```

查询结果如图 4.45 所示。

	图书名称	图书价格
1	Google软件测试之道	59.00
2	中文版AutoCAD 2014技术大全	85.30

图 4.45　例 4-45 的查询结果

4.2.2　数据更新

1. 插入数据

可以向已创建好的数据表中插入一条或多条记录。插入方法有两种，一种是使用对象资源管理器，另一种则通过 SQL 语句实现。

（1）使用对象资源管理器插入数据

【例 4-46】在图书借阅信息表中添加一条记录，具体步骤如下。

① 打开数据库，选定图书借阅信息表，右键单击，弹出快捷菜单，如图 4.46 所示。

② 在上述菜单中选择【编辑前 200 行】，打开图 4.47 所示界面。

图 4.46　数据表右键菜单

	图书编号	读者编号	操作员编号	借阅日期	归还日期
▶	9787030481900	20170001	1	2017-02-01 1...	2017-03-25 0...
	9787111185260	20162345	1	2017-04-21 0...	2017-05-20 1...
	9787111185260	20170001	1	2017-02-01 1...	2017-03-25 0...
	9787111185260	20170002	1	2017-05-28 1...	2017-06-25 1...
	9787121302954	20175678	1	2017-07-14 0...	2017-08-14 0...
	9787530215593	20161818	1	2017-01-09 0...	2017-01-12 1...
	9787530216781	20161818	1	2017-07-02 0...	2017-07-29 1...
	9787811237252	20170002	1	2017-06-14 1...	2017-07-12 1...
*	NULL	NULL	NULL	NULL	NULL

图 4.47　编辑前 200 行界面

③ 添加相应记录，单击【保存】按钮或直接关闭图书借阅信息表。再一次重新打开该表即可看到添加信息。

如果需要添加多条元组，就如 Excel 表一样继续往下填写即可。

（2）使用 SQL 语句插入数据

采用 INSERT 语句插入数据的基本语法格式如下。

```
INSERT INTO table_name(column_list)
values (value_list);
```

【说明】

- table_name：指定要插入数据的表名。

- column_list：指定要插入数据的那些列。如不指定字段列表，则后面的 value_list 中的每一个值都必须与表中对应位置处的值相匹配。

- value_list：指定每个列对应插入的数据。字段列和数据值的数量必须相同，多个值之间使用逗号隔开。value_list 中的值可以是 DEFAULT、NULL 或表达式，其中，DEFAULT 表示插入该列在定义时的默认值；NULL 表示插入空值；表达式可以是一个运算过程，也可以是一个 SELECT 查询语句，SQL Server 将插入表达式计算之后的结果。

【例 4-47】向读者信息表中插入一条新记录。相关语句如下。

```
INSERT INTO 读者信息表
VALUES('20171245','赵敏','女',54,4233231963309123021);
```

或者

```
INSERT INTO 读者信息表(读者编号,读者姓名,性别,年龄,证件号码)
VALUES('20171245','赵敏','女',54,4233231963309123021);
```

执行语句后，刷新读者信息表，按照读者编号升序排列后，如图 4.48 所示。

【例 4-48】向读者信息表中插入多条新记录。相关语句如下。

```
INSERT INTO 读者信息表
VALUES('20173903','李小龙','男',19,4233231998070013033),
('20173213','肖晓','女',25,4212131992030333021),
('20172764','王小平','男',24,5254231993020933031);
```

执行语句后，刷新读者信息表，按照读者编号升序排列后，如图 4.49 所示。

读者编号	读者姓名	性别	年龄	证件号码
20161818	李莎	女	21	51234519971...
20162345	薛蒙	女	26	41123419920...
20170001	张明	男	23	34578419950...
20170002	吴刚	男	26	37854119920...
20171234	李小兰	女	19	52212319990...
20171245	赵敏	女	54	42332319630...
20172763	王平	男	25	42542319931...
20173212	薛蕾	女	26	42122319920...
20175678	张小军	男	32	52212319860...

图 4.48 读者信息表增加新记录

读者编号	读者姓名	性别	年龄	证件号码
20161818	李莎	女	21	51234519971...
20162345	薛蒙	女	26	41123419920...
20170001	张明	男	23	34578419950...
20170002	吴刚	男	26	37854119920...
20171234	李小兰	女	19	52212319990...
20171245	赵敏	女	54	42332319630...
20172763	王平	男	25	42542319931...
20172764	王小平	男	24	52542319930...
20173212	薛蕾	女	26	42122319920...
20173213	肖晓	女	25	42121319920...
20173903	李小龙	男	19	42332319980...
20175678	张小军	男	32	52212319860...

图 4.49 读者信息表成功插入多条新记录

【例 4-49】每一本图书都有对应的类别编号。要求计算每类图书的平均价格，并把结果存入数据库。

如果数据库中没有存放每类图书平均价格的数据表，则需要新建一个图书平均价格表来存放有关信息，这时，整个处理分为以下两步。

第一步：建表。相关语句如下。

```
CREATE TABLE 图书平均价格表
(类别编号 varchar(10)PRIMARY KEY,
avg_图书价格  money);
```

第二步：插入数据。相关语句如下。

```
INSERT INTO 图书平均价格表
SELECT 类别编号,AVG(图书价格)
FROM 图书信息表
GROUP BY 类别编号;
```

结果如图 4.50 所示。

类别编号	avg_图书价格
1	43.9600
2	71.5000
3	44.5000
4	42.7500
5	49.0000
6	85.3000
7	35.7000

图 4.50 每类图书平均价格

2. 更新数据

当表中的某些数据发生了变化，就需要对表中的已有数据进行修改。本节介绍两种更新方法。

（1）使用对象资源管理器更新数据

采用对象资源管理器的方式进行更新时，是直接通过打开表，修改表中数据的形式进行的。步骤与插入数据的操作类似，只是更新操作是对已有数据进行修改。这里不再介绍具体步骤。

（2）使用 SQL 语句更新数据

采用 UPDATE 语句更新数据的基本语法格式如下。

```
UPDATE table_name
SET column_name1 = value1[,…n]
[WHERE search_condition]
```

【说明】

- column_name1：为指定修改的字段名称。
- search_condition 指定修改的记录需要满足的条件。

修改多列时，每个"列=值"（column_name=value）对之间用逗号隔开，最后一列之后不需要逗号。WHERE 子句指定待更新的记录需要满足的条件，具体的条件在 search_condition 中指定。如果不指定 WHERE 子句，则对表中所有的数据进行更新。

【例 4-50】将读者信息表中读者编号 20173902 对应的读者姓名改为"李洋"。

```
UPDATE 读者信息表
SET 读者姓名='李洋'
WHERE 读者编号='20170002';
```

结果如图 4.51 所示。

【例 4-51】将所有读者的年龄增加 1 岁。

```
UPDATE 读者信息表
SET 年龄=年龄+1;
```

结果如图 4.52 所示。

读者编号	读者姓名	性别	年龄	证件号码
20161818	李莎	女	21	51234519971...
20162345	薛蒙	女	26	41123419920...
20170001	张明	男	23	34578419950...
20170002	李洋	男	26	37854119920...
20171234	李小兰	女	19	52212319990...
20171245	赵敏	女	54	42332319630...
20172763	王平	男	25	42542319931...
20172764	王小平	男	24	52542319930...
20173212	薛雪	女	26	42122319920...
20173213	肖晓	女	25	42121319920...
20173903	李小龙	男	19	42332319980...
20175678	张小军	男	32	52212319860...

图 4.51　修改读者信息表中的读者姓名

读者编号	读者姓名	性别	年龄	证件号码
20161818	李莎	女	22	51234519971...
20162345	薛蒙	女	27	41123419920...
20170001	张明	男	24	34578419950...
20170002	李洋	男	27	37854119920...
20171234	李小兰	女	20	52212319990...
20171245	赵敏	女	55	42332319630...
20172763	王平	男	26	42542319931...
20172764	王小平	男	25	52542319930...
20173212	薛雪	女	27	42122319920...
20173213	肖晓	女	26	42121319920...
20173903	李小龙	男	20	42332319980...
20175678	张小军	男	33	52212319860...

图 4.52　将所有读者的年龄增加 1 岁

3. 删除数据

数据的删除可以删除表中部分记录，也可以删除全部记录。删除的方法有如下两种。

（1）使用对象资源管理器删除数据

【例 4-52】删除读者信息表中读者"李洋"的信息。

① 打开数据库，选定读者信息表，单击鼠标右键，弹出快捷菜单，选择【编辑前 200 行】。打开表格之后，选定要删除的行，再在该行单击鼠标右键，弹出快捷菜单，如图 4.53 所示。

② 选择【删除】选项，弹出图 4.54 所示的对话框。

读者编号	读者姓名	性别	年龄	证件号码
20161818	李莎	女	22	51234519971...
20162345	薛蒙	女	27	41123419920...
20170001	张明	男	24	34578419950...

			男	27	37854119920...
▶ 执行 SQL(X)	Ctrl+R		女	20	52212319990...
✂ 剪切(T)	Ctrl+X		女	55	42332319630...
复制(Y)	Ctrl+C		男	26	42542319931...
粘贴(P)	Ctrl+V		男	25	52542319930...
✕ 删除(D)	Del		女	27	42122319920...
窗格(N)	▶		女	26	42121319920...
清除结果(L)			男	20	42332319980...
属性(R)	Alt+Enter		男	33	52212319860...
* NULL	NULL		NULL	NULL	NULL

图 4.53　快捷菜单

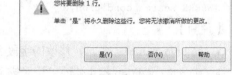

图 4.54　删除弹出框

③ 在图中单击【是】按钮，该条记录就被删除了。

如果需要删除多条记录，就同时选择多条要被删除的记录，重复上述操作即可。

（2）使用 SQL 语句删除数据

使用 Delete 语句删除数据的基本语法格式如下。

```
DELETE FROM table_name
[ WHERE condition ]
```

【说明】

- table_name：为执行删除操作的数据表。

- WHERE 子句：指定删除的记录要满足的条件。

- condition：条件表达式。

【例 4-53】删除读者信息表中读者"赵敏"的记录。相关语句如下。

```
DELETE FROM 读者信息表
WHERE 读者姓名='赵敏';
```

【例 4-54】删除读者信息表中所有记录。

```
DELETE FROM 读者信息表;
```

4.3　数据控制

数据控制语句（Data Control Language，DCL）用来设置、更改用户或角色权限，包括 GRANT、DENY、REVOKE 等语句。下面将分别进行介绍。

4.3.1　GRANT

SQL Server 服务器通过权限表来控制用户对数据库的访问。在数据库中添加一个新用户之后，该用户可以查询系统表的权限，而不具有操作数据库对象的任何权限。

GRANT 语句可以授予对数据库对象的操作权限，允许执行的权限包括查询、更新、删除等。

【例 4-55】对名称为 U1 的用户进行授权，允许其对图书信息表执行更新和删除操作，并允许它再将此权限授予其他用户。

```
GRANT UPDATE,DELETE ON 图书信息表 TO U1
WITH GRANT OPTION;
```

该语句中，UPDATE 和 DELETE 为允许被授予的操作权限；图书信息表为权限执行对象；U1 为被授予权限的用户名称；WITH GRANT OPTION 表示该用户还可以向其他用户授予其自身所拥有的权限。

【例 4-56】把查询读者信息表的权限授权给用户 U2。

```
GRANT SELECT ON 读者信息表 TO U2;
```

4.3.2　DENY

DENY 语句用来禁止某用户对指定表的查询操作。DENY 语句可以被管理员用来禁止某个用户对一个对象的所有访问权限。

【例 4-57】禁止 U3 用户对读者信息表的更新权限。

```
DENY UPDATE ON 读者信息表 TO U3 CASCADE;
```

4.3.3　REVOKE

既然可以授予用户权限，同样可以收回用户的权限。REVOKE 语句用来收回用户的权限。

【例 4-58】收回 U1 用户对读者信息表的删除权限。

```
REVOKE DELETE ON 读者信息表 FROM U1;
```

【例 4-59】收回所有用户对读者信息表的查询权限。

```
REVOKE SELECT ON 读者信息表 FROM PUBLIC;
```

本 章 小 结

本章着重介绍了 SQL 语句的格式及应用：首先介绍了数据查询操作，之后，分别从两方面介绍了数据的插入、删除、更新操作；最后介绍了数据控制操作。

习　题　4

一、填空题

（1）用 SELECT 进行模糊查询时，用户可以使用＿＿＿＿＿或＿＿＿＿＿谓词。

（2）用 SELECT 进行模糊查询时，用户要在条件值中使用＿＿＿＿＿或＿＿＿＿＿等通配符来配合查询。模糊查询只能针对字段类型是＿＿＿＿＿的查询。

（3）在 SQL 语言中，为了数据库的安全性，设置了对数据的存取进行控制的语句，对用户授权使用＿＿＿＿＿语句，收回所授的权限使用＿＿＿＿＿语句。

（4）SQL 语言是＿＿＿＿＿语言。

（5）SELECT 语句查询条件中的谓词"!=ALL"与运算符＿＿＿＿＿等价。

二、选择题

（1）在 SQL 查询语句中，（　　）子句指出的是分组后的条件。

    A．WHERE   B．HAVING   C．WHEN   D．GROUP

（2）若要将表 userInfo 从数据库中删除，则可使用以下的（　　）命令。

    A．DROP TABLE userInfo   B．TRUNCATE TABLE userInfo

    C．DELETE FROM userInfo   D．DROP FROM userInfo

（3）在数据库表 employee 中查找字段 empid 中以两个数字开头且第三个字符是下画线 "_" 的所有记录。以下语句正确的是（　　）。

    A．SELECT * FROM employee   WHERE empid LIKE '[0-9][0-9]_%'

    B．SELECT * FROM employee   WHERE empid LIKE '[0-9][0-9]_[%]'

    C．SELECT * FROM employee   WHERE empid LIKE '[0-9]9[_]%'

    D．SELECT * FROM employee   WHERE empid LIKE '[0-9][0-9][_]%'

（4）（　　）函数返回的是满足给定条件的平均值。

    A．Max(col_name)   B．Avg(col_name)   C．Sum(col_name)   D．COUNT(col_name)

（5）合并多个查询结果集，应使用（　　）关键字。

    A．join   B．union   C．into   D．and

（6）下面有关 HAVING 子句描述错误的是（　　）。

    A．HAVING 子句必须与 GROUPBY 子句同时使用，不能单独使用

    B．使用 HAVING 子句的同时不能使用 WHERE 子句

    C．使用 HAVING 子句的同时可以使用 WHERE 子句

    D．使用 HAVING 子句的作用是限定分组的条件

（7）在数据库 pubs 的表 authors 中查找以 ean 结尾的所有 4 个字母的作者所在的行，以下语句中正确的是（　　）。

    A．SELECT * FROM authors   WHERE au_fname LIKE '_ean'

    B．SELECT * FROM authors   WHERE au_fname LIKE '%ean'

    C．SELECT * FROM authors   WHERE au_fname LIKE '[_ean]'

    D．SELECT * FROM authors   WHERE au_fname LIKE '[%]ean'

（8）检索序列号（Prono）为空的所有记录的语句是（　　）。

    A．select * from Tab_ProInfor where Prono = ,,";

    B．select * from Tab_ProInfor where Prono = 0;

    C．select * from Tab_ProInfor where Prono is null;

    D．select * from Tab_ProInfor where Prono = ,,0"

（9）关键字（　　）可以把重复的记录去除掉。

    A．UNION   B．DISTINCT   C．ALL   D．TOP

（10）（　　）不是 SQL 中的聚合函数。

    A．AVG   B．SUM   C．LEN   D．MAX

（11）在 SQL 语言中授权的操作是通过（　　）语句实现的。

    A．CREATE   B．REVOKE   C．GRANT   D．INSERT

三、简答题

以下为 3 个基本表。

① 图书信息表，字段按顺序为图书编号、图书名称、作者、译者、出版社、出版日期、图书价格、类型编号。

② 读者信息表，字段按顺序为读者编号、读者姓名、性别、年龄、证件号码。

③ 图书借阅信息表，字段按顺序为图书编号、读者编号、借阅日期、归还日期。

根据下列各小题要求，写出对应的 SQL 语句。

（1）显示读者信息表中前 5 条记录。

（2）查询所有姓张的读者姓名、性别。

（3）查询读者人数。

（4）查询借阅了图书编号为 9787111185260 的读者的姓名。

（5）查询图书价格比读者 20170001 所借任意一本图书的价格都要高的图书的编号。

（6）每一本图书都有类别编号。求每类图书的最高价格，并把结果存入数据库。

（7）对名称为 U1 的用户进行授权，允许其对读者信息表执行更新和删除操作，并允许它再将此权限授予其他用户。

第5章 数据库设计

学习目标

- 了解数据库设计的特点，掌握数据库设计过程。
- 了解需求分析内容、方法和步骤。
- 了解概念结构设计的必要性和方法，掌握 E-R 模型的绘制技巧。
- 了解逻辑结构设计的任务，掌握 E-R 图向关系模型转换的方法。
- 了解物理结构设计。
- 了解数据库实施的主要工作内容。
- 了解数据库维护与运行的相关知识。

数据库设计是指利用现有的数据库管理系统，针对具体的应用对象构建适合的数据模式，建立数据库及其应用系统并使之能有效地收集、存储、操作和管理数据，满足企业中各类用户的应用要求。

从本质上讲，数据库设计是将数据库系统与现实世界进行密切的、协调一致的结合的过程。因此，数据库设计者必须非常清晰地了解数据库系统本身及其实际应用对象，这样才能设计出贴合实际的数据库系统知识。

本章介绍了数据库设计的特点和全过程，讲解了从需求分析到数据库的实施和维护各个阶段的任务。

5.1 数据库设计概述

数据库设计是指对于一个给定的应用环境，构造（设计）优化的数据库逻辑模式和物理结构，并据此建立数据库及其应用系统，使之能够有效地存储和管理数据，满足各种用户的应用需求。数据库设计涉及的内容很广泛，设计的质量与设计者的知识、经验和水平有密切的关系。

数据库设计面临的主要困难和问题如下。

（1）懂得计算机与数据库的人一般都缺乏应用业务知识和实际经验，而熟悉应用业务的人又往往不懂计算机和数据库，同时具备这两方面知识的人很少。

（2）在开始时往往不能明确应用业务的数据库系统目标。

（3）缺乏很完善的设计工具和方法。

（4）用户的要求往往不是一开始就明确的，而是在设计过程中不断地提出新的要求，甚至在数据库建立后还会要求修改数据库结构和增加新的应用。

（5）应用业务系统千差万别，很难找到一种适合所有应用业务的工具和方法。

数据库设计的目标是为用户和各种应用系统提供一个信息基础设施和高效率的运行环境。

5.1.1　数据库设计的特点

大型数据库的设计和开发的工作量大而且比较复杂，涉及多学科，是一项数据库工程，也是一项软件工程。数据库设计的很多阶段都可以对应于软件工程的阶段，软件工程的某些方法和工具也适合于数据库工程。但数据库设计是与用户的业务需求紧密相关的，因此它有很多自身的特点。

1. 三分技术，七分管理，十二分基础数据

数据库系统的设计和开发本质上是软件开发，不仅涉及有关的开发技术，还涉及开发过程中的管理问题。要建设好一个数据库应用系统，除了要有很强的开发技术，还要有完善、有效的管理，通过对开发人员和有关过程的控制管理，实现"1+1>2"的效果。一个企业的数据库建设的过程是企业管理模式的改革和提高的过程。

在数据库设计中，基础数据的作用非常关键，但往往被人们忽视。数据是数据库运行的基础，数据库的操作就是对数据的操作。如果基础数据不准确，则在此基础上的操作结果也就无意义了。因此，在数据库建设中，数据的收集、整理、组织和不断更新是至关重要的环节。

2. 综合性

数据库设计涉及的范围很广，包括计算机专业知识以及业务系统的专业知识，同时还要解决技术及非技术两方面的问题。

非技术问题包括组织机构的调整、管理体制的变更等。这些问题不是设计人员所能解决的，但新的管理信息系统要求必须有与之相适应的新的组织结构和新的管理机制。另一方面，在设计过程中，设计人员要去熟悉相应的业务系统知识。非技术问题若处理不好，则很有可能影响系统的开发进度，甚至导致设计无法进行。

3. 结构（数据）设计和行为（处理）设计相结合

结构设计是根据给定的应用环境，进行数据库模式或子模式的设计。它包括数据库概念设计、逻辑设计和物理设计。行为设计是指确定数据库用户的行为和动作。用户的行为和动作就是对数据库的操作。这些操作通过应用程序来实现。行为设计包括功能组织、流程控制等方面的设计。在传统的软件开发中，注重处理过程的设计，不太重视数据结构的设计，只要有可能就尽量推迟数据结构的设计。这种理念是不适合的。

数据库设计的主要精力首先放在数据结构的设计上，比如数据库表的结构、视图等，但这并不等于将结构设计和行为设计相互分离。相反，必须强调在数据库设计中要把结构设计和行为设计结合起来。

5.1.2　数据库设计方法

早期数据库设计主要是采用手工与经验相结合的方法。设计的质量与设计人员的经验和水平有直接关系，缺乏科学理论和工程方法的支持，质量难以保证。

为了使数据库设计更合理、更有效，设计人员需要遵循数据设计的指导原则，这种原则称为数据库设计方法。

首先，一个好的数据库设计方法，应该能在合理的期限内，以合理的工作量，产生一个有实用价值的数据库结构。这里的实用价值是指满足用户关于功能、性能、安全性、完整性及发展需求等方面的要求，同时又要服从特定的 DBMS 的约束，可以用简单的数据模型来表达。其次，数据库设计方法还应具有足够的灵活性和通用性，不但能使具有不同经验的人使用，而且不受数据模型和 DBMS 的限制。最后，数据库设计方法应该是可以再生的，即不同的设计者使用同一方法设计同一问题时，可以得到相同或相似的设计结果。

多年来，人们提出了各种数据库设计方法。运用工程思想和方法提出的各种设计准则和规范都属于规范设计法，具体如下。

1. 新奥尔良方法

新奥尔良（New Orleans）方法是一种著名的数据库设计方法。这种方法将数据库设计分为 4 个阶段：需求分析、概念结构设计、逻辑结构设计和物理结构设计。这种方法注重数据库的结构设计，而不太考虑数据库的行为设计。

其后，S.B.Yao 等人又将数据库分为 5 个阶段，主张数据库设计应该包括设计系统开发的全过程，并在每个阶段结束时进行评审，以便及早发现设计错误，及早纠正。各阶段也不是严格线性的，而是采取"反复探寻、逐步求精"的方法。

2. 基于 E-R 模型的数据库设计方法

该方法用 E-R 模型来设计数据库的概念模型，是概念设计阶段广泛采用的方法。

3. 3NF（第三范式）的设计方法

该方法以关系数据理论为指导来设计数据库的逻辑模型，是设计关系数据库时在逻辑阶段可采用的有效方法。

4. ODL 方法

ODL（Object Definition Language）方法是面向对象的数据库设计方法。该方法用面向对象的概念和术语来说明数据库结构。ODL 可以描述面向对象数据库结构设计，可以直接转换为面向对象的数据库。

上面这些方法都是在数据库设计的不同阶段上支持实现的具体技术和方法，都属于常用的规范设计法。规范设计法从本质上看仍然是手工设计方法，其基本思想是过程迭代和逐步求精。

5.1.3　数据库设计的基本步骤

按照规范设计法，同时考虑数据库及其应用系统开发的全过程，可以将数据库设计分 6 个阶段：需求分析、概念结构设计、逻辑结构设计、物理结构设计、数据库实施和数据库运行维护。图 5.1 说明了数据库设计的全过程。

数据库设计开始之前，首先必须选定参加的人员，包括系统分析人员、数据库设计人员、应用开发人员、数据库管理员和用户代表。各种人员在设计过程中的分工不同。

系统分析和数据库设计人员是数据库设计的核心人员。他们将自始至终参与数据库设计，他们的水平决定了数据库系统的质量。用户要积极参与设计的需求分析阶段。数据库管理员对数据库进行专门的控制和管理，包括进行数据库权限等的设置，以及数据库的监控和维护等工作。程序员和操作员分别负责编制程序和准备软硬件环境，他们在系统实施阶段参与进来。如果所设计的数据库应用系统比较复杂，还应该考虑是否需要使用数据库设计工具以及选用何种工具，以提高数据库设计质量并减少设计工作量。

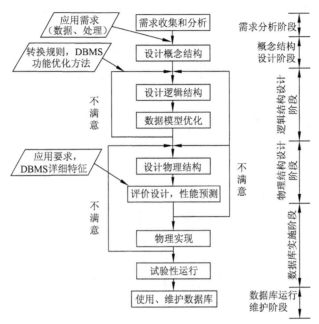

图 5.1　数据库设计的全过程

1. 需求分析阶段

需求分析是对用户提出的各种要求加以分析，对各种原始数据加以综合、整理，是形成最终设计目标的首要阶段。需求分析是整个设计过程的基础，是最困难、最耗费时间的一步。用户的各种需求能否准确无误、充分完备的分析，并在此基础上形成最终目标，是整个数据库设计成败的关键。

2. 概念结构设计阶段

概念结构设计是对用户需求进行进一步抽象、归纳，并形成独立于 DBMS 和有关软件、硬件的概念数据模型的设计过程。这是对现实世界中具体数据的首次抽象，需要完成从现实世界到信息世界的转化过程。数据库的逻辑结构设计和物理结构设计都是以概念设计阶段所形成的抽象结构为基础进行的。因此，概念结构设计是整个数据库设计的关键。数据库的概念结构通常用 E-R 模型等来描述。

3. 逻辑结构设计阶段

逻辑结构设计是将概念结构转换为某个 DBMS 所支持的数据模型，并对其进行优化的设计过程。由于逻辑结构设计是一个基于具体 DBMS 的实现过程，所以设计人员选择什么样的数据模型尤为重要，其次是数据模型的优化。数据模型有层次模型、网状模型、关系模型、面向对象的模型等。设计人员可以选择上述模型之一，并结合具体的 DBMS 实现。逻辑结构设计阶段后期的优化工作，已成为影响数据库设计质量的一项重要工作。

4. 物理结构设计阶段

数据库物理结构设计阶段是将逻辑结构设计阶段所产生的逻辑数据模型，转换为某种计算机系统所支持的数据库物理结构的实现过程。这里，数据库在相关存储设备上的存储结构和存取方法，称之为数据库的物理结构。完成物理结构设计后，由相关人员对该物理结构作相应的性能评价，若评价结果符合原设计要求，则进一步实现该物理结构；否则，设计人员需对该物理结构作相应的修改，若属于最初设计问题所导致的物理结构的缺陷，则必须返回到概念设计阶段修改其概念数据模型或重新建立概念数据模型，如此反复，直至结构最终满足原设计要求为止。

5. 数据库实施阶段

数据库实施阶段即数据库调试和试运行阶段。一旦数据库的物理结构形成，设计人员就可以用已选定的 DBMS 来定义、描述相应的数据库结构，并将数据装入到数据库，以生成完整的数据库，编制有关应用程序，进行联机调试并转入试运行，同时进行时间、空间等性能分析；若不符合要求，则设计人员需要调整物理结构，修改应用程序，直至高效、稳定、正确地运行该数据库系统为止。

6. 数据库运行和维护阶段

数据库实施阶段结束，标志着数据库系统投入正常运行的工作的开始。在数据库系统运行过程中必须不断地对其进行评价、调整与修改。

数据库设计是一个动态和不断完善的过程，进入运行和维护阶段，并不意味着设计过程的结束，若在运行和维护过程中出现问题，需要对程序或结构进行修改，甚至有时会对物理结构进行调整、修改。因此，数据库运行和维护阶段也是数据库设计的一个重要阶段。

设计过程各个阶段的设计描述，可用图 5.2 概括。设计一个完善的数据库应用系统是不可能一蹴而就的，往往是上述 6 个阶段的不断反复。

设计阶段	设计描述	
	数据	处理
需求分析	数据字典、全系统中数据项、数据流、数据存储的描述	数据流图和判定表（判定树）、数据字典中处理过程的描述
概念结构设计	概念模型（E-R图）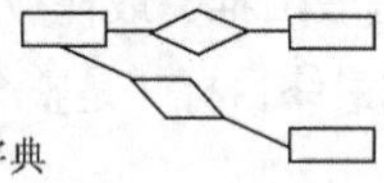 数据字典	系统说明书包括：① 新系统要求、方案和概图 ② 反映新系统信息流的数据流图 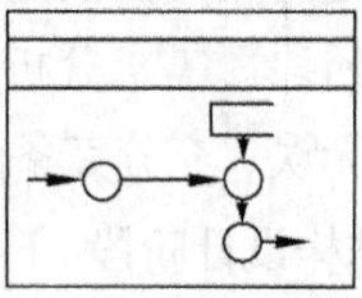
逻辑结构设计	某种数据模型 关系 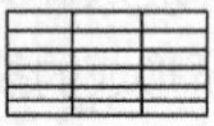 非关系 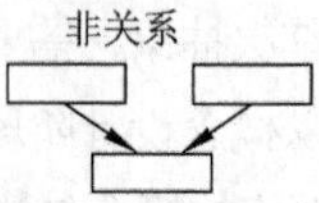	系统结构图（模块结构）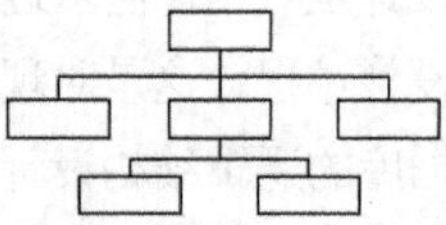
物理结构设计	存储安排 方法选择 存取路径建立 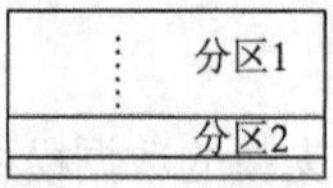	模块设计 IPO表 IPO表…… 输入: 输出: 处理:
数据库实施	编写模式 装入数据 数据库试运行 Creat…… Load……	程序编码、编译联结、测试 Main( ) …… if…… then …… end
数据库运行和维护	性能监测、转储/恢复 数据库重组和重构	新旧系统转换、运行、维护（修正性、适应性、改善性维护）

图 5.2　设计过程各个阶段

5.2　需求分析

需求分析是数据库设计过程的第一个阶段。该阶段要求数据库设计人员准确理解用户需求，进行细致的调查分析，将用户非形式化的需求陈述转化为完整的需求定义，再由需求定义转化到相应的形式功能规约（需求说明书）。需求分析是设计数据库的起点，需求分析的结果是否准确地反映了用户的实际要求，将直接影响到后面各个阶段的设计，并影响最终设计结果是否合理和实用。

5.2.1　需求分析的任务

需求分析的任务是通过详细调查现实世界要处理的对象，充分了解用户的组织机构、应用环境、业务规则，即明确用户的各种需求，然后在此基础上确定系统的功能，最终把这些要求写成用户和数据库设计者都能够接受的文档（需求说明书）。

调查的重点是"数据"和"处理"。设计人员通过调查、收集与分析，获知用户对数据库的如下几个方面的要求。

（1）信息要求，指用户需要从数据库中获得信息的内容与性质。设计人员由信息要求可以导出数据要求，即在数据库中需要存储哪些数据。

（2）处理要求，指用户要完成什么处理功能，对处理的响应时间有什么要求，处理方式是批处理还是联机处理。

（3）安全性与完整性要求。安全性要求描述系统中不同用户对数据库使用和操作情况，旨在保证数据库的任何部分都不受到恶意侵害和未经授权的存取和修改。完整性要求描述数据之间的关联关系及数据的取值范围。

需求分析是整个数据库设计中最重要的一步，如果把整个数据库设计看作一个系统工程，那么，需求分析是这个系统工程的最原始输入信息。但是确定用户的最终需求是一件困难的事，其困难不在于技术上，而在于要了解、分析、表达客观世界。一方面用户缺少计算机知识，开始时无法确定计算机究竟能为自己做什么，不能做什么，因此往往不能准确地表达自己的需求，所提出的需求往往不断变化。另一方面，设计人员缺少用户的专业知识，不易理解用户的真正需求，甚至误解用户的需求。因此，设计人员必须不断深入地与用户交流，才能逐步确定用户的实际需求。

该阶段的输出是"需求说明书"，其主要内容是系统的数据流图和数据字典。需求说明书应是一份既切合实际，又具有远见的文档，是一个描述新系统的轮廓图。

5.2.2　需求分析的内容和方法

进行需求分析时，设计人员首先要调查清楚用户的实际要求，与用户达成共识，然后，分析与表达这些需求。

调查用户需求的重点是"数据"和"处理"。设计人员在调查前要拟定调查提纲，调查时要抓住两个"流"，即"信息流"和"数据流"，而且调查中要不断地将这两个"流"结合起来。调查的任务是调研现行系统的业务活动规则，并提取描述系统业务的现实系统模型。

1. 需求分析的内容

通常情况下，用户的需求包括 3 方面的内容，即系统的业务现状、信息源及外部要求。

（1）业务现状。业务现状包括：业务的方针政策、系统的组织结构、业务的内容和业务的流程等。

（2）信息源。信息源包括：各种数据的种类、类型和数据量，各种数据的产生、修改等信息。

（3）外部要求。外部要求包括：信息要求、处理要求、安全性与完整性要求等。

2. 需求分析方法

在调查过程中，设计人员可以根据不同的问题和条件，使用不同的调查方法。常用的调查方法如下。

（1）跟班作业。通过亲身参加业务工作来观察和了解业务活动的情况。为了确保有效，设计人员要尽可能多地了解要观察的业务，例如，低谷、正常和高峰期等情况如何。

（2）开调查会。设计人员可通过与用户座谈来了解业务活动的情况及用户需求。采用这种方法，设计人员需要有良好的沟通能力。为了保证成功，必须选择合适的人选，且准备的问题涉及的范围要广。

（3）检查文档。通过检查与当前系统有关的文档、表格、报告和文件等，设计人员可进一步理解原系统，有利于提供与原系统问题相关的业务信息。

（4）问卷调查。问卷是一种有着特定目的的小册子。这样可以在控制答案的同时，集中一大群人的意见。问卷有两种格式：自由格式和固定格式。自由格式问卷上，答卷人提供的答案有更大的自由。问题提出后，答卷人在题目后的空白处写答案。在固定格式问卷上，包含的问题答案是特定的，答题者必须从所提供的答案中选择一个。因此，问卷容易列成表格。但这种方法下，答卷人不能提供一些有用的附加信息。

设计人员做需求分析时，往往需要同时采用上述多种方法。但无论使用何种调查方法，都必须有用户的积极参与和配合。

图书馆管理系统开发小组的成员经过调查研究、信息流程分析和数据收集，明确了该系统的主要功能是：图书馆管理员编制图书采购计划，由采购员负责新书的采购工作；采购图书入库后，交采编室编目，粘贴标签，产生图书目录；图书交图书借阅室上架，供读者借阅；采编后的电子读物交电子阅览室；读者分为注册读者和非注册读者，只有注册读者可以在本图书馆借书，非注册读者可查询目录但不能借书；读者填写注册登记表交图书馆的管理员审核后，记入读者登记表，成为注册读者，发给借书证；注册读者借书时，需填写借书单，连同借书证一起交给借阅室管理员，借阅管理员核对无误后，填写借阅登记表，修改图书登记表中该书的数量，上架取书交给读者；图书馆设有读者信箱，读者需要但没有库存的图书，读者可以通过读者信箱反映；图书馆管理员定期处理读者信箱中的意见，将读者需要的图书编制成图书采购计划交采购员购买。

5.2.3 需求分析的步骤

1. 分析用户活动，产生业务流程图

设计人员需了解用户当前的业务活动和职能，分析其处理过程，采取自顶向下、逐层分解的方式对业务流程进行分析，并用业务流程图来表达。

图书馆管理系统的业务流程图如图5.3所示。

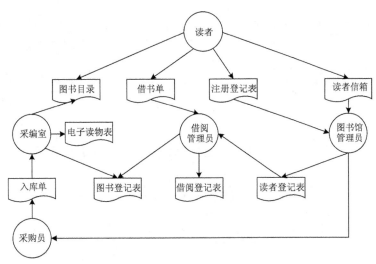

图 5.3　图书馆管理系统的业务流程图

2. 确定系统功能，分析数据处理流程，产生数据流图

该阶段，设计人员需对现行业务流程进行分析，抽取能够由信息系统实现的功能。信息系统的流程描述用数据流图（Data Flow Diagram，DFD）来表达。

数据流图（DFD）是从"数据"和"处理"两个方面表达数据处理的一种图形化表示方法，它较为直观且易于被用户理解。

数据流图有 4 个基本成分：数据流（用箭头表示）、加工或处理（用圆圈表示）、文件或数据存储（用双线段表示）和外部实体（数据流的源点和终点，用方框表示）。图 5.4 是最高层次抽象的 DFD。

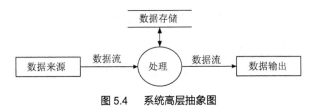

图 5.4　系统高层抽象图

图 5.4 给出的只是最高层次抽象的系统概貌，要反映更详细的内容，可将顶层处理功能进一步细化为第二层，第二层中的每一个处理都可以进一步细化为第三层，直到最底层的处理已表示一个最基本的动作为止。

图书馆管理系统基本的数据流图如图 5.5～图 5.7 所示。

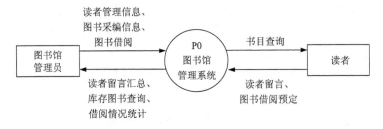

图 5.5　图书馆管理系统第 0 层数据流图

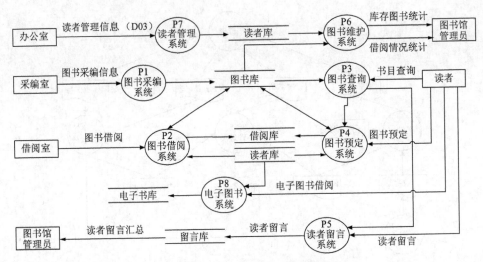

图 5.6　图书馆管理系统第 1 层数据流图

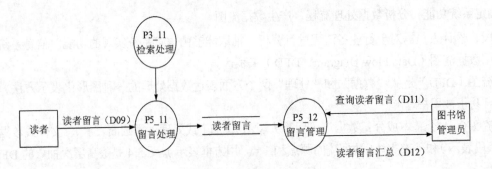

图 5.7　读者留言系统数据流图

3. 分析系统数据，产生数据字典

数据字典是关于数据流程图内所包含数据元素的定义及说明的集合。它的功能是存储和检索各种数据描述，并为 DBA 提供有关的报告。对数据库设计来说，数据字典是进行详细的数据收集和数据分析所获得的主要成果，因此在数据库中占有很重要的地位。

数据字典通常包括数据项、数据结构、数据流、数据存储和处理过程等 5 个部分，其中，数据项是不可再分的数据单位，若干个数据项可以组成一个数据结构。数据字典通过对数据项和数据结构的定义来描述数据流、数据存储的逻辑内容。

（1）数据项

数据项是数据的最小单位，是不可再分的数据单位。数据项的描述通常包括以下内容。

数据项描述={编号，数据项名，别名，数据项含义说明，数据类型，长度，取值范围，与其他数据项的逻辑关系，数据项之间的联系}

其中，"取值范围""与其他数据项的逻辑关系"定义了数据的完整性约束条件，是设计数据检验功能的基础。

设计人员可以用关系规范化理论为指导，用数据依赖的概念分析和表示数据项之间的联系，即按实际语义，写出每个数据项之间的数据依赖。数据依赖是数据库逻辑设计阶段中数据模型优化的依据。

数据项的相关实例如下。

数据项编号：X1。

数据项名称：书名。

别名：图书名称。

含义说明：图书相关信息。

数据类型及长度：字符型，20 位。

（2）数据结构

数据结构反映了数据之间的组合关系。一个数据结构可以由若干个数据项组成，也可以由若干个数据结构组成，或由若干个数据项和数据结构混合组成。对数据结构的描述通常包括以下内容。

数据结构描述 = {数据结构名，含义说明，组成: {数据项或数据结构}}

数据结构的相关实例如下。

数据结构：读者。

含义说明：定义了读者有关信息。

组成：读者编号、读者姓名、性别、年龄、证件类型、证件号码、注册日期、有效日期、最大借阅量、电话号码、押金、职业。

（3）数据流

数据流可以是数据项，也可以是数据结构，表示其在系统内传输的路径。对数据流的描述通常包括以下内容。

数据流描述={编号，数据流名，说明，数据流来源，数据流去向，组成{数据结构}，平均流量，高峰期流量}

【说明】

① 数据流来源：说明该数据流来自哪个外部实体、处理过程或数据存储。

② 数据流去向：说明该数据流将到哪个外部实体、处理过程或者数据存储去。

③ 平均流量：指单位时间里的传输次数。

④ 高峰期流量：指在高峰期的数据流量。

数据流的相关实例如下。

数据流编号：D02。

数据流名称：图书借阅单。

含义说明：图书借阅单。

数据流来源：用户填写图书借阅单交图书馆管理员，由图书馆管理员审核后，输入计算机。

数据流去向：P2_11 检查读者身份。

数据项组成：借阅日期、图书编号、读者编号、借阅数量。

平均流量：1 000 本/日。

高峰期流量：5 000 本/日。

（4）数据存储

数据存储是处理过程中要存储的数据，可以是手工文档或手工凭单，也可以是计算机文档，是数据流的来源和去向之一。数据存储的描述通常包括以下内容。

数据存储描述={编号，数据存储名，说明，输入的数据流，输出的数据流，组成：{数据结构}，数据量，存取频度，存取方式}

【说明】

① 输入的数据流：指数据流的来源。

② 输出的数据流：指其去向。

③ 存取频度：指每小时或每天或每周存取几次、每次存取多少数据等信息。

④ 存取方式：包括批处理还是联机处理，是检索还是更新，是顺序检索还是随机检索等。

数据存储的相关实例如下。

数据存储编号：F03。

数据存储名称：借阅表。

含义说明：存储本馆图书借信息。

输入的数据流：D03 填写供阅记录、D08 填写预订信息、D16 填写归还记录。

组成：借书日期、图书编号、读者编号、库室、还书日期、借书量、还书量。

（5）处理过程

处理过程的具体处理逻辑一般用结构化语言、判定树或判定表来描述。数据字典中只需要描述处理过程的说明性信息，通常包括以下内容。

处理过程描述={处理过程编号，处理过程名，激发条件，输入：{数据流}，输出：{数据流}，处理：{简要说明}，执行频率}

其中，"简要说明"中主要说明该处理过程的功能及处理要求。功能是指该处理过程用来做什么。处理要求包括处理频度要求，如单位时间里处理多少事务、多少数据量，响应时间要求等。这些处理要求是后面物理设计的输入及性能评价的标准。

数据处理的相关实例如下。

处理过程编号：P2-13。

处理过程名：填写借阅表，修改图书表。

输入的数据流：D02 图书借阅单。

输出数据流：D03 供阅记录、D04 借阅修改在库数量。

处理：修改图书表中的所借图书的在库数量，在借阅表中填写借书情况。

执行频率：100 本/日。

数据库字典是关于数据库中数据的描述，即元数据，而不是数据本身。数据字典在需求分析阶段建立，在数据库设计过程中不断修改、充实和完善。

4. 撰写需求说明书

需求说明书是在需求分析活动后建立的文档资料，是对开发项目需求分析的全面描述。需求说明书不仅包括需求分析的目标和任务、具体需求说明、系统功能和性能、系统运行环境等，还应包括在分析过程中得到的业务流程图、数据流图、数据字典等必要的图表说明。

需求说明书是需求分析阶段成果的具体表现，是用户和开发人员对开发系统的需求取得认同基础上的文字说明，是以后各个设计阶段的主要依据。

设计人员在需求分析阶段需注意以下两点。

（1）需求分析阶段的一个重要而困难的任务是收集将来应用所涉及的数据。设计人员应充分考虑可能的扩充和改变，使设计易于更改、系统易于扩充。

（2）必须强调用户的参与。这是数据库应用系统设计的特点。数据库应用系统和广泛的用户有密切的联系，许多人要使用数据库。数据库的设计和建立又可能对更多人的工作环境产生重要影响。因此，用户的参与是数据库设计不可分割的一部分。在数据分析阶段，任何调查研究没有用户的积极参与是寸步难行的。设计人员应该和用户取得共同的语言，帮助不熟悉计算机的用户建立数据库环境下的共同概念，并对设计工作的最后结果承担共同责任。

5.3 概念结构设计

将需求分析得到的用户需求（已用数据字典和数据流图表示）抽象为信息结构（即概念模型）表示的过程就是概念结构设计。它是整个数据库设计的关键。概念模型既独立于计算机硬件结构，又独立于具体的数据库管理系统（DBMS），是现实世界与机器世界的中介。它不仅能够充分反映现实世界，如实体和实体集之间的联系等，易于非计算机人员理解，而且易于向关系、网状、层次等各种数据模型转换。

概念结构设计的目的是分析数据字典中数据间内在语义关联，并将其抽象表示为数据的概念模式。

5.3.1 概念结构

在需求分析阶段所得到的应用需求应该首先抽象为信息世界的结构，才能更好地、更准确地用某一 DBMS 实现这些需求。

概念结构的主要特点如下。

（1）概念结构是对现实世界的抽象和概括，应真实、充分地反映现实世界中事物和事物之间的联系，有丰富的语义表达能力，能满足用户对数据的处理要求，是对现实世界的一个真实模型。

（2）易于理解，以便数据库设计人员与不熟悉计算机的用户交换意见，用户的积极参与是数据库设计成功的关键。

（3）易于更改，当应用环境和应用要求改变时，容易对概念模型进行修改和扩充。

（4）易于向关系、网状、层次等各种数据模型转换。易于从概念模式导出与 DBMS 有关的逻辑模式。

概念结构是各种数据模型的共同基础，它比数据模型更独立于机器，更抽象，从而更加稳定。

描述概念模型的常用工具有 E-R 模型和 UML 模型，其中，E-R 模型提供了规范、标准的构造方法，是目前应用最广泛的数据概念结构设计工具。

5.3.2 E-R 模型

E-R 模型是陈平山（P.P.Chen）于 1976 年提出的实体-联系方法（Entity-Relationship Approach）。它是用 E-R 图（E-R Diagram）来描述现实世界的概念模型。

1. 基本概念

（1）实体

客观存在并可相互区别的事物称为实体（Entity）。实体可以是具体的人、事、物，也可以是抽象的概念或联系。例如，一本图书、一名读者、读者的一次借阅等。

（2）实体型

具有相同特征的实体称为实体型（Entity Type）。例如，读者是一个实体型，其提取了所有读者的共同特征，是由读者编号、读者姓名、年龄、性别、注册日期、身份证号、联系电话等构成的。

（3）实体集

同属于一个实体型的实体的集合称为实体集（Entity set）。例如，所有图书就是一个实体集。

（4）属性

实体所具有的某一特性称为属性（Attribute）。一个实体可以由若干个属性来刻画。如图书实体可由图书编号、类别编号、图书名称、作者、出版社等属性来刻画。

（5）域

属性的取值范围称为属性的域（Domain）。不同的属性可以对应同一个域。例如，所有涉及人的实体型都有性别这一属性，不必为每个性别属性指定可取的值，只需要定义一个域，设置取值为{"男"，"女"}，然后在所有实体型中使用这个域，可以最大范围保证"性别"取值范围的一致性，也节省了设置取值范围的工作量。

（6）码

能够唯一标识一个实体的属性或属性集称为码（key）。例如，图书编号是图书这个实体的码。

如果码是由属性集构成的，则其中不能有多余的属性，即必须是几个属性全部给出才能唯一标识一个实体。例如，在图书借阅关系中，给定读者编号、图书编号以及借阅时间，一条借阅记录就确定了，所以读者编号、图书编号和借阅时间一起构成了码。码是区别实体集中不同实体的关键属性，也称为关键字或键。

（7）联系

在现实世界中，事物内部以及事物之间是有联系（Relationship）的。这些联系在信息世界中反映为实体（型）内部的联系（组成实体的各属性之间的联系）和实体（型）之间的联系（不同实体集之间的联系）。

2. 两个实体型之间的联系类型

（1）一对一联系。如果对于实体集 A 中的每一个实体，实体集 B 中至多有一个（也可以没有）实体与之联系，反之亦然，则称实体集 A 与实体集 B 具有一对一联系，记为 1:1。例如，在图书馆组织结构中，一个图书馆只有一名馆长，一个馆长只能在一个图书馆中任职，馆长和图书馆之间是具有一对一的联系。

（2）一对多联系。如果对于实体集 A 中的每一个实体，实体集 B 中有 n 个实体（$n \geq 0$）与之联系，反之，对于实体集 B 中的每一个实体，实体集 A 中至多只有一个实体与之联系，则称实体集 A 与实体集 B 有一对多联系，记为 1:n。例如，一本图书只能归属于一个类别，一个类别中有多本图书，则类别与图书之间具有一对多联系。

（3）多对多联系。如果对于实体集 A 中的每一个实体，实体集 B 中有 n 个实体（$n \geq 0$）与之联系，反之，对于实体集 B 中的每一个实体，实体集 A 中也有 m 个实体（$m \geq 0$）与之联系，则称实集 A 与实体集 B 具有多对多联系，记为 *m:n*。例如，一名读者可以借阅多本图书，一本图书可以被多名读者借阅，则读者与图书之间具有多对多联系。

实际上，一对一联系是一对多联系的特例，而一对多联系又是多对多联系的特例。

可以用图形来表示两个实体型之间的这 3 类联系，如图 5.8 所示。

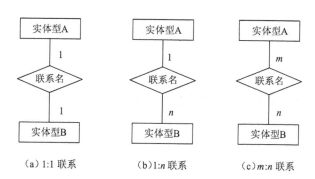

（a）1:1 联系　　　　（b）1:*n* 联系　　　　（c）*m:n* 联系

图 5.8　两个实体型之间的三类联系

3. 两个以上的实体型之间的联系

一般地，两个以上的实体型之间也存在着一对一、一对多、多对多联系。

例如，有课程、教师与参考书 3 个实体型，如果一门课程可以有若干个教师讲授，使用若干本参考书，每一个教师只讲授一门课程，每一本参考书只供一门课程使用，则课程与教师、参考书之间的联系是一对多的，如图 5.9（a）所示。

又如，有供应商、项目、零件 3 个实体型，若一个供应商可以供给多个项目多种零件，而每个项目可以使用多个供应商供应的零件，每种零件可由不同供应商供给，则供应商、项目、零件三者之间是多对多的联系，如图 5.9（b）所示。要注意，3 个实体型之间多对多的联系和 3 个实体型两两之间的（3 个）多对多的语义是不同的。请读者思考供应商、项目、零件 3 个实体型两两之间的多对多联系的语义。

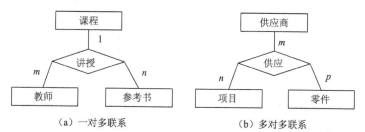

（a）一对多联系　　　　　　（b）多对多联系

图 5.9　多个实体型之间的联系

4. 单个实体型内的联系

同一个实体集内的各实体间也可以存在一对一、一对多、多对多的联系。例如，职工实体集内部具有领导与被领导的联系，即某一职工（干部）"领导"若干名职工，而一个职工仅被另外一个职工直接领导。这是一对多的联系，如图 5.10 所示。

图 5.10　单个实体型之间一对多联系示例

5. E-R 模型的表示方法

E-R 图是直观表示概念模型的工具。E-R 图中各要素的表示方法如表 5.1 所示。

表 5.1　E–R 图中各要素的表示方法

对象类型	E-R 图表示方法	E-R 图表示图示
实体型	用矩形表示，矩形内写明实体名	实体名
属性	用椭圆形表示，椭圆形内写明属性名，并用无向边将其与对应实体型连接起来	属性名
联系	用菱形表示，菱形框内写明联系名，并用无向边分别与有关实体型连接起来，同时在无向边旁标上联系的类型（1:1，1:n 或 $m:n$），若联系具有属性，则这些属性也要用无向边与该联系连接起来	联系名

实体-联系方法是抽象和描述现实世界的有力工具。用 E-R 图表示的概念模型独立于具体的 DBMS 所支持的数据模型。它是各种数据模型的共同基础，因而比数据模型更一般、更抽象、更接近现实世界。

5.3.3　概念结构设计的方法与步骤

1. 概念结构设计方法

（1）自顶向下方法

在该方法下，设计人员根据用户要求，先定义全局概念结构的框架，然后分层展开，逐步细化，如图 5.11 所示。

（2）自底向上方法

在该方法下，设计人员根据用户的每一具体需求，先定义各局部应用的概念结构，然后将它们集成起来，得到全局概念结构，如图 5.12 所示。

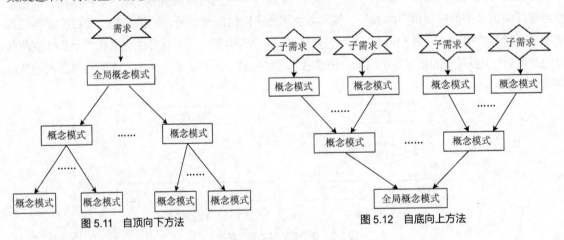

图 5.11　自顶向下方法　　　　图 5.12　自底向上方法

（3）逐步扩张方法

在该方法下，设计人员首先定义最重要的核心概念结构，然后向外扩充，以滚雪球的方式逐步生成其他概念结构，直至全局概念结构。如图 5.13 所示。

（4）混合策略方法

将自顶向下和自底向上相结合，用自顶向下策略设计一个全局概念结构的框架，再以它

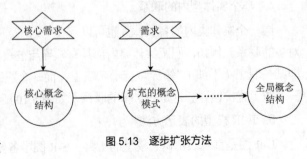

图 5.13　逐步扩张方法

为骨架集成由自底向上策略中设计的各局部概念结构。

其中，最经常采用的策略是自底向上的方法，即自顶向下地进行需求分析，然后再自底向上地设计概念结构，如图 5.14 所示。

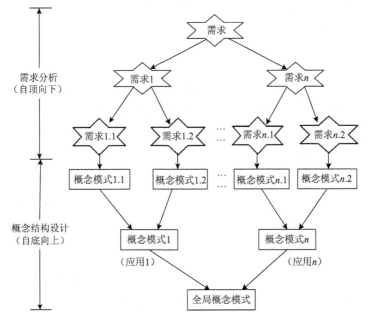

图 5.14　自底向上设计概念结构

2. 概念结构设计步骤

本章只介绍自底向上方法的概念结构设计的步骤，如图 5.15 所示。它通常分为以下两步。

（1）抽象数据并设计局部视图。

（2）将局部视图合并成全局的概念结构。

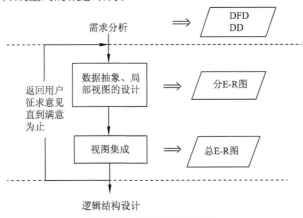

图 5.15　概念结构设计步骤

5.3.4　数据抽象与局部 E-R 图设计

1. 数据抽象

概念结构是对现实世界的一种抽象。所谓抽象是对实际的人、事、物和概念进行人为处理，抽取所关心的共同特征，忽略非本质的细节，并把这些特征用各种概念精确地加以描述。这些概念组成了某种模型。

（1）分类（Classification）

分类即定义某一类概念作为现实世界中一组对象的类型。这些对象具有某些共同的的特征和行为。它抽象了对象值和型之间的"is member of"（是……的成员）的语义。在 E-R 模型中，实体型就是这种抽象。例如，在图书馆管理系统中，刘琪是读者，如图 5.16 所示，表示刘琪是读者中的一员，具有读者共同的特征和行为。

（2）概括（Generalization）

概括即定义类型之间的一种子集联系。它抽象了类型之间的"is subset of"（是……子集）的语义。例如，图书是实体型，社会科学图书、自然科学图书也是实体型，而社会科学图书和自然科学图书均是图书的子集。这时把图书称为超类（Superclass），而将社会科学图书、自然科学图书称为图书的子类（Subclass），如图 5.17 所示。

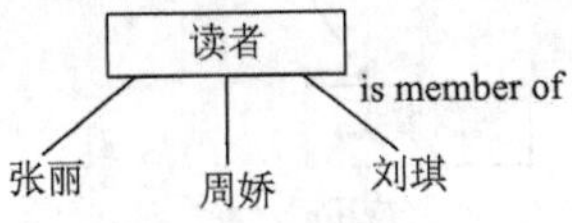

图 5.16　分类

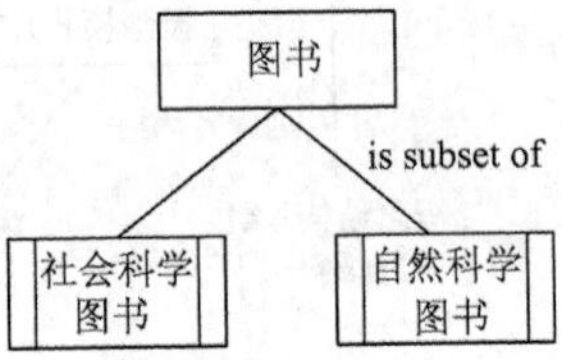

图 5.17　概括

概括有一个很重要的性质：继承性。子类继承超类上定义的所有抽象。例如，社会科学图书、自然科学图书继承了图书类型的属性。当然，子类可以增加自己的某些特殊属性。

（3）聚集（Aggregation）

聚集即定义某一类型的组成成分。它抽象了对象内部类型和成分之间"is part of"（是……的一部分）的语义。在 E-R 模型中，若干属性的聚集组成了实体型，就是这种抽象，如图 5.18 所示。

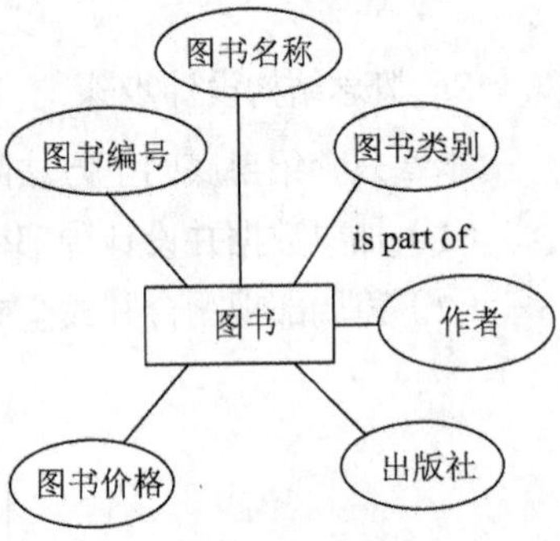

图 5.18　聚集

2. 局部 E-R 图设计

数据抽象的目的是对需求分析阶段收集到的数据进行分类和聚集，形成实体、实体的属性，并标识实体的码，确定实体之间的联系类型，设计分 E-R 图。具体步骤如下。

（1）选择局部应用

需求分析阶段，设计人员已用多层数据流图和数据字典描述了整个系统。设计分 E-R 图时，设计人员首先需要根据系统的具体情况，在多层的数据流图中选择一个适当层次的数据流图，让这组图中每一部分对应一个局部应用，然后以这一层次的数据流图为出发点，设计分 E-R 图。

由于高层的数据流图只能反映系统的概貌，而中层的数据流图能较好地反映系统中各局部应用的子系统组成，所以人们通常以中层数据流图作为设计分 E-R 图的依据。

（2）逐一设计分 E-R 图

选择好局部应用之后，就要对每个局部应用逐一设计分 E-R 图。

在前面选好的某一层次的数据流图中，每个局部应用都对应了一组数据流图，局部应用涉及的数据都已经收集在数据字典中了。现在就是要将这些数据从数据字典中抽取出来，参照数据流图，标定局部应用中的实体、实体的属性、标识实体的码，确定实体之间的联系及其类型。

事实上，在现实世界中具体的应用环境常常对实体和属性已经作了大体的自然的划分。在数据字典中，"数据结构""数据流"和"数据存储"都是若干属性有意义的聚合，就体现了这种划分。设计人员可以先从这些内容出发定义 E-R 图，然后再进行必要的调整，而在调整中需遵循如下原则。

为了简化 E-R 图，现实世界的事物能作为属性对待的，应尽量作为属性对待。

那么符合什么条件的事物可以作为属性对待呢？本来，实体与属性之间并没有形式上可以截然划分的界限，但可以给出如下两条准则。

① 属性不能再具有需要描述的性质。属性必须是不可分的数据项，不能包含其他属性。

② 属性不能与其他实体具有联系，即 E-R 图中所表示的联系是实体之间的联系。

凡满足上述两条准则的事物，一般均可作为属性对待。

例如，图书是一个实体，图书编号、图书名称、图书类别、作者、出版社、图书价格等是图书的属性，其中，图书类别如果没有与可借天数挂钩，换句话说，没有需要进一步描述的特性，则根据准则①可以作为图书实体的属性；但如果不同的图书类别有不同的可借天数，则图书类别作为一个实体看待就更恰当，如图 5.19 所示。

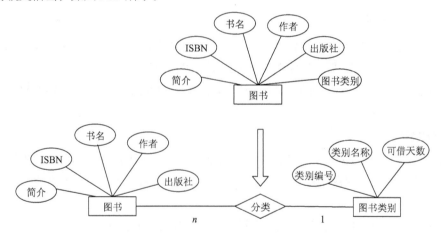

图 5.19　职称作为一个实体

再如，在图书馆管理系统中，反映图书借阅情况的借书日期、还书日期作为读者与图书实体产生的借阅关系的属性，如图 5.20 所示。

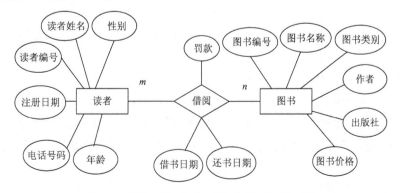

图 5.20　借书日期、还书日期作为借阅关系的属性

5.3.5　全局 E-R 图设计

各子系统的分 E-R 图设计好以后，下一步就是要将所有的分 E-R 图集成为一个总的 E-R 图。集成方法一般有如下两种。

① 多个分 E-R 图一次集成。这种方法通常在局部视图比较简单时使用。

② 逐步集成，用累加的方式一次集成两个分 E-R 图，从而降低复杂度。

全局 E-R 模型的设计过程如图 5.21 所示。

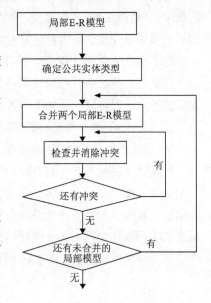

图 5.21　全局 E-R 模型

1.　确定公共实体类型

为了给多个局部 E-R 模型的合并提供基础，首先要确定各局部结构的公共实体类型。一般把同名实体类型作为公共实体类型的一类候选，把具有相同码的实体类型作为公共实体类型的另一类候选。

2.　局部 E-R 模型的合并

合并的顺序有时会影响处理效率和结果。建议的合并原则是：进行两两合并，且先合并那些现实世界中有联系的局部结构；合并从公共实体类型开始，最后再加入独立的局部结构。这样能够减少合并工作的复杂性，并使合并结果的规模尽可能小。

3.　消除冲突

由于各个局部应用所面对的问题不同，且通常是由不同的设计人员进行局部 E-R 模型设计，导致各个分 E-R 图之间往往存在许多不一致的地方。这些不一致被称为冲突。解决冲突是合并 E-R 模型的主要工作和关键所在。

各分 E-R 图之间的冲突主要有 3 类：属性冲突、命名冲突和结构冲突。

（1）属性冲突

属性冲突包括以下两种情况。

① 属性域冲突，即属性值的类型、取值范围或取值集合不同。例如，有的局部应用中以出生日期形式表示读者的年龄，而另一些局部应用中用整数表示读者的年龄。

② 属性取值单位冲突。例如，图书借阅的数量有的以册为单位，有的以本为单位。

（2）命名冲突

命名冲突包括以下两种情况。

① 同名异义：不同意义的对象在不同的局部应用中具有相同的名字。

② 异名同义（一义多名）：同一意义的对象在不同的局部应用中具有不同的名字。

处理命名冲突通常也像处理属性冲突一样，通过讨论、协商等行政手段加以解决。

（3）结构冲突

结构冲突有如下两种情况。

① 同一对象在不同应用中具有不同的抽象。例如，图书类别在某一局部应用中被当作实体，而

在另以局部应用中被当作属性。

　　② 实体之间联系在不同的局部 E-R 图中呈现不同类型。例如，E1 与 E2 在某一个应用中是多对多联系，而在另一个应用中是一对多联系。

　　属性冲突和命名冲突通常采用讨论、协商等行政手段解决，而结构冲突则要认真分析后才能解决。

5.3.6　优化全局 E-R 图

　　得到全局 E-R 图后，为了提高数据库系统的效率，设计人员还应进一步依据需求对 E-R 模型进行优化。一个好的全局 E-R 模型除了能准确、全面地反映用户功能需求外，还应满足如下条件。

　　① 实体个数尽可能少。

　　② 实体所包含的属性尽可能少。

　　③ 实体间的联系无冗余。

　　但是这些条件不是绝对的，要视具体的信息需求与处理需求而定。全局 E-R 模型的优化原则如下。

1. 实体的合并

　　实体合并指的是相关实体类型的合并。在公共模型中，实体最终转换成关系模式，涉及多个实体的信息要通过连接操作获得。因而减少实体的个数，可减少连接的开销，提高处理效率。

2. 冗余属性的消除

　　通常，在各个局部结构中是不允许冗余属性存在的，但是，综合成全局 E-R 模型后，可能产生局部范围内的冗余属性。当同一非主属性出现在几个实体类型中，或者一个属性值可以从其他属性的值导出时，就存在冗余属性，应该把冗余属性从全局模型中去掉。

　　冗余属性消除与否，取决于其对存储空间、访问效率和维护代价的影响。有时为了兼顾访问效率，有些数据库有意保留冗余属性。

3. 冗余联系的消除

　　全局模型中可能存在冗余的联系。设计人员可以利用规范化理论中的函数依赖的概念消除冗余联系。

　　通过全局 E-R 模型的设计过程，得到系统的全局 E-R 图。

5.4　逻辑结构设计

　　逻辑结构设计的任务是把概念结构设计阶段设计好的基本 E-R 图转换为与选用 DBMS 产品所支持的数据模型相符合的逻辑结构，也就是导出特定的 DBMS 可以处理的数据库逻辑结构。这些结构在功能、性能、完整性和一致性方面满足应用要求。

　　特定的 DBMS 支持的组织层数据模型包括关系模型、网状模型、层次模型和面向对象模型等。对某一种数据模型，各个机器系统又有许多不同的限制，提供不同的环境与工具。设计逻辑结构时一般包括 3 个步骤，如图 5.22 所示。

　　（1）将概念结构转化为一般的关系、网状、层次模型。

（2）将转换来的关系、网状、层次模型向特定 DBMS 支持下的数据模型转换。

（3）对数据模型进行优化。

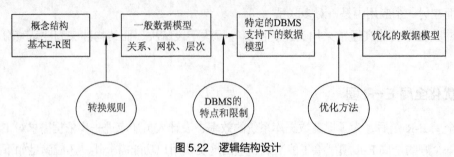

图 5.22　逻辑结构设计

目前，新设计的数据库应用系统大多都采用支持关系数据模型的 DBMS，所以这里只介绍 E-R 图向关系数据模型转换的原则与方法。

5.4.1　E-R 图向关系模型的转换

E-R 图向关系模型的转换要解决的问题是如何将实体型和实体间的联系转换为关系模式，以及如何确定这些关系模式的属性和码。

关系模型的逻辑结构是一组关系模式的组合。E-R 图则是由实体型、实体的属性和实体型之间的联系这 3 个要素组成的。因此，将 E-R 图转换为关系模型就是将实体、实体的属性和实体之间的联系转换为关系模式。这种转换一般遵循如下原则。

1.　实体的转换

实体转换成关系模型很直接：一个实体对应一个关系模型，实体的名称即是关系模型的名称，实体的属性就是关系模型的属性，实体的码就是关系的码。

转换时需要注意以下两点。

（1）属性域的问题。如果所选用的 DBMS 不支持 E-R 图中某些属性域，则应作相应修改，否则由应用程序处理转换。

（2）非原子属性的问题。E-R 图中允许非原子属性，这不符合关系模型的第一范式条件，必须做相应处理。

2.　联系的转换

在 E-R 图中存在 3 种联系，分别为 $1:1$、$1:n$ 和 $m:n$。它们在向关系模型的转换时，采取的策略是不一样的。

（1）$1:1$ 联系转换

例如，实体学生和校园卡之间的联系中，一个学生只能办理一张校园卡，一张校园卡只能属于一个学生，因此，联系的类型是 $1:1$。

方法一：将 $1:1$ 联系转换为一个独立的关系模式，该联系相连的各实体的码以及联系本身的属性均转换为关系的属性，每个实体的码均是该关系的候选码。

该方法下，图 5.23 所示的 E-R 图的转换情况如下。

实体转换：学生（学号，姓名），校园卡（卡号，余额）。

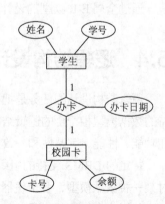

图 5.23　校园卡和学生之间的 E-R 图

联系办卡的转换：办卡（<u>学号</u>，<u>卡号</u>，办卡日期）。

方法二：与任意一端对应的关系模式合并。合并时，需要在该关系模式的属性中加入另一个关系模式的码和联系本身的属性。

该方法下，图 5.23 所示的 E-R 图的转换情况如下。

学生（<u>学号</u>，姓名，卡号，办卡日期）

或校园卡（<u>卡号</u>，余额，学号，办卡日期）

（2）1 : n 联系转换

以图 5.24 所示的 E-R 图为例，其描述的是实体操作员和读者之间的联系。在该联系中，一个操作员可以管理多个读者信息，一个读者信息只能被一个图书操作员管理，因此，操作员与读者联系的类型是 1 : n。

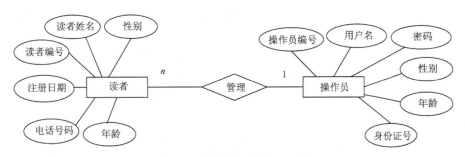

图 5.24　操作员和读者的 E-R 图

方法一：转换为一个独立的关系模式，与该联系相连的各实体的码以及联系本身的属性均转换为关系的属性，而关系的码为 n 端实体的码。

该方法下，图 5.24 所示的 E-R 图可作如下转换。

实体转换：读者（<u>读者编号</u>，读者姓名，性别，年龄，注册日期，电话号码），操作员（<u>操作员编号</u>，用户名，密码，性别，年龄，身份证号）。

联系转换：管理（<u>读者编号</u>，操作员编号）。

方法二：与 n 端对应的关系模式合并，需要在该关系模式中加入 1 端实体的码和联系本身的属性，而关系的码仍为 n 端实体的码。

图 5.24 中，联系与读者实体一端合并，转换后的关系模式为：操作员（<u>操作员编号</u>，用户名，密码，性别，年龄，身份证号），读者（<u>读者编号</u>，读者姓名，性别，年龄，注册日期，电话号码，操作员编号）。

（3）m : n 联系转换

与 1 : 1 和 1 : n 联系不同，m : n 联系不能由一个实体的码唯一识别，必须由所关联实体的码共同识别。这时，需要将联系单独转换为一个独立的关系，则与该联系相连的各实体的码以及联系本身的属性均转换为关系的属性，每个实体的码组成关系的码或关系的码的一部分。

以图 5.20 的 E-R 图为例，其描述的是图书和读者之间的联系，联系类型是 m : n。

该 E-R 图中，实体可转换为如下关系模型：读者（<u>读者编号</u>，读者姓名，性别，年龄，电话号码，注册日期）；图书（<u>图书编号</u>，图书名称，图书类别，作者，出版社，图书价格）。

联系转换的关系模型：图书借阅（<u>读者编号</u>，<u>图书编号</u>，<u>借阅日期</u>，归还日期，罚款）。

具有相同码的关系模式可合并，从而减少系统中的关系个数。合并方法是将其中一个关系模式的全部属性加入另一个关系模式中，然后去掉其中的同义属性（可能同名也可能不同名），并适当调整属性的次序。

5.4.2　数据模型的优化

模型设计的合理与否，对数据库的性能有很大的影响。数据库设计完全取决于人，而不取决于DBMS。无论设计的好与坏，DBMS均要执行。为了进一步提高数据库应用系统的性能，应根据应用需要适当地修改和调整数据模型的结构。这就是数据模型的优化。

对于从 E-R 模型转换来的关系模型，设计人员应以关系数据库设计理论为指导，对得到的关系模型逐一分析，确定它们是第几范式，并通过必要的分解得到一组最合适范式的关系模型。这一过程称为规范化处理。对于一个具体的应用而言，到底规范化到什么程度，需要权衡响应时间和潜在的问题这两者的利弊，作出最优的决定。

对关系模型规范化，其优点是消除异常、减少数据冗余、节约存储空间，相应的逻辑和物理的I/O 次数减少，同时加快增、删、改的速度。但是，对完全规范的数据库查询，通常需要更多的连接操作，而连接操作很费时间，从而影响查询的速度。因此，有时为了提高某些查询或应用的性能，而有意破坏规范化规则。这一过程称为逆规范化。

逆规范化的好处是降低连接操作的需求、降低外键和索引的数目，还可能减少关系的数目，但这可能导致数据的完整性问题的出现。因此，设计人员决定进行逆规范化时，一定要权衡利弊，仔细分析应用的数据存取需求和实际的性能特点。如果设计人员通过建立好的索引或其他方法能够解决查询性能问题，那么就不必采用逆规范化这种方法。

常用的逆规范化方法有：增加冗余、增加派生属性、重建关系和分割关系。

1. 增加冗余属性

增加冗余属性是指在多个关系中都具有相同的属性；常被用来替代查询时的连接操作。例如，有两个关系模型图书（图书编号，图书名称，作者，出版社，图书价格）和图书订购表（订单编号，图书名称，订购日期，订购数量，供应商，订购员）。若要查询订购图书花费的金额，则需要将两个表进行连接。这样比较烦琐。这时，设计人员可以在图书订购表关系模型中增加一个属性"图书价格"。这个属性就是冗余属性。增加冗余属性可以避免连接操作，但是需要更多的磁盘空间，同时增加了维护表的工作量。

2. 增加派生属性

增加派生属性是指增加的属性来自其他关系中的数据，由它们计算生成。它的作用是在查询时减少连接操作，避免使用聚集函数。例如，在图书和图书订购两个关系模型中，若想获得某个图书订购花费的金额，需要将两个表进行连接，并使用聚集函数。这种查询很烦琐，可以在图书订购关系模型中增加一个为"订单金额"的属性。派生属性和冗余属性具有相同的缺点。

3. 重建关系

重建关系是指如果许多用户需要查看两个关系连接出来的结果数据，则把这两个关系重新组成一个关系，以减少连接而提高性能。例如，因为图书的图书编号、图书名称和类别等信息常被查询，所以设计人员可以把图书和图书类别关系模型合并为图书（图书编号，图书名称，作者，出版社，图书价格，类型编号，类型名称）。这样可以提高性能，但是需要更多的磁盘空间，并且损失了数据的独立性。

4. 分割关系

有时，对关系进行分割可以提高性能。关系分割有两种方式：水平分割和垂直分割。

根据"80/20 原则"，一个大关系中，经常被使用的数据只是关系的一部分，约 20%，可以把经常被使用的数据分解出来，形成一个子关系。水平分解是以时间、空间、类型等范畴属性取值为条件，满足相同条件的数据行为一个表。分解的依据一般以范畴属性取值范围划分数据行。这样在操作同表数据时，时空范围相对集中，便于管理。原来表中的数据内容相当于分解后各表数据内容的并集。

垂直分解是以非主属性所描述的数据特征为条件，描述同一类相同特征的属性划分在一个子表中。这样，在用户操作同表数据时，属性范围相对集中，便于管理。垂直分解后，原关系中的数据内容相当于分解后各关系数据内容的连接。

5.4.3　设计用户外模式

外模式是用户看到的数据模式，可以根据局部应用需求和 DBMS 的特点，设计用户的外模式。目前，RDBMS 一般都提供了视图机制，可以利用这一功能设计更符合局部用户需求的用户外模式。

定义数据库全局模式主要是从系统的时间效率、空间效率、易维护等角度出发。由于用户外模式与模式是相对独立的，所以设计人员在定义用户外模式时应着重考虑用户的习惯与便利性。

（1）使用符合用户习惯的别名。在合并各分 E-R 图时，曾做了消除命名冲突的工作，以使数据库系统中同一关系和属性具有唯一的名字。这在设计数据库整体结构时是非常必要的。用视图机制可以在设计用户视图时重新定义某些属性名，使其与用户习惯一致，以方便使用。

（2）针对不同级别的用户定义不同的视图，以保证系统的安全性。

（3）简化用户对系统的使用。

如果某些局部应用中经常要使用某些很复杂的查询，为了方便用户，设计人员可以将这些复杂查询定义为视图，使得用户每次只对定义好的视图进行查询，大大简化了用户的操作步骤。

5.5　数据库的物理设计

数据库的物理设计是以逻辑结构设计的结果作为输入，结合具体 DBMS 的特点与存储设备特性，对于给定的逻辑数据模型选取一个最适合应用环境的物理结构的过程。

数据库的物理设计分为以下两个部分。

（1）确定数据库的物理结构。这在关系数据库中主要指数据的存取方法和存储结构。

（2）对所设计的物理结构进行评价，评价的重点是系统的时间和空间效率。

如果评价结果满足原设计要求，则可以进入物理实施阶段；否则，设计人员需要重新设计或修改物理结构，有时甚至要返回到逻辑设计阶段修改数据模型。

5.5.1　数据库物理设计的内容和方法

数据库物理设计得好，可以使各业务的响应时间短、存储空间利用率高、事务吞吐率大。因此，在设计数据库时，设计人员首先要对经常用到的查询和对数据进行更新的事务作详细的分析，以获得物理结构设计所需的各种参数；其次，要充分了解所用 DBMS 的内部特征，特别是系统提供的存取方法和存储结构。

（1）对于数据库查询事务，设计人员需要得到如下信息。

① 查询所涉及的关系。

② 连接条件所涉及的属性。

③ 查询条件所涉及的属性。

④ 查询的列表中涉及的属性。

（2）对于数据更新事务，设计人员需要得到如下信息。

① 更新所涉及的关系。

② 更新操作所涉及的属性。

③ 每个关系上的更新操作条件所涉及的属性。

除此以外，设计人员还需要了解每个查询或事务在各关系上运行的频率和性能要求。假如，某个查询必须在 1 秒内完成，则数据的存储方式和存取方式就非常重要。

应该注意的是，数据库上运行的操作和事务是不断变化的，因此，设计人员需要根据这些操作的变化不断地调整数据库的物理结构，以获得最佳的数据库性能。

通常关系数据库物理设计的内容主要包括以下两个方面。

① 确定数据的存取方法。

② 确定数据库的物理存储结构。

5.5.2　确定数据库的物理结构

在目前的 RDBMS 中，数据库的大量内部物理结构都由 RDBMS 自动完成，留给用户参与的物理结构设计内容已经很少，大致有如下几种。

1. 关系模式存取方法的设计

存取方法是快速存取数据库中数据的技术。数据库管理系统一般都提供多种存取方法。常用的存取方法有索引方法、聚簇方法和 HASH 方法。具体采取哪种存取方法由系统根据数据库的存储方式决定，一般用户不能干预。

（1）索引存取方法的设计

所谓索引存取方法，实际上就是根据应用要求确定对关系的哪些属性列建立索引、哪些属性列建立组合索引、对哪些索引要设计为唯一索引等。

建立索引的一般原则如下。

① 如果一个（或一组）属性经常作为查询条件，则设计人员应考虑在这个（或这组）属性上建立索引（或组合索引）。

② 如果一个属性经常作为聚集函数的参数，则设计人员应考虑在这个属性上建立索引。

③ 如果一个（或一组）属性经常作为表的连接条件，则设计人员应考虑在这个（或这组）属性上建立索引。

④ 如果某个属性经常作为分组的依据列，则考虑在这个属性上建立索引。

一个表可以建立多个非聚簇索引，但只能建立一个聚簇索引。

索引一般可以提高数据查询性能，但会降低数据修改性能。因为，在进行数据修改时，系统要同时对索引进行维护，使索引与数据保持一致。维护索引要占用较多的时间。存放索引也要占用空间信息。因此，设计人员在决定是否建立索引时，要权衡数据库的操作，如果查询多，并且对查询性能要求较高，可以考虑多建一些索引；如果数据更改多，并且对更改的效率要求比较高，可以考虑少建索引。

（2）聚簇存取方法的设计

为了提高某个属性（或属性组）的查询速度，把这个或这些属性（称为聚簇码，cluster key）上具有相同值的元组集中存放在连续的物理块称为聚簇。目前的 RDBMS 都提供了对一个关系按照一个或几个属性进行聚簇存储的功能。所谓聚簇设计，就是设计人员根据用户需求确定每个关系是否需要建立聚簇，如果需要，则应确定在该关系的哪些属性列上建立聚簇。

当一个关系按照某些属性列建立聚簇后，关系中的元组都按照聚簇属性列的顺序存放在磁盘的一个物理块或若干相邻物理块内，因此，对这些属性列的查询特别有效，它可以明显提高查询效率，但是对于非聚簇属性列的查询效果不佳。此外，数据库系统建立和维护聚簇的开销很大，每次修改聚簇属性列值或增加、删除元组都将导致关系中的元组移动其物理存储位置，并且重建该关系的聚簇。通常，只有在遇到以下一些特定情况时，设计人员才考虑对一个关系建立聚簇。

① 当对一个关系的某些属性列的访问是该关系的主要应用，而对其他属性的访问很少或是次要应用时，设计人员可以考虑对该关系在这些属性列上建立聚簇。

② 如果一个关系在某些属性列上的值重复率很高，则设计人员可以考虑对该关系在这些属性列上建立聚簇。

③ 如果一个关系一旦装入数据，某些属性列的值很少修改，也很少增加或删除元组，则设计人员可以考虑对该关系在这些属性列上建立聚簇。

（3）HASH 存取方法的设计

有些 DBMS 提供了 HASH 存取方法。选择 HASH 存取方法的规则如下。

如果一个关系的属性主要出现在等值连接条件中或主要出现在相等比较选择条件中，而且满足下列两个条件之一，则此关系可以选择 HASH 存取方法。

① 一个关系的大小可预知，而且不变。

② 关系的大小动态改变，而且 DBMS 提供了动态 HASH 存取方法。

2. **数据存储位置的设计**

为了提高系统性能，设计人员应该根据应用情况将数据的易变部分、稳定部分、经常存取部分和存取频率较低部分分开存放。对于有多个磁盘的计算机，设计人员可以采用以下存放位置的分配方案。

① 将表和索引分别存放在不同的磁盘上，在查询时，由于两个磁盘驱动器并行工作，可以提高物理读写的速度。

② 将比较大的表分别放在两个磁盘上，以加快存取速度，在多用户环境下效果更佳。

③ 将备份文件、日志文件与数据库对象（表、索引等）备份等，放在不同的磁盘上。

3. 系统配置的设计

DBMS 产品一般都提供系统配置变量、存储分配参数，供设计人员和 DBMS 对数据库进行物理优化。系统为这些变量设定了初始值，但这些值未必适合各种应用环境。在物理设计阶段，设计人员要根据实际情况重新对这些变量赋值，以满足新的要求。

系统配置变量和参数包括同时使用数据库的用户数、同时打开的数据库对象数、内存分配参数、缓冲区分配参数、存储分配参数、数据库的大小、时间片的大小、锁的数目等。这些参数值影响存取时间和存储空间的分配。在物理设计时，设计人员要根据应用环境确定这些参数值，以改进系统性能。

5.5.3 评价物理结构

数据库物理设计过程中，设计人员需要权衡时间效率、空间效率、维护代价和各种用户要求，其结果可以产生多种方案。数据库设计人员必须对这些方案进行细致的评价，从中选择出一个较优的合理的物理结构。

评价物理数据库的方法完全依赖于所选用的 DBMS，主要考虑操作开销，即为使用户获得及时、准确的数据所需的开销和计算机资源的开销，具体可以分为以下几类。

1. 查询和响应时间

响应时间是指从查询开始到查询结束之间所经历的时间。一个好的应用程序设计可以减少 CPU 的时间和 I/O 时间。

2. 更新事务的开销

这主要是指修改索引、重写数据块或文件以及写校验方面的开销。

3. 生成报告的开销

这主要包括索引、重组、排序和结果显示的开销。

4. 主存储空间的开销

这包括程序和数据所占的空间。对数据库设计者来说，一般可以对缓冲区进行适当的控制。

5. 辅助存储空间的开销

辅助存储空间分为数据块和索引块。设计者可以控制索引块的大小。

实际上，数据库设计者只能对 I/O 和辅助存储空间进行有效控制，其他方面都是有限的控制或根本不能控制。

5.6 数据库的实施

完成数据库的物理设计之后，设计人员就要用 RDBMS 提供的数据定义语言和其他实用程序将数据库逻辑设计和物理设计结果严格描述出来，成为 DBMS 可以接受的源代码，再经过调试产生目标模式，然后就可以组织数据入库了。这就是数据库实施阶段。

5.6.1　数据的载入和应用程序的调试

一般情况下数据库系统中的数据量都很大，而且数据来源于部门中的各个不同的单位，数据的组织方式、结构和格式都与新设计的数据库系统有相当的差距。组织数据录入就要将各类数据从各个局部应用中抽取出来，输入计算机，然后再分类转换，最后综合成符合新设计的数据库结构的形式，输入数据库中。这样的数据转换、组织入库的工作是相当费力、费时的。特别是原系统是手工数据处理系统时，各类数据分散在各种不同的原始表格、凭证、单据中。在向新的数据库中输入数据时，还要处理大量的纸质文件，工作量更大。

各应用环境差异很大，很难有通用的数据转换器，DBMS 也很难提供一个通用的转换工具。因此，为了提高数据输入工作的效率和质量，设计人员应该针对具体的应用环境设计一个数据录入子系统，专门来处理数据转换和输入问题。

为了保证数据库中数据的准确性，数据的校验工作必须得到重视。在将数据输入系统进行数据转换的过程中，相关人员应该进行多次校验，对于重要数据，更应反复校验。目前，很多 DBMS 都提供数据导入功能，有些 DBMS 还提供了功能强大的数据转换功能。

数据库应用程序的设计应该与数据库设计同时进行。因此，在组织数据入库的同时，相关人员还要调试应用程序。应用程序的设计、编码和调试的方法、步骤在软件工程等课程中有详细讲解，这里就不赘述了。

5.6.2　数据库的试运行

当一小部分数据输入数据库后，就可以开始对数据库系统进行联合调试。这称为数据库的试运行。

这一阶段要实际运行数据库应用程序，执行对数据库的各种操作，并测试应用程序的功能是否满足设计要求。如果不满足，则要修改、调整应用程序，直到达到设计要求为止。

在数据库试运行阶段，还要测试系统的性能指标，分析其是否达到设计目标。在对数据库进行物理设计时，已初步确定了系统的物理参数值，但一般情况下，设计时的考虑在许多方面只是近似估计，和实际系统运行总有一定的差距，因此，必须在试运行阶段实际测量和评价系统性能指标。事实上，有些参数的最佳值往往在运行调试后得到。如果测试的结果与设计目标不符，则要返回物理设计阶段，重新调整物理结构，修改系统参数，某些情况下甚至要返回逻辑设计阶段，对逻辑结构修改。

需特别强调两点。

（1）由于数据入库工作量实在太大，费时、费力，所以应分期分批地组织数据入库。先输入小批量数据供调试用，待试运行基本合格后再大批量输入数据，逐步增加数据量，逐步完成运行评价。

（2）在数据库试运行阶段，系统还不稳定，所以硬件、软件故障随时都可能发生。而系统的操作人员对新系统还不熟悉，误操作也不可避免。因此，相关人员应首先调试运行 DBMS 的恢复功能，做好数据库的转储和恢复工作。一旦故障发生，相关人员应让数据库尽快恢复，尽量减少对数据库的破坏。

5.7　数据库的运行与维护

数据库试运行合格后，数据库即可投入正式运行。数据库投入运行标志着开发任务的基本完成和维护工作的开始。数据库只要还在使用，就需要不断对它进行评价、调整和维护。在数据库运行阶段，对数据库经常性的维护工作主要是由数据库管理员（Database Adminstrator，DBA）完成的，包括以下工作内容。

1. 数据库的备份和恢复

相关人员要对数据库进行定期的备份，一旦出现故障，要能及时地将数据库恢复到某种一致的状态，并尽可能减少对数据库的破坏。该工作主要是由数据管理员 DBA 负责。数据库的备份和恢复是重要的维护工作之一。

2. 数据库的安全性、完整性控制

随着数据库应用环境的变化，对数据库的安全性和完整性的要求也会发生变化。DBA 应对数据库进行适当的调整，以反映这些新变化。

3. 监督、分析和改进数据库性能

在数据库运行过程中，监视数据库的运行情况，并对检测数据进行分析，找出能够提高性能的可行性，适当地对数据库进行调整。目前，有些 DBMS 产品提供了检测系统性能参数的工具，DBA 可以利用这些工具方便地对数据库进行控制。

4. 数据库的重组织和重构造

数据库运行一段时间后，由于记录不断增、删、改，会使数据库的物理存储情况变坏，降低了数据的存取效率，数据库性能下降。这时，DBA 就要对数据库进行重组织或部分重组织。DBMS 一般都提供数据重组织用的实用程序。在重组织过程中，按原设计要求重新安排存储位置、回收垃圾、减少指针链等，提高系统性能。

数据库的重组织并不会改变原设计的数据逻辑结构和物理结构，而数据库的重构造则不同，其是指部分修改数据库的模式和内模式。数据库的重构也是有限的，只能做部分修改。如果应用变化太大，重构也无济于事，说明此数据库应用系统的生命周期已经结束，应该设计新的数据库应用程序了。

数据库的结构和应用程序设计的好坏是相对的，它并不能保证数据库应用系统始终处于良好的性能状态。这是因为数据库中的数据随着数据库的使用而发生变化，且随着这些变化的不断增加，系统的性能会日趋下降，所以，即使在不出现故障的情况下，DBA 也要对数据库进行维护，以便数据库获得较好的性能。

数据库设计工作并非一劳永逸的，一个好的数据库应用系统需要精心的维护才能保持良好的性能。

本 章 小 结

本章介绍了数据库设计的方法和步骤，详细介绍了数据库设计各个阶段的目标、方法、应注意的事项，其中的重点是概念概念结构设计和逻辑结构设计。这也是数据库设计过程中最重要的两个环节。

学习这一章，读者不仅要努力掌握书中讨论的基本方法，还要能在实际工作中运用这些思想设

计符合应用需求的数据库应用系统。

习　题　5

一、填空题

（1）数据库概念结构设计的 E-R 图中，用_____、_____、_____分别表示实体、属性和联系。

（2）数据库设计分为需求分析阶段、_____、_____、_____、数据库实施阶段和_____阶段。

（3）概念结构设计阶段最常采用的设计工具是_____。

（4）将概念模型转化为关系模型的过程属于数据库设计中_____阶段要做的工作。

（5）根据关系数据理论将关系模式进行优化，这是数据库设计中_____阶段要做的工作。

（6）在设计局部 E-R 图时，由于各个子系统分别有不同的应用，而且往往是由不同的设计人员设计，所以各个局部 E-R 图之间难免有不一致的地方。这些不一致被称为冲突。这些冲突主要有_____、_____和_____3 类。

（7）数据字典通常包括_____、_____、_____、_____和处理过程 5 个部分。

（8）E-R 图中，联系的类型有_____、_____和 $m:n$ 三种。

二、选择题

（1）数据库需求分析时，数据字典的含义是（　　）。

  A. 数据库中所涉及的属性和文件的名称集合

  B. 数据库中所涉及字母、字符及汉字的集合

  C. 数据库中所有数据的集合

  D. 数据库中所涉及的数据流、数据项和文件等描述的集合

（2）下列不属于需求分析阶段工作的是（　　）。

  A. 分析用户活动　　　　　　　　　B. 建立 E-R 图

  C. 建立数据字典　　　　　　　　　D. 建立数据流图

（3）在数据库设计中，用 E-R 图来描述信息结构但不涉及信息在计算机中的表示，属于（　　）设计的阶段。

  A. 需求分析　　　B. 概念结构设计　　　C. 逻辑结构设计　　　D. 物理设计

（4）在关系数据库设计中，设计关系模式是（　　）的任务。

  A. 需求分析阶段　　B. 概念结构设计阶段 C. 逻辑结构设计阶段 D. 物理设计阶段

（5）从 E-R 模型向关系模式转换时，一个 $m:n$ 联系转换为关系模式时，该关系模式的码是（　　）。

  A. m 端实体的码　　　　　　　　　B. n 端实体的码

  C. m 端实体码与 n 端实体码的组合　　D. 重新选取其他属性

（6）数据流图（DFD）是用于描述结构化方法中（　　）阶段的工具。

  A. 可行性分析　　　B. 详细设计　　　C. 需求分析　　　D. 程序编码

（7）下列属于数据库物理设计工作的是（　　）。

  A. 将 E-R 图转换为关系模式   B. 选择存取路径

  C. 建立数据流图   D. 收集和分析用户活动

（8）下列不属于概念结构设计时常用的数据抽象方法的是（ ）。

  A. 合并   B. 聚集   C. 概括   D. 分类

（9）在数据库设计过程中，（ ）工作离不开用户的参与。

  A. 设计数据库模式   B. 设计数据库外模式

  C. 设计数据库内模式   D. 进行需求分析

（10）公司中有多个部门和多名职员，每个职员只能属于一个部门，一个部门可以有多名职员，从部门到职员的联系类型是（ ）。

  A. 多对多   B. 一对一   C. 多对一   D. 一对多

三、简答题

1. 某工厂物资管理系统，其实体有以下几类。

- 仓库。属性有仓库号、面积、电话号码。
- 零件。属性有零件号、名称、规格、单价、描述。
- 供应商。属性有供应商号、姓名、地址、电话号码、账号。
- 项目。属性有项目号、预算、开工日期。
- 职工。属性有职工号、姓名、年龄、职称。

这些实体之间的联系如下。

（1）一个仓库可以存放多种零件，一种零件可以存放在多个仓库中，因此仓库和零件具有多对多的联系。用库存量表示某种零件在某个仓库中的数量。

（2）一个仓库有多个职工当仓库保管员，一个职工只能在一个仓库工作，因此仓库和职工之间是一对多的联系。

（3）职工之间具有领导—被领导关系，即仓库主任领导若干保管员，因此职工实体集中具有一对多的联系。

（4）供应商、项目和零件三者之间具有多对多的联系，即一个供应商可以供给若干项目多种零件，每个项目可以使用不同供应商供应的零件，每种零件可由不同供应商供给。

根据上述信息，完成以下内容。

① 设计系统的 E-R 模型。

② 将设计的 E-R 模型转换为关系模型，并标出关系的码。

2. 说明数据库设计的特点。

3. 试述数据库设计的过程以及各个阶段设计内容。

4. 需求分析中发现事实的方法有哪些？

5. 需求分析阶段的设计目标是什么？调查的内容是什么？

6. 数据字典的内容和作用是什么？

7. 试述数据库概念结构设计的重要性和设计步骤。

8. 把 E-R 模型转换为关系模型的转换规则有哪些？

9. 数据模型的优化包括哪些方法？

06

第6章 综合实例——图书馆 管理系统

学习目标

- 掌握管理信息系统设计过程。
- 掌握 SQL Server 数据库连接。

当今由于信息技术的飞速发展，图书馆作为社会知识信息媒介的功能日益重要。网络环境下的信息资源建设知识仓库的设计、开放存取学术交流模式、知识管理系统、智能检索、数字参考咨询、数字图书馆等成为图书馆系统的发展方向。

管理发展至今，综合发展的整体趋势已日渐明显。引进新方法、吸收新思想是促进图书馆系统发展的必要条件。因此，图书馆管理系统的研究要坚持理论与技术相融合，开展跨学科的交叉研究，坚持理论与实践相结合。本章将通过一个图书馆管理系统综合实例的开发，详细介绍 SQL Server 2012 在信息系统开发中的使用。

6.1 管理信息系统概述

管理信息系统（Management Information System，MIS）是一个以人为主导，利用计算机硬件、软件、网络通信设备以及其他办公设备进行信息的收集、传输、加工、储存、更新和维护，以企业战略竞优、提高效益和效率为目的，支持企业的高层决策、中层控制、基层运作的集成化的人机系统。MIS 的特点如下。

① 面向管理决策。

② 综合性。

③ 人机系统。

④ 现代管理方法和手段相结合的系统。

⑤ 多学科交叉的边缘科学。

MIS 的主要功能如下。

① 数据处理功能。

② 预测功能。

③ 计划功能。

④ 控制功能。

⑤ 辅助决策功能。

6.2　需求分析

6.2.1　功能需求

图书馆管理系统有 4 个功能模块，分别是基础数据维护模块、新书订购模块、借阅管理模块以及系统维护模块。各功能模块的具体说明如下。

（1）基础数据维护模块：该模块主要负责管理图书馆的读者信息、图书类别信息、图书信息的添加或修改。

（2）新书订购管理模块：该模块主要负责管理图书馆的新书订购信息，包括新书的验收等基本信息。

（3）借阅管理模块：该模块主要负责图书馆的书籍借阅和归还信息，包括图书借阅、图书归还、图书搜索 3 个子模块。

（4）系统维护模块：该模块主要负责图书馆的工作人员信息，包括用户管理和更改系统口令两个子模块。

6.2.2　系统用例图

图书馆管理系统是一个内部人员使用的系统，也就是说不是所有人都能够使用它，只有图书馆的工作人员才能使用。而图书馆的工作人员也分为两类，一类是操作人员，主要负责图书的借阅和归还的工作；另一类是管理员，其除了具备操作人员的所有功能外，还能够对书籍列表、书籍信息、读者信息等进行管理。下面以管理员为例绘制其所对应的用例图，如图 6.1 所示。

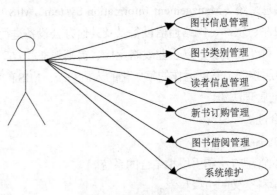

图 6.1　管理员用例图

6.2.3　功能结构图

图书馆管理系统首先需要对用户的身份进行识别，只有合法的用户才能进入系统，否则将无法进入系统。用户进入系统后，首先打开系统主窗体，在系统首页的菜单栏或者功能区可以选择各种导航链接来进行各种操作。该系统的功能结构如图 6.2 所示。

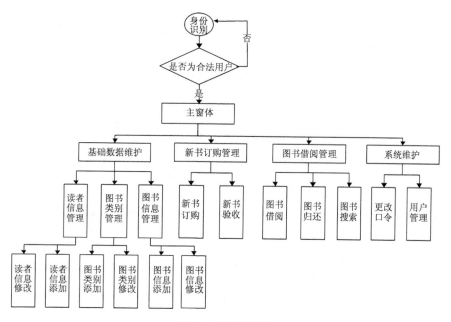

图 6.2　功能结构图

6.2.4　系统数据流图

数据流图（Data Flow Diagram）从数据传递和加工的角度，以图形的方式来表达图书馆管理系统的逻辑功能以及数据在系统内部的逻辑流向和逻辑变换过程，使系统的功能需求更加清晰。图书馆管理系统的数据流图如图 6.3~图 6.7 所示。

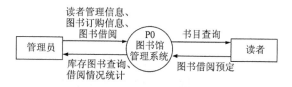

图 6.3　图书馆管理系统的顶层数据流图

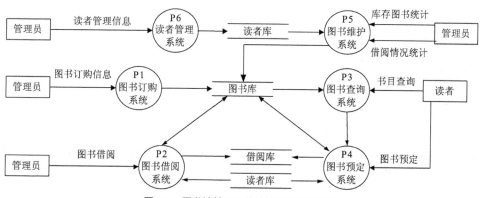

图 6.4　图书馆管理系统的第 1 层数据流图

图6.5　图书订购数据流图

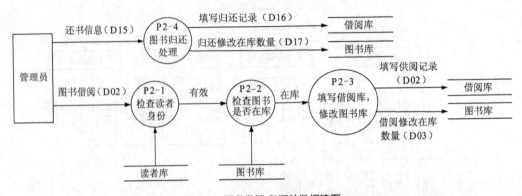

图6.6　图书借阅/归还的数据流图

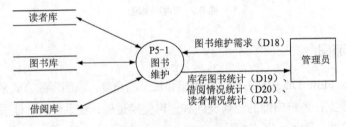

图6.7　图书维护的数据流图

6.2.5　数据字典

通过对图书馆管理系统的数据流图的分析，设计人员对系统内部结构和逻辑功能有了初步的认识，再结合数据字典对数据流图中各项数据元素进行定义与描述，进一步明确系统的功能需求。图书馆管理系统的数据字典定义如下。

1. 数据结构

（1）数据结构名称：操作员。

含义说明：定义图书馆管理系统管理员相关信息。

组成：操作员编号，用户名，密码，性别，年龄，身份卡，入职日期，电话，是否为管理员。

（2）数据结构名称：读者。

含义说明：定义读者相关信息。

组成：读者编号，读者姓名，性别，年龄，证件类型，证件号码，注册日期，有效日期，最大借书量，电话号码，押金，职业。

2. 数据流

（1）数据流编号：D01。

数据流名称：图书订购信息。

含义说明：图书订购单。

数据流来源：操作员。

数据流去向：P1-1 订购管理。

数据项组成：订单编号，图书名称，订购日期，订购数量，供应商，订购员，是否验收，价格折扣。

平均流量：100 本/月。

高峰期流量：500 本/月。

（2）数据流编号：D02。

数据流名称：图书借阅。

含义说明：图书借阅信息。

数据流来源：用户填写图书借阅单交图书馆管理员，管理员审核后，输入计算机。

数据流去向：P2-1 检查读者身份。

数据项组成：借阅编号，读者编号，图书编号，操作员编号，借阅日期，还书日期，是否归还。

平均流量：1 000 本/天。

高峰期流量：5 000 本/天。

（3）数据流编号：D15。

数据流名称：还书信息。

含义说明：图书归还。

数据流来源：用户填写图书归还单交管理员，管理员审核后，输入计算机。

数据流去向：P2-4 图书归还处理。

数据项组成：读者编号，图书编号，还书日期，是否归还。

平均流量：500 次/天。

高峰期流量：1 000 次/天。

3. 数据存储

（1）数据存储名称：图书库。

含义说明：图书信息表，对所有书籍信息的记录。

数据项组成：图书编号，图书名称，图书类别，作者，译者，出版日期，出版社，图书价格。

（2）数据存储名称：借阅库。

含义说明：图书借阅表，对所有书籍借阅信息的记录。

数据项组成：借阅编号，读者编号，图书编号，操作员编号，借阅日期，还书日期，是否归还。

4. 处理过程

（1）处理过程编号：P1-1。

处理过程名：订购管理。

输入数据流：D01 图书订购信息。

输出数据流：D22 订单入库信息。

处理：系统按照图书订购信息要求，更改图书库存。

（2）处理过程编号：P2-1。

处理过程名：检查读者身份。

输入数据流：图书借阅。

输出数据流：有效。

处理：核对读者身份是否有效。

（3）处理过程编号：P2-2。

处理过程名：检查图书是否在库。

输入数据流：读者身份有效。

输出数据流：在库。

处理：根据读者借阅要求，查阅图书是否还有库存。

（4）处理过程编号：P2-3。

处理过程名：填写借阅单，修改图书库。

输入数据流：在库。

输出数据流：填写借阅记录，修改库存。

处理：将借阅信息填入借阅信息表，并更新库存表。

（5）处理过程编号：P2-4。

处理过程名：图书归还处理。

输入数据流：还书信息。

输出数据流：填写归还记录，修改库存。

处理：将图书信息填入归还记录，并更新库存表。

6.3　数据库设计

6.3.1　系统 E-R 图

根据图书馆管理系统的需求分析，总共设计规划出 5 个实体，分别是图书类别实体、图书实体、读者实体、操作员实体、供应商实体，如图 6.8~图 6.12 所示。

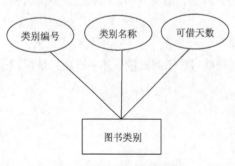

图 6.8　图书类别实体属性图

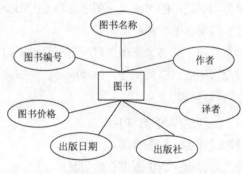

图 6.9　图书实体属性图

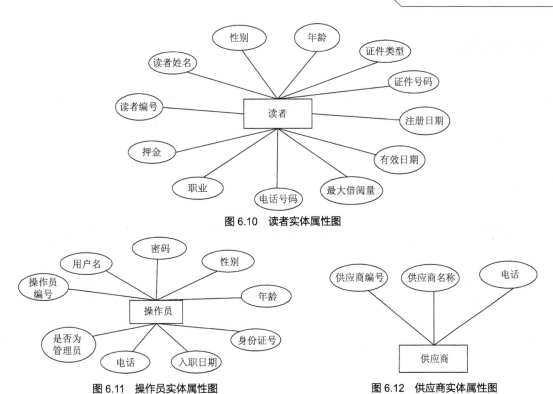

图 6.10　读者实体属性图

图 6.11　操作员实体属性图

图 6.12　供应商实体属性图

以上是系统中所有实体及其属性图，根据各个实体之间在实际操作中存在的联系，绘制总体 E-R 图，如图 6.13 所示。

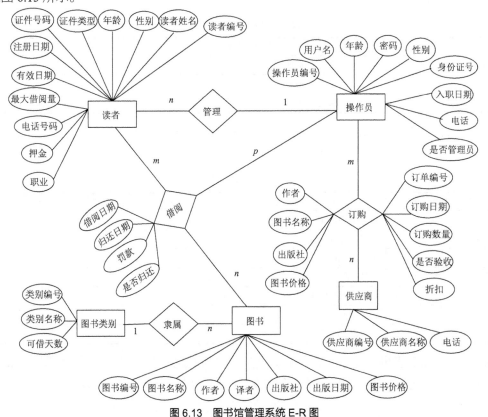

图 6.13　图书馆管理系统 E-R 图

6.3.2　数据表设计

设计人员根据设计好的各实体属性及 E-R 图创建数据库的逻辑结构。本系统采用了 SQL Server 2012 数据库，数据库名称为图书馆。数据库中设计包含有以下 7 个表：图书信息表、图书类别信息表、图书借阅信息表、操作员信息表、图书订购信息表、读者信息表和供应商信息表。

数据库各表的结构如下。

（1）图书信息表用来存储所有图书的基本信息，包括图书编号、类别编号、图书名称、作者、译者、出版社、出版日期以及图书价格 8 个字段。该表的逻辑结构如表 6.1 所示。

表 6.1　图书信息表

字 段 名	数 据 类 型	是 否 主 键
图书编号	文本（varchar）	是
类别编号	文本（varchar）	否（外键）
图书名称	文本（varchar）	否
作者	文本（varchar）	否
译者	文本（varchar）	否
出版社	文本（varchar）	否
出版日期	日期（date）	否
图书价格	浮点数（float）	否

（2）图书类别信息表用来储存所有的图书类别信息，包括类别编号、类别名称、可借天数 3 个字段。该表的逻辑结构如表 6.2 所示。

表 6.2　图书类别信息表

字 段 名	数 据 类 型	是 否 主 键
类别编号	文本（varchar）	是
类别名称	文本（varchar）	否
可借天数	整数（int）	否

（3）图书借阅信息表用来保存所有图书的借阅信息，包括图书编号、读者编号、操作员编号、是否归还、借阅日期、归还日期、罚款 7 个字段，该表的逻辑结构如表 6.3 所示。

表 6.3　图书借阅信息表

字 段 名	数 据 类 型	是 否 主 键
图书编号	文本（varchar）	是
读者编号	文本（varchar）	是
操作员编号	文本（varchar）	否（外键）
借阅日期	日期时间（datetime）	是
归还日期	日期时间（datetime）	否
是否归还	整数（int）	否
罚款	浮点数（float）	否

（4）操作员信息表用来保存操作员信息，包括操作员编号、用户名、密码、性别、年龄、身份证号、入职日期、电话、是否为管理员 9 个字段。该表的逻辑结构如表 6.4 所示。

表 6.4 操作员信息表

字 段 名	数 据 类 型	是 否 主 键
操作员编号	文本（varchar）	是
用户名	文本（varchar）	否
密码	文本（varchar）	否
性别	文本（varchar）	否
年龄	整数（int）	否
身份证号	文本（varchar）	否
入职日期	日期时间（datetime）	否
电话	文本（varchar）	否
是否为管理员	状态（bit）	否

（5）图书订购信息表用来保存所有图书的订购信息，包括订单编号、操作员编号、供应商编号、图书名称、作者、出版社、图书价格、订购日期、订购数量、是否验收、折扣 11 个字段。该表的逻辑结构如表 6.5 所示。

表 6.5 图书订购信息表

字 段 名	数 据 类 型	是 否 主 键
订单编号	整数（int）	是
操作员编号	文本（varchar）	否（外键）
供应商编号	文本（varchar）	否（外键）
图书名称	文本（varchar）	否
作者	文本（varchar）	否
出版社	文本（varchar）	否
图书价格	浮点数（float）	否
订购日期	日期时间（datetime）	否
订购数量	整数（int）	否
是否验收	整数（int）	否
折扣	浮点数（float）	否

（6）读者信息表用来储存所有的读者信息，包括读者编号、读者姓名、性别、年龄、证件类型、证件号码、注册日期、最大借阅数、电话号码、押金、有效日期、职业、操作员编号 13 个字段。该表的逻辑结构如表 6.6 所示。

表 6.6 读者信息表

字 段 名	数 据 类 型	是 否 主 键
读者编号	文本（varchar）	是
读者姓名	文本（varchar）	否
性别	文本（varchar）	否
年龄	整数（int）	否
证件类型	文本（varchar）	否
证件号码	文本（varchar）	否
注册日期	日期时间（datetime）	否
有效日期	日期时间（datetime）	否
最大借阅量	整数（int）	否
电话号码	文本（varchar）	否

续表

字 段 名	数 据 类 型	是 否 主 键
押金	货币（money）	否
职业	文本（varchar）	否
操作员编号	文本（varchar）	否（外键）

（7）供应商信息表用来储存供应商信息，包括供应商编号、供应商名称、电话 3 个字段。该表的逻辑结构如表 6.7 所示。

表 6.7　供应商信息表

字 段 名	数 据 类 型	是 否 主 键
供应商编号	文本（varchar）	是
供应商名称	文本（varchar）	否
电话	文本（varchar）	否

6.4　系统开发环境

本章图书馆管理系统的具体开发环境如下。

（1）系统开发平台：Eclipse。

（2）数据库管理系统软件：SQL Server 2012。

（3）操作系统：Windows 7。

（4）Java 开发包：JDK 6.0 以上。

（5）分辨率：800×600 以上。

6.5　系统设计与实现

6.5.1　登录模块

对于图书馆管理系统而言，所有对图书、读者、借阅等信息的操作都是比较敏感的。一旦用户操作失误，尤其是破坏数据库结构，就会对图书馆资源的使用带来很大的麻烦。所以本系统设计了一个登录模块，通过该模块对用户的操作权限进行判断，只有拥有管理员权限的用户才能登录系统。整个登录模块的流程图如图 6.14 所示。

当用户输入自己的用户名和密码后，系统会通过查看操作员表里的"用户名"和"密码"字段来判断是否匹配，另外"是否为管理员"字段值规定了该用户是否为管理员。登录界面运行效果如图 6.15 所示。当输入的用户名不属于管理员时，系统会提示"只有管理员才可以登录！"，如图 6.16所示。

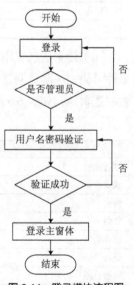

图 6.14　登录模块流程图

图 6.15 系统登录界面

图 6.16 登录失败提示

6.5.2 读者信息管理模块

当管理员成功登录系统后，会进入系统的主窗体，如图 6.17 所示。在主窗体的菜单栏里有 4 个下拉菜单，其中每个菜单对应了不同的功能模块。在基础数据维护下有 3 个子模块，分别为读者信息管理、图书类别管理、图书信息管理，其中，读者信息管理是对图书借阅者的基本信息进行增加、修改、删除操作，其流程图如图 6.18 所示。

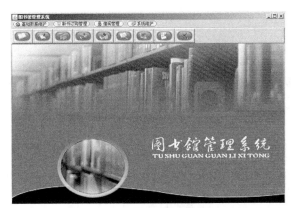

图 6.17 管理系统主窗体

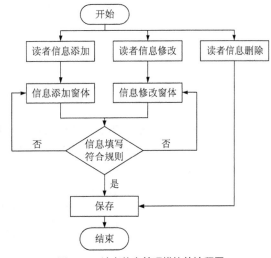

图 6.18 读者信息管理模块的流程图

当管理员对读者基本信息进行增加、修改、删除等操作后，操作成功的数据会被写入对应数据表（读者信息表）。运行效果如图 6.19 和图 6.20 所示。

图 6.19 添加读者信息

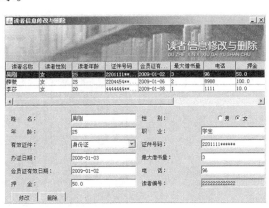

图 6.20 修改与删除读者

6.5.3 图书类别管理和图书信息管理模块

所有书籍都需要在系统里进行登记，才能更方便地对图书资源进行管理。图书管理（包括图书类别管理和图书信息管理）模块的主要功能有图书类别的添加与修改、图书信息的添加与修改，其模块流程图如图 6.21 所示。

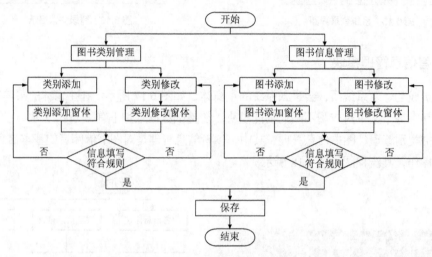

图 6.21　图书管理模块的流程图

在管理员对图书类别、图书基本信息进行更新操作之后，相应的结果会写入对应的图书类别表和图书信息表。当然，能更新成功的前提是各项数据的更改必须符合事先约定的规则，运行效果如图 6.22 ~ 图 6.25 所示。

图 6.22　添加图书类别

图 6.23　修改图书类别

图 6.24　添加图书信息

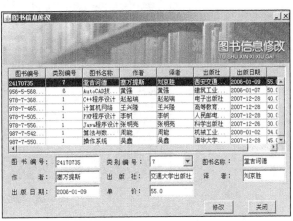

图 6.25　修改图书信息

6.5.4　新书订购管理模块

为了给广大读者提供更好的阅读服务，图书馆需要定期地更新馆内书籍的类别及数量。该服务与新书订购模块有关。新书订购模块的功能主要有订购和验收两个子模块，目的是让新书的订购更加合理化，其模块流程图如图 6.26 所示。

当有新的订单产生时，数据会通过系统写入对应的图书订购表中。新书订购运行效果如图 6.27 和图 6.28 所示。

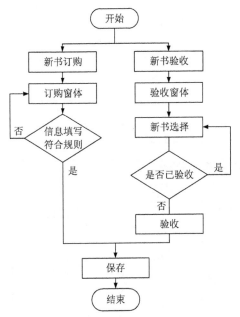

图 6.26　新书订购流程图

图 6.27　订购新书

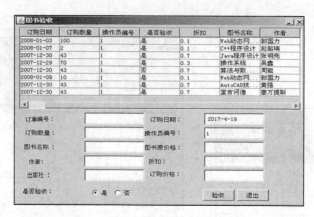

图 6.28　验收新书

6.5.5　图书借阅管理模块

图书借阅模块用于登记读者及其相关借阅信息。当读者归还图书时，需要在系统中对相应书籍进行统计。该模块主要包括图书借阅、图书归还及图书搜索 3 个子模块，其中，图书搜索子模块可以查询所借图书是否还有库存。模块流程图如图 6.29 所示。

当产生借阅信息或图书归还信息之后，相应的结果会写入图书借阅表中。图书借阅表中的"是否归还"字段标识了对应编号的图书是否归还。模块运行效果如图 6.30~图 6.32 所示。

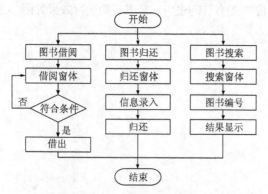

图 6.29　图书借阅模块流程图

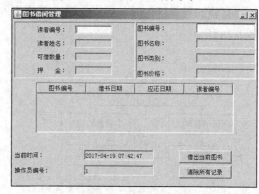

图 6.30　图书借阅管理

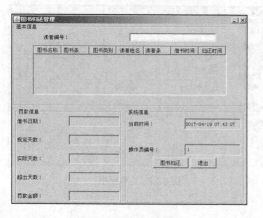

图 6.31　图书归还管理

图 6.32　图书搜索管理

6.5.6　系统维护模块

系统维护模块主要对系统操作员及管理员基本信息进行管理，包括口令更改、操作员添加、操作员信息修改、操作员删除功能。由于对此部分信息的操作比较敏感，所以本系统设置为只有管理员拥有进行系统维护的权限。该模块的流程图如图 6.33 所示。

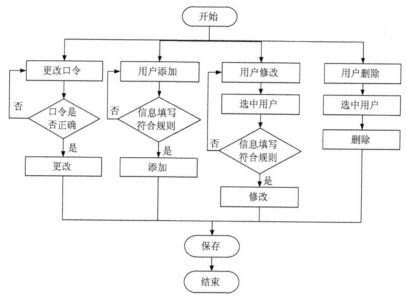

图 6.33　系统维护模块流程图

管理员对操作员的更改最终会反馈到操作员信息表中，但所有信息的添加或更改必须符合数据表中的规则，如图 6.34 所示为更改管理口令。

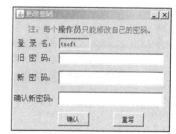

图 6.34　更改管理口令

6.6　SQL Server 数据库的连接

随着 SQL Server 数据库的普遍使用，在许多项目开发中都会涉及 SQL Server 数据库的连接。根据项目所采用的开发平台及程序设计语言的不同，连接方式也存在着一些差异。SQL Server 数据库的连接方式主要有 ODBC 数据源连接和 JDBC 驱动连接两种方式，下面介绍几种常用的开发平台及语言与 SQL Server 2012 之间的连接。

6.6.1　JDBC 驱动连接 SQL Server 2012

Java 语言连接 SQL Server 数据库时需要使用 JDBC（Java Database Connectivity）驱动包。JDBC 是一种用于执行 SQL 语句的 Java API，可以为多种关系数据库提供统一访问。JDBC 由一组用 Java 语言编写的类和接口组成，提供了一种基准，据此可以构建更高级的工具和接口，使数据库开发人员能够编写数据库应用程序。具体连接过程如下。

1. 设置 SQL Server 身份验证登录

在连接 SQL Server 2012 之前，必须保证数据库采用的是 SQL Server 身份验证登录。在 SQL Server Management Studio 中，用鼠标右键单击数据库服务器，在弹出的菜单中选择【属性】选项，选择【安全性】选项，如图 6.35 所示，将服务器身份验证模式切换为 SQL Server 身份验证登录。

2. 设置登录账号与密码

如果在安装 SQL Server 2012 时没有为默认登录账号 sa 设置密码，则需要在对象资源管理器里找到登录名为 sa 的账号，如图 6.36 所示。用鼠标右键单击打开 sa 账号的属性框，在【常规】子选项里设置 sa 用户的登录密码，如图 6.37 所示。在【状态】子选项里启用 sa 账户的登录功能，如图 6.38 所示。设置完之后重启 SQL Server 服务。

图 6.35 【服务器属性】对话框

图 6.36 sa 登录账户

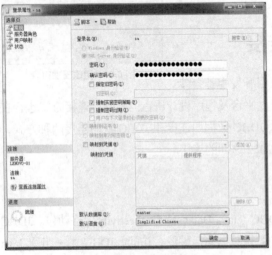

图 6.37 设置 sa 账户密码

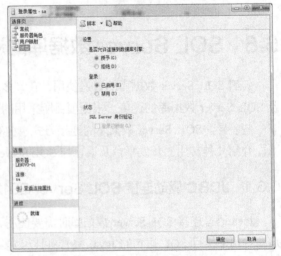

图 6.38 启用 sa 账号登录

3. 设置登录 IP 地址及端口

在登录模式及登录账户与密码设置好之后，相关人员还需要检查数据库的连接 IP 及端口。在配置工具里打开 SQL Server 配置管理器，首先确保 SQL Server 服务是开启的，其次在【SQL Server 网络配置】选项下，单击"数据库名的协议"，启用 TCP/IP 协议，如图 6.39 所示。双击 TCP/IP 协议进入【IP】选项，启用所有的 IPx，并将 IPALL 下的 TCP 端口设置为 1433，如图 6.40 所示。

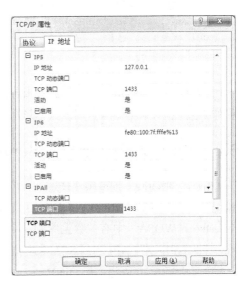

图 6.39　启用 TCP/IP 协议

图 6.40　IP 地址和端口配置

4. Eclipse 连接设置

SQL Server 服务器端设置好之后，下载 JDBC Driver 6.0 for SQL Server。JDBC 6.0 支持的 SQL Server 版本如下。

（1）Microsoft® SQL Server® 2012。

（2）Microsoft® SQL Server® 2008 R2。

（3）Microsoft® SQL Server® 2008。

（4）Microsoft® SQL Server® 2005。

（5）Microsoft® SQL Azure。

将解压获取的 sqljdbc6.jar 类库文件复制到 JRE 安装目录下，并配置相应的环境变量。运行 Eclipse，在相应的项目包中用鼠标右键单击【src】，依次选择【构建路径】→【配置构建路径】，在打开的窗口右边选择【库】标签，然后单击【添加外部 JAR】，找到 sqljdbc6.jar 文件并打开，然后单击【确定】按钮完成构建路径的配置，如图 6.41 所示。

在项目的 Java 源文件中编写的数据库连接代码如下。

图 6.41　添加外部 JAR 库文件

```
public class Main{
public static void main(String [] args){
String driverName="com.microsoft.sqlserver.jdbc.SQLServerDriver";
String dbURL="jdbc:sqlserver://localhost:1433;
DatabaseName=数据库名";
```

```
String userName="sa";
String userPwd="密码";
try{
    Class.forName(driverName);
    Connection dbConn=DriverManager.getConnection(dbURL,userName,userPwd);
System.out.println("连接数据库成功");    }
catch(Exception e){
e.printStackTrace();
System.out.print("连接失败");    }    } }
```

上述代码中，"localhost"为数据库服务器的地址，如果是本地连接，则可以使用127.0.0.1代替。如果需要连接远程数据库服务器，则应该写入远程服务器的IP地址。

6.6.2 ODBC 数据源连接 SQL Server 2012

SQL Server 的另一种常用连接方式，就是通过配置 ODBC 数据源连接数据库。开放数据库互连（Open Database Connectivity，ODBC）是微软公司的开放服务结构（Windows Open Services Architecture，WOSA）中有关数据库的一个组成部分。它建立了一组规范，并提供了一组对数据库访问的标准 API。这些 API 利用 SQL 来完成其大部分任务。ODBC 本身也提供了对 SQL 语言的支持，用户可以直接将 SQL 语句送给 ODBC。

一个基于 ODBC 的应用程序对数据库的操作不依赖任何 DBMS，不直接与 DBMS 打交道。所有的数据库操作由对应的 DBMS 的 ODBC 驱动程序完成。下面以 Visual Studio 2012 连接 SQL Server 2012 为例，讲解 ODBC 数据源的配置及连接过程。

1. 新建 ODBC 数据源

在新建 ODBC 数据源之前，同样也需要对 SQL Server 数据库的登录模式、登录密码、连接端口进行设置。此设置已在 6.6.1 节有过介绍。配置好 SQL Server 服务器之后，接下来就是创建 ODBC 数据源。打开【控制面板】→【管理工具】→【数据源（ODBC）】，打开图 6.42 所示的窗口。

添加用户 DSN 并选择驱动程序。由于服务器端是由 SQL Sever 2012 充当，在 VS 2012 中编写的是客户端查询数据库的程序，所以此处可以创建 SQL Server Native Client 数据源，如图 6.43 所示。

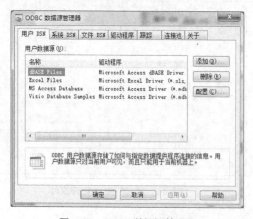

图 6.42　ODBC 数据源管理器

图 6.43　创建 Native Client 数据源

选择好数据源类型后，单击【完成】按钮，进入图 6.44 所示的窗口，填入数据源名称（SQLSERVER_TEST）以及选择 SQL Server 服务器。单击【下一步】按钮，选择输入登录 ID 和密码，输入 sa 用户名及对应密码（见图 6.45），单击【下一步】按钮直至完成，如图 6.46 和图 6.47 所示。

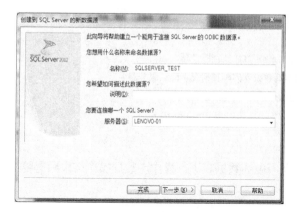

图 6.44　数据源配置

图 6.45　登录用户及密码

图 6.46　ODBC 数据源信息

图 6.47　连接测试

2. SQL Server 数据库代码连接

在 Visual Studio 平台中可以创建 C# 项目，也可以创建 C++ 项目。不同的开发语言通过相应的连接代码可以连接到 SQL Server 数据库。

（1）C++ 连接 SQL Server 2012

在 VS 2012 中创建 C++ 项目，并引入头文件 "stdafx.h"。在项目中添加对 ADO 的支持，从而通过数据源连接到数据库。关键代码如下。

```
#include "stdafx.h"
……
//添加 ADO 支持
#import    "C:\Program   Files\Common   Files\System\ado\msado15.dll"   no_namespace
rename("EOF","adoEOF")
using namespace std;
_tmain(int argc, _TCHAR* argv[])
{
    //初始化 COM 环境
    CoInitialize(NULL);
    //定义连接对象并实例化对象
```

```
        _ConnectionPtr pMyConnect(__uuidof(Connection));
        //定义记录集对象并实例化对象
        _RecordsetPtr pRst(__uuidof(Recordset));
        try
        {
            //创建数据源连接，调用 pMyConnect 对象的 Open 方法连接服务器
            //打开数据库“SQLServer”。此处需根据本地数据库的配置情况来确认服务器名
            pMyConnect->Open("Provider=SQLOLEDB; Server=服务器名;
            Database=数据库; uid=sa; pwd=密码;","","",adModeUnknown);
        }
        ……
```

数据库连接成功后，就能使用 SQL 语句对数据库中的数据表进行操作。数据操作结束后需要关闭数据源，释放连接。

（2）C# 连接 SQL Server 2012

在 VS 2012 中创建 C# 项目。关键代码如下。

```
……
using System.Data;
using System.Data.SqlClient;
namespace connectionSql
{
    class Program
    {
        static void Main(string[] args) {
        //声明 SqlConnection 对象 myConnection
        SqlConnection myConnection;
        //创建连接数据库的字符串
        string connStr = "Server = 服务器名;
            Database = 数据库;
            uid = sa;
            pwd =密码";
        //构造 myConnection 对象
        myConnection = new SqlConnection(connStr);
        try{
        //连接数据库
        myConnection.Open( ); }
        ……
```

上述代码中，System.Data 包含了数据库操作所需要用到的普通数据，如数据表、数据行等，而 System.Data.SqlClient 包含有关操作 SQL Server 数据库的类，如 SqlConnection、SqlCommand、SqlDateAdapter 等。

本 章 小 结

本章以图书馆管理系统为例讲解了管理信息系统开发各阶段的工作，还介绍了几种常用的开发平台及语言与 SQL Server 2012 之间的连接方法。

习　题　6

一、填空题

（1）数据流图是从数据传递和_____的角度，以图形的方式来表达系统的逻辑功能。

（2）数据字典通常是对数据的数据结构、数据流、_____、处理过程等进行详细的说明。

（3）在进行数据库表设计时，表格的字段数量跟_____相对应。

（4）SQL Server 数据库的连接方式主要有 ODBC 数据源连接和_____两种方式。

（5）连接 SQL Server 2012 时，需将服务器身份验证设置为_____模式。

二、选择题

（1）使用 JDBC 驱动连接 SQL Server 2012 时，需要设置登录 IP 地址及端口号，常用的 TCP 端口号是（　　）。

　　A．1422　　　　　　B．1433　　　　　　C．1423　　　　　　D．1432

（2）Eclipse 连接 SQL Server 2012 时，需将解压获取的 sqljdbc6.jar 类库文件添加到项目中，应在 Libraries（库）标签下选择（　　）。

　　A．添加 JAR　　　　B．添加外部 JAR　　C．添加变量　　　　D．添加类文件夹

（3）在项目的 Java 源文件中编写 SQL Server 数据库连接代码时，对"dbURL"变量表述正确的选项是（　　）。

　　A．String dbURL="jdbc:sqlserver://localhost:1433;DatabaseName=数据库";

　　B．String dbURL=" sqlserver://localhost:1433;DatabaseName=数据库";

　　C．String dbURL="jdbc:sqlserver://localhost;DatabaseName=数据库";

　　D．String dbURL="jdbc:sql://localhost:1433;DatabaseName=数据库";

三、简答题

（1）项目开发中需求分析的作用是什么？

（2）利用 JDBC 驱动连接 SQL Server 2012 需要进行哪些设置？

（3）利用 ODBC 数据源连接 SQL Server 2012 需要进行哪些设置？

07 第7章 视图、索引与游标

学习目标
- 掌握创建、修改、查看和删除视图的方法。
- 了解创建、管理和维护索引的方法。
- 了解游标的分类和使用方法。

数据查询是数据操作中用的最多的操作，需要对元组按照查询条件进行逐条筛选，当涉及多表查询时，十分花费时间，而视图和索引可以提高查询数据的效率。游标可以看作是一个表中的记录指针。用户通过它可以对一个结果集进行逐行处理。

本章首先介绍视图的概念、作用，以及视图的创建、修改、查看等内容，然后介绍索引的含义、分类、创建等基本操作，最后介绍游标的分类和游标的使用。

7.1 视图

数据库中的视图是一个虚拟表。同真实的表一样，视图包含一系列带有名称的行和列数据。行和列数据用来自由定义视图的查询所引用的表，并且在引用视图时动态生成。视图就像一个窗口，透过它可以看到数据库中自己感兴趣的数据及其变化。

7.1.1 视图概述

视图是从一个或者多个表中导出的，其行为与表非常相似，但视图是一个虚拟表。在视图中，用户可以使用 SQL 的 SELECT 语句查询数据，以及使用 INSERT、UPDATE 和 DELETE 语句修改记录。用户对于视图的操作最终转化为对基本数据表的操作。视图不仅可以方便用户操作，而且可以保障数据库系统的安全。

1. 视图的概念

视图是一个虚拟表，是从数据库中一个或者多个表中导出来的表。视图还可以在已经存在的视图的基础上定义。

视图一经定义便存储在数据库中，与其相对应的数据并没有像表那样在数据库中再存储一份，通过视图看到的数据只是存放在基本表中的数据。对视图的操作与对表的操作一样，可以对其进行查询、修改、删除。当用户对通过视图看到的数据进行修改时，相应的基本表的数据也要发生变化，同时，若基本表的数据发生变化，则这种变化也可以自动地反映到视图中。

2. 视图的作用

（1）视图能够简化用户的操作

视图隐蔽了数据库设计的复杂性，使得开发者可以在不影响用户使用数据库的情况下改变数据库的内容。定义视图后，数据库的结构将变得更简单、清晰，并且可以简化用户的数据查询操作。

（2）视图使用户从多种角度看待同一数据

视图机制使不同的用户以不同的方式看待同一数据。当许多不同种类的用户共享同一个数据库时，这种灵活性显得非常重要。

（3）提供了一定程度的逻辑独立性

层次数据库和网状数据库一般能较好地支持数据的物理独立性，而对于逻辑独立性则不能完全地支持。在关系数据库中，数据库的重构往往是不可避免的。重构数据库最常见的是将一个基本表垂直地分成多个基本表。这样尽管数据库的逻辑结构改变了，但应用程序不必修改。因为新建立的视图定义为原来的关系，使关系的外模式保持不变，且相应的应用程序通过视图仍然能够查找数据。

当然，视图只能在一定程度上提供数据的逻辑独立性，比如，由于对视图的更新是有条件的，所示应用程序中修改数据的语句可能仍会因基本表结构的改变而改变。

（4）视图能够对机密数据提供安全保护

有了视图机制，就可以在设计数据库系统时，通过使用 GRANT 和 REVOKE 命令对不同的用户授予其在视图上的操作权限。这样，用户只能对他们所能看见的数据进行操作，从而保护了机密数据的安全。

（5）改进性能

通过在视图中存储复杂查询的运算结果并为其他查询提供这些摘要性的结果，可使查询的表达更清晰，使数据库的性能得到提高。

7.1.2　创建视图

视图中包含了 SELECT 查询的结果，因此视图的创建基于 SELECT 语句和已存在的数据表。视图可以建立在一张表上，也可以建立在多张表上。创建视图时可以使用 SSMS（SQL Server Management Studio）中的视图设计器或者使用 T-SQL 命令。本节分别介绍创建视图的两种方法。

1. 使用视图设计器创建视图

下面通过在读者信息表上创建一个视图来介绍创建视图的具体操作步骤。

（1）启动 SSMS，打开【数据库】节点中读者信息表所在的【图书馆】数据库节点，鼠标右键单击【视图】节点，在弹出的快捷菜单中选择【新建视图】菜单命令，如图 7.1 所示。

（2）弹出【添加表】对话框。在【表】选项卡中列出的用来创建视图的基本表中，选择读者信息表，单击【添加】按钮，然后单击【关闭】按钮，如图 7.2 所示。

图 7.1　选择【新建视图】菜单命令

注意 视图设计器创建视图也可以基于多个表，若要选择多个数据表，则需按住【Ctrl】键，然后依次选择列表中的数据表。

（3）在【视图编辑器】窗口包含了 3 块区域，第一块区域是【关系图】窗格，在此可添加或者删除表。第二块区域是【条件】窗格，在此可对视图的显示格式进行修改。第三块区域是【SQL】窗格，在此用户可以输入 SQL 执行语句。在【关系图】窗格区域中单击表中字段左边的复选框选择需要的字段构成视图的属性，如图 7.3 所示。

图 7.2　【添加表】对话框

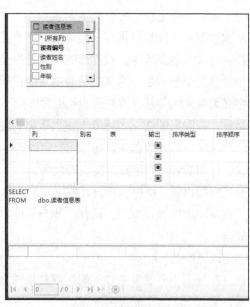

图 7.3　【视图编辑器】窗口

 注意 在【SQL】窗格区域中，可以进行以下具体操作。
- 通过输入 SQL 语句创建新查询。
- 根据在【关系图】窗格和【条件】窗格中进行的设置，对查询和视图设计器创建的 SQL 语句进行修改。
- 通过输入语句利用所使用数据库的特有功能。

（4）单击工具栏上的【保存】按钮，打开【选择名称】对话框，输入视图的名称后，单击【确定】按钮完成视图的创建，如图 7.4 所示。

用户也可以单击工具栏上的对应按钮，选择打开或者关闭这些窗格，在使用时将鼠标放在相应的图标上，将会提示该图标命令的作用。

图 7.4　【选择名称】对话框

2. 使用 T-SQL 命令创建视图

使用 T-SQL 命令创建视图的基本语法格式如下。
```
CREATE VIEW [schema_name.] view_name [column_list]
[WITH <ENCRYPTION|SCHEMABINDING|VIEW_METADATA>]
AS select_statement
```

```
[WITH CHECK OPTION];
```

【说明】

* schema_name：视图所属架构的名称。

* view_name：视图的名称。视图名称必须符合有关标识符的规则。可以选择是否指定视图所有者名称。

* column_list：视图中各个列使用的名称。

* ENCRYPTION：若指定此选项，则表明视图是加密的，将来无法修改视图，因此创建视图时可将脚本保存。

* SCHEMABINDING：指和底层引用到的表进行定义绑定。该选项选上的话，则视图所引用的表不能随便更改框架。如果需要更改底层表架构，则需要先使用 drop 或者 alter 语句删除或者修改在底层表上绑定的视图。

* VIEW_METADATA：不选择该项，返回客户端的元数据（Metadata）是 view 所引用表的元数据，如果选择此选项，则返回 view 的元数据。

* AS：指定视图要执行的操作。

* select_statement：定义视图的 SELECT 语句。该语句可以使用多个表和其他视图。

* WITH CHECK OPTION：强制针对视图执行的所有数据修改语句，都必须符合 select_statement 中设置的条件。通过视图修改行时，WITH CHECK OPTION 可确保提交修改后，仍可通过视图看到数据。

视图定义中的 SELECT 子句可以是任意复杂的 SELECT 语句，但要注意以下几点。

① 定义视图的查询语句中，通常不允许含有 ORDER BY 子句和 DISTINCT 短语。这些语句可以放在通过视图查询数据的语句中。

② WITH CHECK OPTION 表示对视图进行 UPDATE、INSERT 和 DELETE 操作时要保证更新、插入或删除的行满足视图定义中的查询条件。

③ 在定义视图时，要么指定全部视图列，要么全部省略不写，不能只写视图的部分属性列。如果省略了视图的属性列名，则视图的列名与查询语句中的列名相同。但下列 3 种情况下必须明确指定组成视图的所有列名。

* 某个目标列不是单纯的属性名，而是聚集函数或列表达式。

* 多表连接时选出了几个同名列作为视图的字段。

* 需要在视图中为某个列启用新的更合适的名字。

（1）在单个表上创建视图

【例 7-1】在图书信息表上创建一个名为视图_图书的视图。相关语句如下。

```
CREATE VIEW 视图_图书
AS
SELECT 图书名称,作者,出版社
FROM 图书信息表 WHERE 类别编号='1'
```

执行结果如图 7.5 所示。

DBMS 执行 CREATE VIEW 的结果只是保存视图的定义，并不执行其中的 SELECT 语句，只有在对视图执行查询时，才按视图的定义从相应的基本表中查询数据。

列	别名	表	输出	排序类型
图书名称		图书信息表	☑	
作者		图书信息表	☑	
出版社		图书信息表	☑	
类别编号		图书信息表	☐	

```
SELECT   图书名称, 作者, 出版社
FROM     dbo.图书信息表
WHERE    (类别编号 = '1')
```

图 7.5　在单个表上创建视图

（2）在多表上创建视图

在多表上创建视图是指定义视图的查询语句中涉及多个表。这样定义的视图一般只能用于查询，不能修改数据。

有图书信息表和图书类别信息表，其中，图书信息表包含了图书编号、图书类型号和图书名称等关于图书的详细信息，图书类别信息表包含了图书类型号、图书类型名等关于图书类型的详细信息，而现在只需要图书编号、图书名称和图书类型名称。通过创建视图可以满足上述数据需求。视图中的信息来自表的一部分，其他的信息不取。这样既能满足要求也不会破坏表原来的结构。

【例 7-2】在图书信息表和图书类别信息表上创建名为视图_图书类别的视图，获得图书编号、图书名称和类别名称。相关语句如下。

```
CREATE VIEW 视图_图书类别 (图书编号,图书名称,类别名称)
AS
SELECT 图书编号,图书名称,类别名称
FROM 图书信息表 JOIN 图书类别信息表
ON 图书信息表.类别编号=图书类别信息表.类别编号
```

该视图可以很好地保护基本表中的数据的独立性。

（3）在已有视图上定义新视图

【例 7-3】利用上例的视图，建立图书类型名为"计算机类图书"的视图，列出图书编号和图书名称。输入语句如下。

```
CREATE VIEW 视图_计算机类图书 (图书编号, 图书名称)
AS
SELECT   图书编号, 图书名称
FROM   视图_图书类别
WHERE 类别名称='计算机类图书'
```

（4）定义带表达式的视图

定义基本表时，为了减少数据库中的冗余数据，表中只存放基本数据，而基本数据经过各种计算派生出的数据一般是不存储的。但由于视图中的数据并不实际存储，所以定义视图时可根据应用的需要，设置一些派生属性列，用以存储经过计算的值。这些派生属性列由于在基本表中并不实际存在也称它们为虚拟列。包含虚拟列的视图也称为带表达式的视图。

【例 7-4】定义一个查询读者的姓名、出生年份的视图。相关语句如下。

```
CREATE VIEW 读者_出生年份(读者姓名,出生年份)
AS
```

```
SELECT 读者姓名,2017-年龄
FROM 读者信息表
```

（5）含分组统计信息的视图

定义视图时，用户根据需要，也可在子查询中使用聚集函数和 GROUP BY 子句。

【例 7-5】定义一个视图，统计每种类型的图书的数量，输入语句如下。

```
CREATE VIEW 视图_数量 (类别编号,数量)
AS
SELECT 类别编号,count(图书编号)
FROM 图书信息表
GROUP BY 类别编号
```

7.1.3 修改视图

SQL Server 提供了如下两种修改视图的方法。

（1）在 SQL Server 管理平台中，鼠标右键单击要修改的视图，从弹出的快捷菜单中选择【设计】选项，出现视图修改对话框。该对话框与创建视图的对话框相同，可以按照创建视图的方法修改视图。

（2）使用 T-SQL 的 ALTER VIEW 语句修改视图，这时，用户必须拥有使用视图的权限，然后才能使用 ALTER VIEW 语句。除了关键字不同外，ALTER VIEW 语句的语法格式与 CREATE VIEW 语法基本相同。下面介绍如何使用 T-SQL 语句修改视图。

【例 7-6】使用 ALTER 语句修改视图_图书的语句如下。

```
ALTER VIEW 视图_图书
AS
SELECT 图书名称,作者
FROM 图书信息表 WHERE 类别编号= '1'
```

代码执行之后，查看视图的设计窗口，结果如图 7.6 所示。

与图 7.5 相比，可以看到图 7.6 中的定义发生了变化，这时，视图中只包含两个字段。

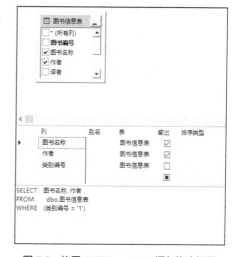

图 7.6 使用 ALTER VIEW 语句修改视图

7.1.4 查看视图信息

视图定义好之后，用户可以随时查看视图的信息，可以直接在 SQL Server 查询编辑窗口中查看，也可以使用系统的存储过程查看。

1. 使用 SSMS 图形化工具查看视图定义信息

启动 SSMS 之后，选择视图所在的数据库位置，选择要查看的视图，右键单击并在弹出的快捷菜单中选择【属性】菜单命令，打开【视图属性】窗口，即可查看视图的定义信息，如图 7.7 所示。

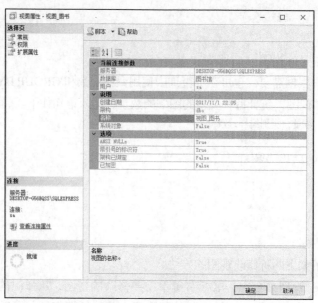

图 7.7 【视图属性】窗口

2. 使用系统存储过程查看视图定义信息

sp_help 系统存储过程是报告有关数据库对象、用户定义数据类型或 SQL Server 所提供的数据类型的信息。语法格式如下。

```
sp_help view_name
```

其中，view_name 表示要查看的视图名，如果不加参数名称，将列出有关 master 数据库中每个对象的信息。

【例 7-7】使用 sp_help 存储过程查看视图_图书的定义信息。相关语句如下。

```
EXEC sp_help '视图_图书';
```

sp_helptext 系统存储过程是用来显示规则、默认值、未加密的存储过程、用户定义函数、触发器或视图的文本。语法格式如下。

```
sp_helptext view_name
```

【例 7-8】使用 sp_helptext 存储过程查看视图_图书的定义信息。相关语句如下。

```
EXEC sp_helptext '视图_图书';
```

7.1.5 使用视图修改数据

更新视图是指通过视图来插入、更新、删除表中的数据，因为视图是一个虚拟表，所以其不包含数据，通过视图更新的时候都是转到基本表进行更新的。对视图增加或者删除记录，实际上是对对应的基本表增加或者删除记录。本节将介绍视图更新的 3 种方法：INSERT、UPDATE 和 DELETE。

修改视图时，用户需要注意以下几点。

（1）修改视图中的数据时，不能同时修改两个或者多个基本表，可以对基于两个或多个基本表或者视图的视图进行修改，但是每次修改都只能影响一个基本表。

（2）不能修改视图中通过计算得到的字段，例如包含算术表达式或者聚合函数的字段。

（3）如果在创建视图时指定了 WITH CHECK OPTION 选项，那么所有使用视图更新数据库信息时，必须保证修改后的数据满足视图定义的范围。

（4）执行 UPDATE 和 DELETE 命令时，所更新与删除的数据必须包含在视图的结果集中。

（5）如果视图引用多个表时，无法用 DELETE 命令删除数据。

1. 通过视图向基本表中插入数据

【例 7-9】通过视图向基本表中插入一条新记录。相关语句如下。

```
CREATE VIEW 视图_图书信息
AS
SELECT 图书编号,图书名称,作者
FROM 图书信息表
SELECT *  FROM 视图_图书信息
INSERT INTO 视图_图书信息
VALUES ('11032196','侠客行','金庸')
```

2. 通过视图修改基本表中的数据

【例 7-10】通过视图_图书类别，更新图书编号为 978-7-368-698 的图书名称为《C++语言程序设计》的书的名称。相关语句如下。

```
UPDATE 视图_图书类别
SET 图书名称='C 语言程序设计'
WHERE 图书编号='978-7-368-698'
```

3. 通过视图删除基本表中的数据

当数据不再使用时，用户可以通过 DELETE 语句在视图中删除。

【例 7-11】通过视图删除基本表图书信息中的记录。相关语句如下。

```
DELETE  FROM 视图_图书
WHERE 图书名称='C 语言程序设计'
```

注意 建立在多个表之上的视图，无法使用 DELETE 语句进行删除操作。

7.1.6 删除视图

对于不再使用的视图，可以使用 SQL Server 管理平台或者 T-SQL 命令来删除视图。

1. 使用对象资源管理器删除视图

具体方法是：在 SSMS 的【对象资源管理器】窗口中，打开视图所在数据库节点，右键单击要删除的视图名称，在弹出的快捷菜单中选择【删除】菜单命令，或者按键盘上的 Delete 键，然后在弹出的【删除对象】窗口中单击【确定】按钮，即可完成视图的删除。

2. 使用 T-SQL 命令删除视图

T-SQL 中可以使用 DROP VIEW 语句删除视图，其语法格式如下。

```
DROP VIEW view_name[,…n];
```

【说明】

view_name：要删除的视图名称。

[,…n]：表示可以指定多个视图。当同时删除多个视图时，各视图名称之间用逗号分隔。

【例 7-12】同时删除数据库中的视图_图书信息和视图_图书。相关语句如下。

```
DROP VIEW 视图_图书信息,视图_图书;
```

7.2 索引

索引用于快速找出在某个列中有某一特定值的行。不使用索引，数据库必须从第 1 条记录开始读到表尾，直到找出相关的行。表越大，查询数据所花费的时间越多。如果表中查询的列有一个索引，数据库就能快速到达一个位置去搜寻数据，而不必查看所有数据。本节将介绍与索引相关的内容，包括索引的含义和特点、索引的分类、索引的设计原则以及如何创建和删除索引。

7.2.1 索引的含义和特点

索引是一个单独的、存储在磁盘上的数据库结构，它们包含着对数据表里所有记录的引用指针。用户使用索引可以快速找出在某个或多个列中有某一特定值的行，对相关列使用索引是降低查询操作时间的最佳途径之一。索引包含由表或视图中的一列或多列生成的键。

例如，数据库中有 1 万条记录，现在要执行这样一个查询：SELECT * FROM 表 1 WHERE 序号=5000。如果没有索引，必须遍历整个表，直到序号等于 5 000 的这一行被找到为止；如果在"序号"列上创建索引，SQL Server 不需要任何扫描，直接在索引里面找 5 000，就可以得知这一行的位置。可见，索引的建立可以加快数据的查询速度。

索引的优点表现为以下几个方面。

（1）通过创建唯一索引，可以保证数据库表中每一行数据的唯一性。

（2）可以大大加快数据的查询速度。这也是创建索引的最主要的原因。

（3）实现数据的参照完整性，可以加速表和表之间的连接。

（4）在使用分组和排序子句进行数据查询时，也可以显著减少查询中分组和排序的时间。

增加索引也有许多不利之处，具体如下。

① 创建索引和维护索引要耗费时间，并且随着数据量的增加所耗费的时间也会增加。

② 索引需要占磁盘空间，除了数据表占数据空间之外，每一个索引还要占一定的物理空间，如果有大量的索引，索引文件可能比数据文件更快达到最大文件尺寸。

③ 当对表中的数据进行增加、修改和删除的时候，索引也要动态地维护。这样就降低了数据的维护速度。

7.2.2 索引的分类

不同的数据库中提供了不同的索引类型，按照索引结构和存放位置分为两类：聚集索引和非聚集索引，其区别是在物理数据的存储方式上。

1. 聚集索引

聚集索引基于数据行的键值，在表内排序和存储这些数据行。

创建聚集索引时应该考虑以下几个方面的问题。

（1）每个表只能有一个聚集索引，因为数据行本身只能按一个顺序存储。

（2）表中的物理顺序和索引中行的物理顺序是相同的。用户创建任何非聚集索引之前要首先创建聚集索引。这是因为非聚集索引改变了表中行的物理顺序。

（3）关键值的唯一性使用 UNIQUE 关键字或者由内部的唯一标识符明确维护。

（4）在索引的创建过程中，SQL Server 临时使用当前数据库的磁盘空间，所以要保证有足够的空间创建聚集索引。

2. 非聚集索引

非聚集索引具有完全独立于数据行的结构，使用非聚集索引不用将物理数据页中的数据按行排序。非聚集索引包含索引键值和指向表数据存储位置的行定位器。

可以对表或索引视图创建多个非聚集索引。通常，设计非聚集索引是为了改善经常使用的、没有建立聚集索引的查询的性能。

查询优化器在搜索数据值时，先搜索非聚集索引以找到数据值在表中的位置，然后直接从该位置检索数据。这使得非聚集索引成为完全匹配查询的最佳选择，因为索引中包含所搜索的数据值在表中的精确位置的项。

以下情况的查询可以考虑使用非聚集索引。

（1）使用 JOIN 或 GROUP BY 子句。设计人员应为连接和分组操作中所涉及的列创建多个非聚集索引，为任何外键列创建一个聚集索引。

（2）包含大量唯一值的字段。

（3）不返回大型结果集的查询。

（4）返回精确匹配的查询的搜索条件中经常使用的列。

3. 其他索引

除了聚集索引和非聚集索引之外，SQL Server 2012 还提供了其他的索引类型。

（1）唯一索引：确保索引键不包含重复的值，因此，表或视图中的每一行在某种程度上是唯一的。聚集索引和非聚集索引都可以是唯一索引。这种唯一性与前面讲过的主键约束是相关联的，在某种程度上，主键约束等于唯一性的聚集索引。

（2）包含列索引：一种非聚集索引，其扩张后不仅包含键列，还包含非键列。

（3）视图索引：在视图上添加索引后能提高视图的查询效率。视图的索引将具体化视图，并将结果集永久存储在唯一的聚集索引中，而且其存储方法与带聚集索引的表的存储方法相同。创建聚集索引后，可以为视图添加非聚集索引。

（4）全文索引：一种特殊类型的基于标记的功能性索引，由 Microsoft SQL Server 全文引擎生成和维护。用于帮助在字符串数据中搜索复杂的词。这种索引的结构与数据库引擎使用的聚集索引或非聚集索引的 B 树结构是不同的。

（5）空间索引：一种针对 geometry 数据类型的列上建立的索引，其可协助用户更高效地对列中的空间对象执行某些操作。空间索引可以减少需要应用开销相对较大的空间操作的对象数。

（6）筛选索引：一种经过优化的非聚集索引，尤其适用于涵盖从定义完善的数据子集中选择数据的查询。筛选索引使用筛选谓词对表中的部分行进行索引。与全文索引相比，设计良好的筛选索引可以提高查询性能、减少索引维护开销并可降低索引存储开销。

（7）XML 索引：是与 XML 数据关联的索引形式，是 XML 二进制大对象（BLOB）的已拆分持久表示形式。XML 索引又可以分为主索引和辅助索引。

7.2.3　索引的设计原则

索引设计不合理或者缺少索引都影响数据库和应用程序的性能。为了获得高效的索引，设计人员在设计索引时，需遵循如下几个方面的设计原则。

（1）索引并不是越多越好。一个表中如果有大量的索引，不仅占用大量的磁盘空间，还会影响INSERT、DELETE、UPDATE等语句的性能。因为当表中数据更改的同时，索引也会进行调整和更新。

（2）避免对经常更新的表进行过多的索引设计，并且索引中的列尽可能少。而对经常用于查询的字段应该创建索引，但要避免添加不必要的字段。

（3）数据量小的表最好不要使用索引，由于数据较少，查询花费的时间可能比遍历索引的时间还要短，索引可能不会产生优化效果。

（4）在条件表达式中经常用到的、不同值较多的列上建立索引，而在不同值少的列上不要建立索引。

（5）当唯一性是某种数据本身的特征时，指定唯一索引。使用唯一索引能够确保定义的列的数据完整性，提高查询速度。

（6）在频繁进行排序或分组的列上建立索引。如果待排序的列有多个，可以在这些列上建立组合索引。

7.2.4　创建索引

SQL Server 2012 提供两种创建索引的方法：在 SQL Server 管理平台的对象资源管理器中创建；使用 T-SQL 语句创建。

1．使用对象资源管理器创建索引

使用对象资源管理器创建索引的具体步骤如下。

（1）连接到数据库实例之后，在【对象资源管理器】窗口中，打开【数据库】节点下面要创建索引的数据表节点，例如这里选择【读者信息表】，打开该节点下面的子节点，鼠标右键单击【索引】节点，在弹出的快捷菜单中选择【新建索引】中的【非聚集索引】菜单命令，如图 7.8 所示。

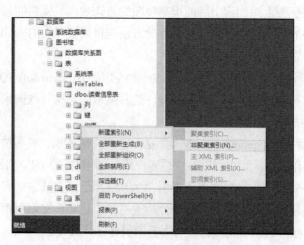

图 7.8 【新建索引】菜单命令

（2）打开【新建索引】窗口，在【常规】选项卡中，可以配置索引的名称和是否是唯一索引等，如图 7.9 所示。

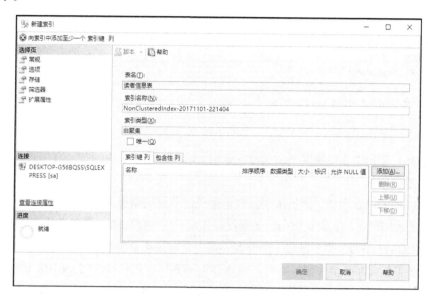

图 7.9　【新建索引】窗口

（3）单击【添加】按钮，打开选择添加索引的列窗口，从中选择要添加索引的表中的列。这里选择在数据类型为 varchar 的【读者姓名】列上添加索引，如图 7.10 所示。

（4）选择完之后，单击【确定】按钮，返回【新建索引】窗口，单击该窗口中的【确认】，返回对象资源管理器，可以在索引节点下面看到名称为 NonClusteredIndex 的新索引，说明该索引创建成功，如图 7.11 所示。

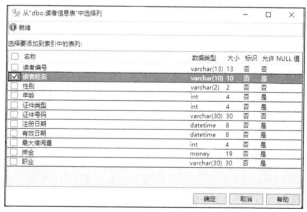

图 7.10　选择索引列

图 7.11　创建非聚集索引成功

2. 使用 T-SQL 语句创建索引

CREATE INDEX 命令既可以创建聚集索引，也可以创建非聚集索引，其语法格式如下。

```
CREATE [UNIQUE|CLUSTERED|NONCLUSTERED]
INDEX index_name ON {table|view}(column[ASC|DESC][,…n])
[INCLUDE(column_name[,…n])]
[with
(
```

```
PAD_INDEX = {ON | OFF}
|FILLFACTOR =fillfactor
|SORT_IN_TEMPDB ={ON | OFF}
|IGNORE_DUP_KEY={ON | OFF}
|STATISTICS_NORECOMPUTE={ON | OFF}
|DROP_EXISTING={ON | OFF}
|ONLINE={ON | OFF}
|ALLOW_ROW_LOCKS={ON | OFF}
|ALLOW_PAGE_LOCKS={ON | OFF}
|MAXDOP=max_degree_of_parallelism
)]
```

【说明】

• UNIQUE：表示在表或视图上创建唯一索引。唯一索引不允许两行具有相同的索引键值。视图的聚集索引必须唯一。

• CLUSTERED：表示创建聚集索引。在创建任何非聚集索引之前创建聚集索引。创建聚集索引时会重新生成表中现有的非聚集索引。如果没有指定 CLUSTERED，则创建非聚集索引。

• NONCLUSTERED：表示创建一个非聚集索引，非聚集索引数据行的物理排序独立于索引排序。每个表最多可包含 999 个非聚集索引。NONCLUSTERED 是 CREATE INDEX 语句的默认值。

• index_name：指定索引的名称。索引名称在表或视图中必须唯一，但在数据库中不必唯一。

• ON {table|view}：指定索引所属的表或视图。

• Column：指定索引基于的一列或多列。指定两个或多个列名，可为指定列的组合值创建组合索引。{table|view}后的括号中，按排序优先级列出组合索引中要包括的列。一个组合索引键中最多可组合 16 列。组合索引键中的所有列必须在同一个表或视图中。

• [ASC|DESC]：指定特定索引列的升序或降序排序方向。默认值为 ASC。

• INCLUDE(column_name[,…n])：指定要添加到非聚集索引的叶级别的非键列。

• PAD_INDEX ：表示指定索引填充，默认值为 OFF，而若取 ON 值，则表示 fillfactor 指定的可用空间百分比应用于索引的中间级页。

• FILLFACTOR =fillfactor：指定一个百分比，表示在索引创建或重新生成过程中数据库引擎应使每个索引页的叶级别达到填充程度。fillfactor 必须为介于 1～100 的整数值，默认值为 0。

• SORT_IN_TEMPDB：指定是否在 tempdb 中存储临时排序结果，默认值为 OFF；若取 ON 值，则表示在 tempdb 中存储用于生成索引的中间排序结果；若取值 OFF，则表示中间排序结果与索引存储在同一数据库中。

• IGNORE_DUP_KEY：指定对唯一聚集索引或唯一非聚集索引执行多行插入操作时，出现重复键值的错误响应，默认值为 OFF。若该命令取值 ON，则表示发出一条警告信息，但只有违反了唯一索引的行才会失败，若取值 OFF，则表示发出错误消息，并回滚整个 INSERT 事务。

• STATISTICS_NORECOMPUTE：指定是否重新计算分发统计信息。默认值是 OFF。若该命令取值 ON，则表示不会自动重新计算过时的统计信息；若取值 OFF，则表示启用统计信息自动更新功能。

• DROP_EXISTING：指定应删除并重新生成已命名的先前存在的聚集或非聚集索引，默认值为 OFF。若该命令取值 ON，则表示删除并重新生成现有索引。这里指定的索引名称必须与当前的现有索引相同；但可以修改索引定义。例如，可以指定不同的列、排序顺序、分区方案或索引选项。若该命令取值 OFF，则表示如果指定的索引名已存在，就显示一条错误。

- ONLINE：指定在索引操作期间，基础表和关联的索引是否可用于查询和数据修改操作，默认值为 OFF。
- ALLOW_ROW_LOCKS：指定是否允许行锁，默认值为 ON。若该命令取值 ON，则表示在访问索引时允许行锁，数据库引擎确定何时使用行锁；若取值 OFF，则表示未使用行锁。
- ALLOW_PAGE_LOCKS：指定是否允许页锁，默认值为 ON。若该命令取值 ON，则表示在访问索引时允许页锁，数据库引擎确定何时使用页锁；若取值 OFF，则表示未使用页锁。
- MAXDOP：指定在索引操作期间，覆盖【最大并行度】配置选项。MAXDOP 可以限制在执行并行计划的过程中使用的处理器数量，最大数量为 64 个。

【例 7-13】在读者信息表中的证件号码列上，创建一个名称为"索引_证件号"的唯一聚集索引，降序排列。相关 SQL 语句如下。

```
CREATE UNIQUE
INDEX 索引_证件号 ON 读者信息表 (证件号码  DESC);
```

【例 7-14】在读者信息表中的读者姓名和性别列上，创建一个名称为"索引_读者姓名_性别"的唯一非聚集组合索引，升序排列。相关 SQL 语句如下。

```
CREATE UNIQUE NONCLUSTERED
INDEX 索引_读者姓名_性别 ON 读者信息表 (读者姓名,性别);
```

索引创建成功之后，用户可以在读者信息表节点下的索引节点中双击查看各个索引的属性信息，如图 7.12 所示。该图显示了创建的名称为"索引_读者姓名_性别"的组合索引的属性。

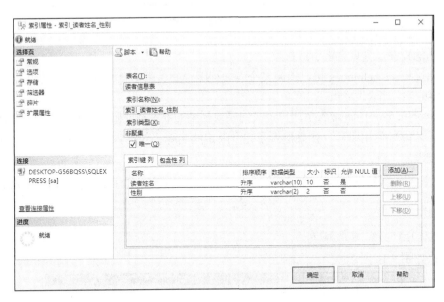

图 7.12　索引_读者姓名_性别的组合索引的属性信息

7.2.5　管理和维护索引

索引创建之后，管理人员可以根据需要对数据库中的索引进行管理，例如在数据表中进行增加、删除或更新操作，会使索引页中出现碎块。为了提高系统的性能，管理人员必须对索引进行维护管理。这些管理包括显示索引信息、索引的性能分析和维护，以及删除索引等。

1. 显示索引信息

（1）在对象资源管理器中查看索引信息

要查看索引信息，可以在对象资源管理器中，打开指定数据库节点，选中相应表中的索引，鼠标右键单击要查看的索引节点，在弹出的快捷菜单中选择【属性】命令，打开【索引属性】窗口，如图 7.13 所示。在这里可以看到刚才创建的名称为"索引_证件号"的索引，在该窗口中可以查看建立索引的相关信息，也可以修改索引的信息。

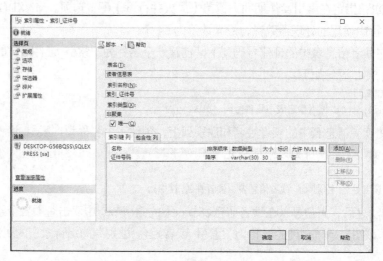

图 7.13 【索引属性】窗口

（2）用系统存储过程查看索引信息

系统存储过程 sp_helpindex 可以返回某个表或视图中的索引信息，其语法格式如下。

```
sp_helpindex [@objname= ] 'name'
```

其中，[@objname=] 'name'表示用户定义的表或视图的限定或非限定名称。仅当指定限定的表或视图名称时，才需要使用引号。如果提供了完全限定的名称，包括数据库名称，则该数据库名称必须是当前数据库的名称。

【例 7-15】使用存储过程查看图书馆数据库中读者信息表所定义的索引信息。相关 SQL 语句如下。

```
USE 图书馆
GO
exec sp_helpindex '读者信息表'
```

执行结果如图 7.14 所示。

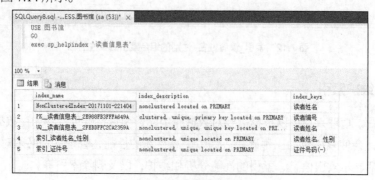

图 7.14 查看索引信息

由执行结果可以看到，这里显示了读者信息表中的索引信息，由 3 部分构成，分别为 Index_name、Index_description 和 Index_keys。其中，Index_name 表示索引名称；Index_description 包含索引的描述信息，例如唯一索引、聚集索引、非聚集索引等；Index_keys 包含了索引所在的表中的列。

（3）查看索引的统计信息

索引信息还包括统计信息，这些信息可以用来分析索引性能，更好地维护索引。索引统计信息是查询优化器用来分析和评估查询，制定最优查询方式的基础数据，用户可以使用图形化工具来查看索引信息，也可以使用 DBCC SHOW_STATISTICS 命令来查看指定索引的信息。

打开 SQL Sever 管理平台，在对象资源管理器中，展开读者信息表中的【统计信息】节点，右键单击要查看统计信息的索引（如索引_证件号），在弹出的快捷菜单中选择【属性】菜单命令，打开【统计信息属性】窗口，选择【选择页】中的【详细信息】选项，可以在右侧的窗格中看到当前索引的统计信息，如图 7.15 所示。

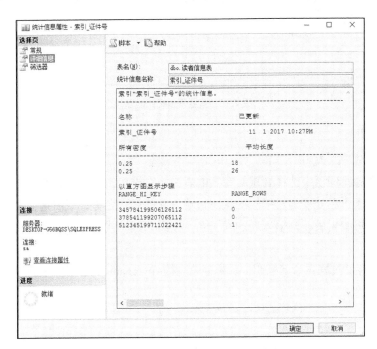

图 7.15　索引_证件号的索引统计信息

除了使用图形化工具查看，用户还可以使用 DBCC SHOW_STATISTICS 命令来返回指定表或视图中特定对象的统计信息。这些对象可以是索引、列等。

【例 7-16】使用 DBCC SHOW_STATISTICS 命令来查看读者信息表中索引_证件号的统计信息。相关语句如下。

```
DBCC SHOW_STATISTICS ('图书馆.dbo.读者信息表',索引_证件号)
```

执行结果如图 7.16 所示。

返回的统计信息包含 3 个部分，分别为统计标题信息、统计密度信息和统计直方图信息，其中统计标题信息主要包括表中的行数、统计抽样行数、索引列的平均长度等；统计密度信息主要包括索引列前缀集选择性、平均长度等信息；统计直方图信息即为显示直方图时的信息。

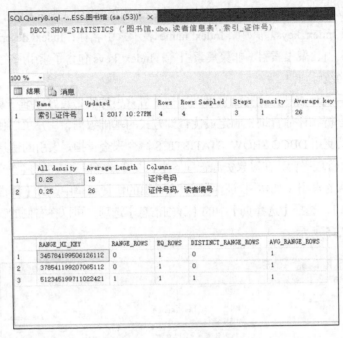

图 7.16　查看索引统计信息

2．重命名索引

重命名索引的两种方式如下。

（1）在对象资源管理器中选择要重新命名的索引，右键单击该索引，在弹出的菜单中选择【重命名】命令，此时索引名处变为可编辑的状态，输入新的索引名称；或者选中索引之后，再次单击索引，待索引名处可编辑后，则输入新的索引名，按回车确认或者在对象资源管理器的空白处单击一下鼠标即可。

（2）使用系统存储过程重命名索引。系统存储过程 sp_rename 可以用于更改索引的名称，其语法格式如下。

```
sp_rename 'object_name', 'new_name'['object_type']
```

【说明】

① object_name：表示用户对象或数据类型的当前限定或非限定名称。此对象可以是表、索引、列、别名数据类型或用户定义类型。

② new_name：表示指定对象的新名称。

③ object_type：指定修改的对象类型，具体如表 7.1 所示。

表 7.1　sp_rename 可重命名的对象

值	说　　　明
COLUMN	要重命名的列
DATABASE	用户定义数据库。重命名数据库时需要此对象类型
INDEX	用户定义索引
OBJECT	可用于重命名约束（CHECK、FOREIGN KEY 、PRIMARY/UNIQUE KEY）、用户表和规则等对象
USEDATATYPE	通过执行 CREATE TYPE 或 sp_addtype，添加别名数据类型或 CLR 用户定义类型

【例 7-17】将读者信息表中的索引名称索引_读者姓名_性别更改为复合_索引，输入语句如下。

```
USE 图书馆
GO
exec sp_rename '读者信息表.索引_读者姓名_性别','复合_索引
','index'
```

语句执行之后，刷新索引节点下的索引列表，即可看到修改名称后的效果，如图 7.17 所示。

图 7.17　修改索引的名称

3. 删除索引

当不再需要某个索引时，可以将其删除，DROP INDEX 命令可以删除一个或者多个当前数据库中的索引，语法如下。

```
DROP INDEX  '[table|view].index' [,…n]
```

或者：

```
DROP INDEX  'index' ON '[table|view]'
```

【说明】

① [table|view]：用于指定索引列所在的表或视图。

② Index：用于指定要删除的索引名称。

> **注意** DROP INDEX 命令不能删除有 CREATE TABLE 或者 ALTER TABLE 命令创建的主键（PRIMARY KEY）或者唯一性（UNIQUE）约束索引，也不能删除系统表中的索引。

【例 7-18】删除表读者信息表中的复合_索引，语句如下。

```
USE 图书馆
GO
DROP INDEX  读者信息表.复合_索引
```

7.3　游标

查询语句可能返回多条记录，如果数据量非常大，则用户需要使用游标来逐条读取查询结果集中的记录。应用程序可以根据需要滚动或浏览其中的数据。游标是 SQL Server 2012 的一种数据访问机制，其允许用户访问单独的数据行。用户可以对每一行进行单独处理，从而降低系统开销和潜在的阻隔情况。用户也可以使用这些数据生成 SQL 代码并立即执行或输出。本节将介绍游标的概念、特点、分类、基本操作以及运用。

7.3.1　游标的概念

游标是一种处理数据的方法，主要用于存储过程、触发器和 Transact-SQL 脚本中，使结果集的内容可用于其他 Transact-SQL 语句。在查看或处理结果集中的数据时，游标可以提供在结果集中向前或向后浏览数据的功能。类似于 C 语言中的指针，游标可以指向结果集中的任意位置。当要对结果集进行逐行单独处理时，必须声明一个指向该结果集的游标变量。

SQL Sever 中的数据操作结果都是面向集合的，并没有一种描述表中单一记录的表达形式，除非

使用 WHERE 语句限定查询结果，而游标具备针对单一记录操作的功能，并且游标比 WHERE 语句更加灵活、高效。

7.3.2　游标的作用及特点

游标可以使应用程序对查询语句返回的行结果集中的每一行进行相同或不同的操作，而不是一次对整个结果集进行同一操作。它还提供基于游标位置而对表中数据进行删除与更新的功能。

游标是系统为用户开设的一个数据缓冲区，用来存放 SELECT 语句的执行结果，每个游标区都有一个名字，用户可以用 FETCH 语句逐一从游标中获取行，并把行的列值赋给变量。

游标具有如下的优点。

（1）允许在结果集中定位特定行。

（2）从结果集的当前位置检索一行或一部分行。

（3）支持对结果集中当前位置的行进行数据修改。

（4）为由其他用户对显示在结果集中的数据库数据所做的更改提供不同级别的可见性支持。

（5）游标实际上作为面向集合的数据库管理系统和面向行的应用程序设计之间的桥梁，使这两种处理方式通过游标连接起来。

7.3.3　游标的类型

1.　根据用途分类

根据游标用途的不同，SQL　Server 2012 支持 3 种游标：Transact-SQL 游标、API 服务器游标、客户游标。

（1）Transact-SQL 游标

Transact-SQL 游标是基于 DECLARE CURSOR 语法的，主要在 Transact-SQL 脚本、存储过程和触发器中使用。Transact-SQL 游标在服务器上实现，并由从客户端发送到服务器的 Transact-SQL 语句管理。它们还可能包含在批处理、存储过程或触发器中。

（2）应用程序编程接口（API）服务器游标

API 服务器游标支持在 OLE DB 和 ODBC 中使用游标函数，其主要应用在服务器上。每一次客户端应用程序调用 API 游标函数，SQL Server Native client OLE DB 访问接口或 ODBC 驱动程序都会把客户请求传送给服务器以对 API 服务器游标进行操作。

（3）客户端游标

客户端游标主要在客户机上缓存结果集时才使用，由 SQL Server Native Client ODBC 驱动程序和实现 ADO API 的 DLL 在内部实现。客户端游标通过在客户端高速缓存所有结果集行来实现。每次客户端应用程序调用 API 游标函数时，SQL Server Native Client ODBC 驱动程序或 ADO API 就对客户端上高速缓存的结果集行执行游标操作。

由于 Transact-SQL 游标和 API 服务器游标都在服务器上实现，所以它们统称为服务器游标。

2.　根据处理特性分类

根据游标检测结果集变化的能力和消耗资源的情况不同，SQL　Server 支持 4 种 API 服务器游标类型：静态游标、动态游标、只进游标和键集驱动游标。

（1）静态游标

静态游标始终是只读的，其完整结果集在游标打开时建立在 tempdb 中。静态游标总是按照游标打开时的原样显示结果集。

静态游标不反映在数据库中所做的任何影响结果集成员身份的更改，也不反映对组成结果集中的行或列值所做的更新。静态游标不会显示打开游标以后在数据库中新插入的行，即使这些行符合游标 SELECT 语句的搜索条件。如果组成结果集的行被其他用户更新，则新的数据值不会显示在静态游标中。静态游标会显示打开游标后从数据库中删除的行。静态游标中不反映 UPDATE、INSERT 或 DELETE 操作（除非关闭游标然后重新打开），甚至不反映使用打开游标的同一连接所做的修改。

由于静态游标的结果集存储在 tempdb 的工作表中，所以结果集中的行大小不能超过 SQL Server 2012 表的最大行大小。

（2）动态游标

动态游标与静态游标相对。当滚动游标时，动态游标反映结果集中所做的所有更改。这时，结果集中的行数据值、顺序和成员在每次提取时都会发生改变。所有用户的 UPDATE、INSERT 和 DELETE 操作通过动态游标都可见。如果使用 API 函数（如 SQLSetPos）或 Transact-SQL WHERE CURRENT OF 子句通过游标进行更新，它们将立即可见。在游标外部所做的更新直到提交时才可见，除非将游标的事务隔离级别设为未提交。

（3）只进游标

只进游标不支持滚动，只支持游标从头到尾顺序提取。这时，行只在从数据库中提取出来后才能检索。由当前用户发出或由其他用户提交、并影响结果集中的行的 Insert、Update 和 Delete 语句，对应的效果在这些行从只进游标中提取时是可见的。由于只进游标无法向后滚动，则在提取行后对数据库中的行进行的大多数更改通过只进游标均不可见。

（4）键集驱动游标

键集驱动游标打开时，该游标中各行的成员身份和顺序是固定的。键集驱动游标由一组唯一标识符（键）控制，这组键称为键集。键是根据由唯一方式标识结果集中各行的一组列生成的。键集是打开游标时来自符合 SELECT 语句要求的所有行中的一组键值。由键集驱动的游标对应的键集是打开该游标时在 tempdb 中生成的。

当用户滚动游标时，对非键集列中的数据值所做的更改（由键集驱动游标所有者作出或由其他用户提交）是可见的。在游标外对数据库所做的插入，在游标内是不可见的，除非关闭并重新打开游标。

3. 根据移动方式分类

根据 Transact-SQL 服务器游标在结果集中的移动方式，SQL Server 2012 将游标分为两种：滚动游标和前向游标。

（1）滚动游标

在游标结果集中，滚动游标可以前后移动，包括移向下一行、上一行、第一行、最后一行、某一行或移到指定行等。

（2）前向游标

在游标结果集中，前向游标只能向前移动，即移到下一行。

4. 根据是否允许修改分类

根据 Transact-SQL 服务器游标结果集是否允许修改，SQL Server 2012 将游标分为两种：只读游标和只写游标。

（1）只读游标

只读游标禁止修改游标结果集中的数据。

（2）只写游标

只写游标可以修改游标结果集中的数据。它又分为部分可写和全部可写，其中，部分可写表示只能修改数据行指定的列，而全部可写表示可以修改数据行所有的列。

7.3.4　游标的基本操作

使用游标的一般步骤为：声明游标、打开游标、读取游标中的数据、关闭和释放游标。

1. 声明游标

游标主要包括游标结果集和游标位置两部分，其中，游标结果集是由定义游标的 SELECT 语句返回的行集合，游标位置则是指向这个结果集中的某一行的指针。

使用游标之前，要声明游标，SQL Server 中声明使用 DECLARE CURSOR 语句，声明游标包括定义游标的滚动行为和用户生成游标所操作的结果集的查询，其语法格式如下。

```
Declare cursor_name Cursor [ LOCAL | GLOBAL]
[ FORWARD_ONLY | SCROLL ]
[ STATIC | KEYSET | DYNAMIC | FAST_FORWARD]
[ read_only | SCROLL_LOCKS | OPTIMISTIC ]
[ TYPE_WARNING]
FOR select_statement
[ FOR  UPDATE [OF column_name [ ,…n ] ] ]
```

【说明】

- cursor_name：所定义的 Transact-SQL 服务器游标名称。
- LOCAL：对于在其中创建的批处理、存储过程或触发器来说，该游标的作用域是局部的。
- GLOBAL：指定该游标的作用域是全局的。
- FORWARD_ONLY：指定游标只能从第一行滚动到最后一行。FETCH NEXT 是唯一支持的提取选项。如果在指定 FORWARD_ONLY 时不指定 STATIC、KEYSET、DYNAMIC 关键字，则游标作为 DYNAMIC 游标进行操作。如果 FORWARD_ONLY 和 SCROLL 均未指定，则除非指定 STATIC、KEYSET 或 DYNAMIC 关键字，否则默认为 FORWARD_ONLY。STATIC、KEYSET 和 DYNAMIC 游标默认为 SCROLL。与 ODBC 和 ADO 这类数据库 API 不同，STATIC、KEYSET 和 DYNAMIC Transact-SQL 游标支持 FORWARD_ONLY。
- STATIC：定义一个游标，以创建将由该游标使用的数据的临时复本。对游标的所有请求都从 tempdb 中的这一临时表中得到应答；因此，在对该游标进行提取操作时返回的数据中不反映对基表所做的修改，并且该游标不允许修改。
- KEYSET：指定当游标打开时的游标中行的成员身份和顺序。对行进行唯一标识的键集内置在 tempdb 内一个称为 keyset 的表中。对基表中的非键值所做的更改（由游标所有者更改或由其他用户提交），可以在用户滚动游标时看到。其他用户执行的插入是不可见的（不能通过 Transact-SQL 服务器游标执行插入）。如果删除某一行，则在尝试提取该行时，设置@@FETCH_STATUS 的值为-2 进行返回。从游标以外更新键值类似于删除旧行然后再插入新行。具有新值的行是不可见的，并在尝试提取具有旧值的行时，将返回值为-2 的@@FETCH_STATUS。如果通过指定 WHERE CURRENT OF 子句利用游标来完成更新，则新值是可见的。

- DYNAMIC：定义一个游标，以反映在滚动游标时对结果集内的各行所做的所有数据更改。行的数据值、顺序和成员身份在每次提取时都会更改。动态游标不支持 ABSOLUTE 提取选项。

- FAST_FORWARD：指定启用了性能优化的 FORWARD_ONLY、READ_ONLY 游标。如果指定了 SCROLL 或 FOR_UPDATE，则不能再指定 FAST_FORWARD。

- SCROLL_LOCKS：指定通过游标进行的定位更新或删除一定会成功。将行读入游标时，SQL Server 将锁定这些行，以确保随后可对它们进行修改。如果还指定了 FAST_FORWARD 或 STATIC，则不能指定 SCROLL_LOCKS。

- OPTIMISTIC：指定如果行自读入游标以来已得到更新，则通过游标进行的定位更新或定位删除不成功。当将行读入游标时，SQL Sever 不锁定行。它改用 timestamp 列值的比较结果来确定行读入游标后是否发生了修改；如果表不含 timestamp 列，则它改用校验和值进行确定；如果已修改该行，则尝试进行的定位更新或删除将失败；如果还指定了 FAST_FORWARD，则不能指定 OPTIMISTIC。

- TYPE_WARNING：指定将游标从所请求的类型隐式转换为另一种类型时，向客户端发送警告消息。

- select_statement：定义游标结果集的标准 SELECT 语句。

【例 7-19】声明名称为游标_图书的游标。相关语句如下。

```
USE 图书馆
GO
DECLARE 游标_图书 CURSOR FOR
SELECT 图书名称,图书价格 FROM 图书信息表;
```

上面的代码中，定义游标的名称为游标_图书，SELECT 语句表示从图书信息表中查询出图书名称和图书价格字段的值。

2. 打开游标

游标声明之后，在使用之前必须打开它。打开游标的语句格式如下。

```
Open [Global] cursor_name|cursor_variable_name
```

【说明】

- Global：指定 cursor_name 是全局游标。

- Cursor_name：已声明的游标的名称。如果全局游标和局部游标都使用 cursor_name 作为名称，且指定了 Global，则 cursor_name 指的是全局游标；否则，cursor_name 指的是局部游标。

- Cursor_varible_name：游标变量的名称，该变量引用一个游标。

【例 7-20】打开上例中声明的名称为"游标_图书"的游标。相关语句如下。

```
USE 图书馆
GO
OPEN 游标_图书;
```

OPEN 语句执行后，游标指针指向活动集的第一行数据。

3. 读取游标中的数据

打开游标之后，就可以读取游标中的数据了。FETCH 语句可以读取游标中的某一行数据，具体的语句格式如下。

```
FETCH
[ [Next|Prior|First|Last|Absolute { n|@nvar} |Relative { n| @navr } ]
From]
{ { [GLOBAL] cursor_name} |@cursor_variable_name } [INTO @variable_name [,…n] ]
```

【说明】

• FETCH NEXT：提取上一个提取行的后面的一行。如果 Fetch Next 为对游标的第一次提取操作，则返回结果集中的第一行。NEXT 为默认的游标提取选项。

• FETCH PRIOR：提取上一个提取行的前面一行。如果 Fetch Prior 为对游标的第一次提取操作，则没有行返回并且游标置于第一行之前。

• FETCH FIRST：提取结果集中的第一行并将其作为当前行。

• FETCH LAST：提取结果集中的最后一行并将其作为当前行。

• FETCH ABSOLUTE {n|@nvar}：如果 n 或@nvar 为正，则返回从游标头开始向后的第 n 行，并将返回行变成新的当前行；如果 n 或@nvar 为负，则返回从游标末尾开始向前的第 n 行，并将返回行变成新的当前行；如果 n 或@nvar 为 0，则不返回行。n 必须是整数常量，并且@nvar 的数据类型必须为 smallint、timyint 或 int。

• FETCH RELATIVE n |@nvar：如果 n 或@nvar 为正，则返回从当前行开始向后的第 n 行，并将返回行变成新的当前行；如果 n 或@nvar 为负，则返回从当前行开始向前的第 n 行，并将返回行变成新的当前行；如果 n 或@nvar 为 0，则返回当前行。在对游标进行第一次提取时，如果在将 n 或@nvar 设置为负数或 0 的情况下指定 FETCH RELATIVE，则不返回行。n 必须是整数常量，@nvar 的数据类型必须为 smallint、timyint 或 int。

• GLOBAL：指定 cursor_name 是全局游标。

• cursor_name：指要从中进行提取的已打开的游标的名称。如果全局游标和局部游标都使用 cursor_name 作为它们的名称，那么指定 GLOBAL 时，cursor_name 指的是全局游标；未指定 GLOBAL 时，cursor_name 指的是局部游标。

• @cursor_variable_name：游标变量名，引用要从中进行提取操作的打开的游标。

• INTO @variable_name[,…n]]：允许将提取操作的列数据放到局部变量中。列表中的各个变量从左到右与游标结果集中的相应列相关联。各变量的数据类型必须与相应结果集列的数据类型匹配，或是结果集列数据类型所支持的隐式转换。变量的数目必须与游标选择列表中的列数一致。

【例 7-21】使用名称为"游标_图书"的游标，检索图书信息表中的记录。相关语句如下。

```
USE 图书馆
GO
FETCH NEXT FROM 游标_图书
WHILE @@FETCH_STATUS=0
BEGIN
FETCH NEXT FROM 游标_图书
END
```

通过检测全局变量 @@FETCH_STATUS 的值，可以获得 FETCH 语句的状态信息。该信息用于判断该 FETCH 语句返回数据的有效性。当执行一条 FETCH 语句之后，@@FETCH_STATUS 可能出现以下 3 种值。

- 0：FETCH 语句执行成功。
- -1：FETCH 语句失败或行不在结果集中。
- -2：提取的行不存在。

4. 关闭游标

SQL Server 2012 在游标打开之后，服务器会专门为游标开辟一定的内存空间存放游标操作的数据结果集，同时使用游标也会对某些数据进行封锁。因此，在长时间不用游标的时候，一定要关闭游标，以释放游标所占用的服务器资源。游标关闭之后，可以再次打开，在一个处理过程中，可以多次打开和关闭游标。关闭游标使用 CLOSE 语句，其语法格式如下。

```
CLOSE [GLOBAL] cursor_name| cursor_variable_name
```

【说明】

- GLOBAL：指定 cursor_name 是全局游标。
- cursor_name：已声明的游标的名称。如果全局游标和局部游标都使用 cursor_name 作为名称，且指定了 GLOBAL，则 cursor_name 指的是全局游标；否则，cursor_name 指的是局部游标。
- Cursor_varible_name：为游标变量的名称。该变量引用一个游标。

【例 7-22】关闭名称为游标_图书的游标。相关语句如下。

```
CLOSE 游标_图书;
```

关闭游标操作使游标的活动集无定义，不能再进行取数操作。

5. 释放游标

游标使用完毕后，使用 DEALLOCATE 释放该游标所占用的资源；否则，程序重复执行时，将出现游标已经存在的错误。释放游标的语句形式如下。

```
DEALLOCATE [GLOBAL] cursor_name|@cursor_variable_name
```

【说明】

- cursor_name：已声明的游标的名称。如果全局游标和局部游标都使用 cursor_name 作为名称，且指定了 GLOBAL，则 cursor_name 指的是全局游标；否则，cursor_name 指的是局部游标。
- @cursor_varible_name：为游标变量的名称。该变量必须为 cursor 类型。

DEALLOCATE @cursor_variable_name 语句只删除对游标变量名称的引用。直到批处理、存储过程或触发器结束时，游标变量离开作用域，才释放该变量。

【例 7-23】使用 DEALLOCATE 语句释放名称为游标_图书的变量。相关语句如下。

```
USE 图书馆
GO
DEALLOCATE 游标_图书;
```

7.3.5 游标的运用

上一小节中介绍了游标的基本操作过程，用户可以声明、打开、读取、关闭或释放游标。本小节将介绍如何使用游标变量，以及使用游标修改、删除数据和在游标中对数据进行排序的方法。

1. 使用游标变量

在上一节中介绍了如何声明变量并使用变量，其中，声明变量需要使用 DECLARE 语句，为变量赋值可以使用 SET 或 SELECT 语句，而对于游标变量的声明和赋值，其操作过程基本相同。在具体使用时，首先要声明一个游标，将其打开之后，将游标的值赋给游标变量，并通过 FETCH 语句从游标变量中读取值，最后关闭并释放游标。

【例 7-24】声明名称为"@当前_变量"的游标变量。相关语句如下。

```
USE 图书馆
GO
DECLARE @当前_变量 Cursor          --声明游标变量
DECLARE 游标_图书 CURSOR FOR       --声明游标
SELECT 图书名称,图书价格 FROM 图书信息;
OPEN 游标_图书                     --打开游标
SET @当前_变量=游标_图书           --为游标变量赋值
FETCH NEXT FROM @当前_变量         --从游标变量中读取值
WHILE @@FETCH_STATUS=0            --判断 FETCH 语句是否执行成功
BEGIN
FETCH NEXT FROM @当前_变量         --读取游标变量中的数据
END
CLOSE @当前_变量                   --关闭游标变量
DEALLOCATE @Cur_variable          --释放游标变量
```

2. 用游标为变量赋值

在游标的操作过程中，可以使用 FETCH 语句将数值存入变量，以便今后在程序中使用这些值。

【例 7-25】创建名为"游标_图书"的游标，将图书信息表中的记录的图书名称和图书价格值赋给变量@书名、@价格，并打印输出。相关语句如下。

```
USE 图书馆
GO
DECLARE @书名 VARCHAR(20),@价格 DECIMAL(6,2)
DECLARE 游标_图书 CURSOR  FOR
SELECT 图书名称,图书价格 FROM 图书信息表
WHERE 类别编号=1;
OPEN 游标_图书
FETCH NEXT FROM  游标_图书
INTO   @书名 ,@价格
PRINT '图书类型号为 1 的图书的名称和价格为：'
PRINT '名称:        '+'   价格:'
WHILE @@FETCH_STATUS=0
BEGIN
PRINT @书名+ ' ' +STR(@价格,6,2)
FETCH NEXT FROM 游标_图书
INTO   @书名,@价格
END
CLOSE 游标_图书
DEALLOCATE 游标_图书
```

该语句执行结果如图 7.18 所示。

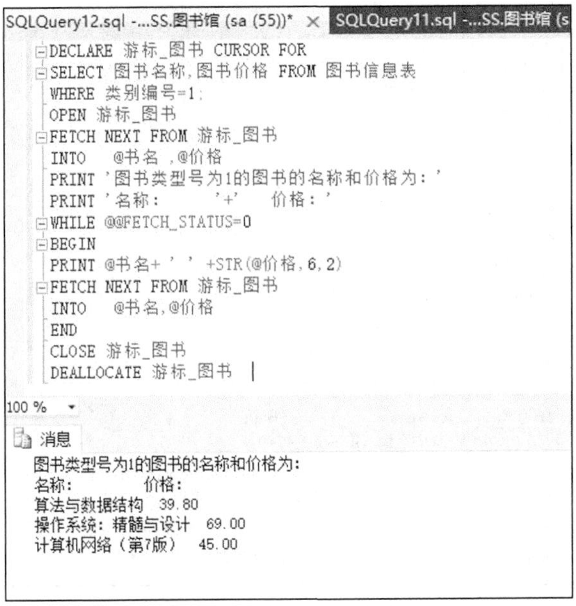

图 7.18　使用游标为变量赋值

3. 用 ORDER BY 子句改变游标中行的顺序

游标是一个查询结果集，那么能否对结果进行排序呢？答案是肯定的。排序的方法与基本的 SELECT 语句的排序相同，将 ORDER BY 子句添加到查询中可以对游标查询的结果排序。但需注意，只有出现在游标中的 SELECT 语句中的列才能作为 ORDER BY 子句的排序列，而对于非游标的 SELECT 语句中，表中的任何列都可以作为 ORDER BY 的排序列，即使该列没有出现在 SELECT 语句的查询结果列中。

【例 7-26】声明游标_序列的游标，对图书信息表中的记录按照"图书价格"字段升序排列。相关语句如下。

```
USE 图书馆
GO
DECLARE 游标_序列 CURSOR FOR
SELECT 图书编号,图书名称,图书价格 FROM 图书信息表
ORDER BY 图书价格 ASC
OPEN 游标_序列
FETCH NEXT  FROM 游标_序列
WHILE @@FETCH_STATUS=0
FETCH NEXT FROM 游标_序列
CLOSE 游标_图书
DEALLOCATE  游标_图书
```

执行结果如图 7.19 所示。

图 7.19　改变游标中行的顺序

4. 用游标修改数据

使用游标对表中的数据进行修改。

【例 7-27】声明字符型变量@图书编号="978-7-556-876"，然后声明一个对图书信息表进行操作的游标，再打开该游标，使用 FETCH NEXT 方法来获取游标中的每一行的数据。如果获取到的 ISBN 字段值与@图书编号值相同，则将该记录中的"图书价格"字段值修改为 45。最后关闭并释放游标。相关语句如下。

```
USE 图书馆
GO
DECLARE @图书编号 VARCHAR(20)
DECLARE @书号 VARCHAR(20)
SET @书号 ='978-7-556-876'
DECLARE 游标_更新 CURSOR FOR
SELECT 图书编号 FROM 图书信息表
OPEN 游标_更新
FETCH NEXT FROM 游标_更新 INTO @图书编号
WHILE @@FETCH_STATUS=0
BEGIN
IF @图书编号= @书号
BEGIN
UPDATE  图书信息表 SET 图书价格=45 WHERE 图书编号=@书号
END
FETCH NEXT FROM 游标_更新 INTO @图书编号
END
CLOSE 游标_更新
DEALLOCATE 游标_更新
```

5. 用游标删除数据

使用游标既可以删除游标结果集中的数据，同时也可以删除基本表中的数据。

【例 7-28】使用游标删除图书信息表中图书编号＝"978-7-556-876"的记录。相关语句如下。

```
USE 图书馆
GO
DECLARE @图书编号 VARCHAR(20)
DECLARE @书号 VARCHAR(20)
SET @书号 ='978-7-556-876'
DECLARE 游标_删除 CURSOR FOR
SELECT 图书编号 FROM 图书信息表
OPEN 游标_删除
FETCH NEXT FROM 游标_删除 INTO @图书编号
WHILE @@FETCH_STATUS=0
BEGIN
IF  @图书编号= @书号
BEGIN
DELETE  FROM 图书信息表  WHERE 图书编号=@书号
END
FETCH NEXT FROM  游标_删除 INTO @图书编号
END
CLOSE 游标_删除
DEALLOCATE 游标_删除
```

本 章 小 结

本章首先介绍了视图、索引的概念，并通过一些实例来介绍使用 SSMS 和 T-SQL 语句两种方式创建、修改、更新、删除视图以及创建、删除索引的方法；然后介绍了游标的概念、特点、分类、基本操作以及运用。

学习这一章，读者重点要明确创建视图和索引的应用场合，以提高数据库应用系统的实际使用效率。

习 题 7

一、填空题

（1）_____是从一个或者多个表中导出的，其行为与表非常相似，但其是一个虚拟表。

（2）查看视图定义信息系统存储过程为_____。

（3）在建立视图的时候，为了避免使用该视图的用户有意或无意修改了视图范围之外的数据，应在建立视图的语句末尾加上关键词_____。

（4）创建、删除索引的两种方式是：_____和_____。

（5）重命名索引的系统存储过程为：_____。

（6）游标的类型按照用途分类有_____、_____、_____3 种。

二、选择题

（1）关于视图的说法，正确的是（　　　）。

    A. 视图与基本表一样，其数据也被保存到数据库中

    B. 对视图的操作最终都转换为对基本表的操作

    C. 视图的数据源只能是基本表

    D. 所有视图都可以实现对数据增、删、改、查操作

（2）视图建立后，在数据字典中存放的是（　　　）。

    A. 查询语句　　　　　　　　　　　B. 组成视图的表的内容

    C. 视图的定义　　　　　　　　　　D. 产生视图的表的定义

（3）（　　　）不是视图的作用。

    A. 能够简化用户的操作

    B. 使用户从多种角度看待同一数据

    C. 提供了一定程度的逻辑独立性

    D. 实现数据的参照完整性，可以加速表和表之间的连接

（4）以下不属于索引的设计原则的是（　　　）。

    A. 避免对经常更新的表进行过多的索引设计

    B. 创建索引越多越好

    C. 数据量小的表最好不要使用索引

    D. 在条件表达式中经常用到的、不同值较多的列上建立索引

（5）下列关于索引的说法，正确的是（　　　）。

    A. 只要建立了索引，就可以加快数据的查询效率

    B. 在一个表上可以创建多个聚集索引

    C. 在一个表上可以建立多个非聚集索引

    D. 索引会影响数据插入和更新的执行效率，但不会影响删除数据的执行效率

三、论述题

（1）如何在单表上创建视图？举例说明。

（2）如何在多个表上建立视图？举例说明。

（3）举例说明使用 T-SQL 语句如何更改视图。

（4）如何查看视图的详细信息？

（5）简述游标的含义和分类。

（6）使用游标的基本操作步骤都有哪些？

08

第8章　数据库安全保护

学习目标

- 了解数据库的安全性概念及保护措施。
- 了解数据库的完整性概念及保证数据完整性方法。
- 了解事务特性及数据库的并发性,掌握并发处理措施。
- 了解数据库备份与恢复方法。

数据库保护包括数据的一致性、并发性控制、安全性、完整性、备份和恢复等内容。数据库是一个共享资源,允许多个用户同时使用数据库中的数据。当多个用户同时操作数据时,如何保证数据的正确性是并发控制要解决的问题。

本章首先介绍数据的安全性是保护数据库,防止恶意破坏和非法存取;其次介绍数据的完整性是为了防止数据库中存在不符合语义的数据,也就是防止数据库中存在不正确的数据;然后介绍数据库的事务以及并发性操作;最后介绍数据库的故障、备份和恢复。

8.1　数据库安全性

8.1.1　安全性概述

数据库的安全性是指数据库的任何数据都不允许受到恶意的侵害或未经授权的存取或修改,主要内涵包括以下 3 个方面。

① 保密性:不允许未经授权的用户存取数据。

② 完整性:只允许被授权的用户修改数据。

③ 可用性:不应拒绝已授权的用户对数据进行存取。

对数据库的安全威胁主要分为物理上的威胁和逻辑上的威胁。物理上的威胁,如水灾、火灾等造成的硬件故障使数据的损坏和丢失等。为了消除物理上的威胁,数据库通常采用备份和恢复策略。逻辑上的威胁主要是指对未被授权信息的存取,可分为以下 3 类。

① 信息泄露:包括直接或非直接的保护数据的存取。

② 非法数据修改:由操作人员的失误或非法用户故意修改引起。

③ 拒绝服务:通过独占系统资源导致其他用户不能访问数据库。

数据库系统中大量数据集中存放,被许多用户直接共享,因此,数据库的安全性相对其他系统而言尤其重要，同时也是数据库管理系统重要指标之一。

数据库的安全性不是孤立的。在网络环境下，数据库的安全性与三个层相关：网络系统层、操作系统层、数据库管理系统层。这三层共同构建起数据库的安全体系，它们与数据库的安全性逐步紧密，重要性逐层加强，保证了数据库从外到内的安全性。在规划和设计数据库的安全性时，设计人员要综合上述每一层的安全性，是三层之间相互支持和配合，提高整个系统的安全性。

8.1.2 用户标识与鉴别

在图 8.1 所示的计算机安全模型中，系统首先根据输入的用户标识进行用户身份鉴定，只有合法的用户才能进入计算机系统；对于进入系统的用户，DBMS 还要进行存取控制，只允许用户执行合法操作。

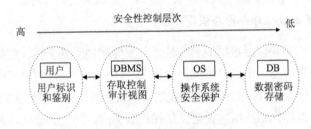

图 8.1 计算机系统的安全模型

数据库系统是不允许一个未经授权的用户对数据库进行操作的。用户标识和鉴定是系统提供的最外层安全保护措施，其方法是由系统提供一定的方式让用户标识自己的名字或身份。系统内部记录着所有合法用户的标识，每次用户请求进入系统时，系统就会进行相应的核对，确认用户的请求与系统内部的方法标识匹配后才提供机器的使用权。常用的核对用户标识的方法如下。

（1）用户名或用户标识（User Identification）。用一个用户名或者用户标识号来标明用户身份。系统内部记录着所有合法用户的标识。系统鉴别发出请求的用户是否是合法用户，若是，则可以进入下一步的核实；若不是，则不能使用系统。

（2）口令（Password）。为了进一步核实用户，系统常常需要用户输入口令。为了保密起见，用户在终端上输入口令。系统核对口令以鉴别用户身份。

通过用户名（或用户标识）和口令来鉴定用户的方法简单易行，但该方法在使用时，由于用户名和口令的产生和使用比较简单，也容易被窃取，所以还可采用更复杂的方法。例如，每个用户都预先约定好一个过程或者函数，鉴别用户身份时，系统提供一个随机数，用户根据自己预先约定的计算过程或者函数进行计算，而由系统根据计算结果辨别用户身份的合法性。用户可以约定比较简单的计算过程或函数，以便计算起来方便；也可以约定比较复杂的计算过程或函数，以便安全性更好。

8.1.3 存取控制

数据库安全最重要的一点就是要保证授权给有资格的用户访问数据库，防止对数据库中的数据的非授权访问，是对已经进入数据库系统内部的用户的访问控制，是安全数据保护的前沿屏障。用户权限定义和合法权限检查机制一起组成了 DBMS 的安全子系统。

目前，大型的 DBMS 一般都支持 C2 级中的自主存取控制（Discretionary Access Control, DAC）。有些 DBMS 还支持 B1 级中的强制存取控制（Mandatory Access Control, MAC）。

1. 自主存取控制（DAC）方法

大型 DBMS 几乎都支持自主存取控制。SQL 的 GRANT 语句和 REVOKE 语句可帮助 DBMS 实现自主存取控制。

用户权限是由两个要素组成：数据库对象和操作类型。定义一个用户的存取权限就是要定义用户可以在哪些数据库对象上进行哪些类型的操作。在数据库系统中，定义存取权限称为授权（Authorization）。

在非关系数据库中，用户只能对数据进行操作，存取控制的数据库对象也仅限于数据本身。

关系数据库系统中存取控制的对象不仅有数据本身（基本表中的数据、属性列上的数据），还有数据库模式（包括数据库 SCHEMA、基本表 TABLE、视图 VIEW 和索引 INDEX 的创建）等。关系数据库的主要存取权限如表 8.1 所示。

表 8.1　关系数据库的主要存取权限

对象类型	对　　象	操　作　类　型
数据库	模式	CREATE SCHEMA
	基本表	CREATE TABLE，ALTER TABLE
模式	视图	CREATE VIEW
	索引	CREATE INDEX
数据	基本表和视图	SELECT，INSERT，UPDATE，DELETE，REFERENCES，ALL PRIVILEGES
	属性列	SELECT，INSERT，UPDATE，REFERENCES，ALL PRIVILEGES

2. 强制存取控制（MAC）方法

该方法指系统为保证更高程度的安全性，按照 TDI/TCSEC 标准中的安全策略的要求，所采取的强制存取检查手段。它不是用户能直接感知或进行控制的。MAC 适用于对数据有严格而固定密级分类的部门，如军事部门或政府部门。

在 MAC 中，DBMS 所管理的全部实体被分为主体和客体两大类。主体是系统中的活动实体，既包括 DBMS 所管理的实际用户，也包括代表用户的各进程。客体是系统中的被动实体，是受主体操纵的，包括文件、基表、索引和视图等。

对于主体和客体，DBMS 为它们的每个实例都指派一个敏感度标记。敏感度标记被分为若干等级，如绝密、机密、可信、公开等。主体的敏感度标记称为许可证级别，客体的敏感度标记称为密级。MAC 机制就是通过对比主体的 LABEL 和客体的 LABEL，最终确定主体是否能够存取客体。当某一用户（或主体）以标记 LABLE 注册入系统时，系统要求它对任何客体的存取必须遵循如下规则。

（1）仅当主体的许可证级别大于或等于客体的密级时，该主体才能读取相应的客体。

（2）仅当主体的许可证级别等于客体的密级时，该主体才能写相应的客体。

较高安全性级别提供的安全保护措施要包含较低级别的所有保护，因此在实现 MAC 时要首先实现 DAC。如图 8.2 所示，系统首先进行 DAC 检查，通过 DAC 检查的允许存取的数据库对象再由系统

图 8.2　DAC+MAC 安全检查示意图

自行进行 MAC 检查。

8.1.4 数据审计和加密

1. 审计

用户标识与鉴别、存取控制仅是安全性标准的一个重要方面而不是全部。为了使 DBMS 达到一定的安全级别，还需要在其他方面提供相应的支持，其中"审计"功能就是 DBMS 达到 C2 以上安全级别必不可少的一项指标。

通过审计，可以把用户对数据库的所有操作自动记录下来放入审计日志中，记录的内容一般包括：操作类型，如修改、查询等；操作终端标识与操作者标识；操作日期和时间；操作所涉及的相关数据，如基本表、视图、记录和属性等；数据的前象和后象。这样，DBA 利用审计日志跟踪的信息，重现导致数据库出现状况的一系列事件，找出非法存取数据的人、时间和内容等，以便追查有关责任。同时，审计也有助于发现系统方面的弱点和漏洞。

审计一般可以分为用户级审计和系统级审计。

（1）用户级审计

用户级审计是任何用户可设置的审计，主要是针对自己创建的数据库表或视图进行审计，记录所有用户对这些表或视图的一切成功或不成功的访问要求以及各种类型的 SQL 操作。

（2）系统级审计

系统级审计只能由 DBA 设置，用以监测成功或失败的登录要求、监测 GRANT 和 REVOKE 操作以及其他数据库级权限下的操作。

AUDIT 语句用来设置审计功能，NOAUDIT 语句用来取消审计功能。

审计通常是很费时间和空间的，所以 DBMS 往往将其作为可选特征，允许 DBA 根据应用对安全性的要求，灵活地打开或关闭审计功能。审计功能一般用于安全性要求较高的部门。

【例 8-1】对修改读者信息表结构或更新读者信息表数据的操作进行审计。

```
AUDIT  ALTER,UPDATE
ON  读者信息表;
```

【例 8-2】取消对读者信息表的一切审计。

```
NOAUDIT ALTER,UPDATE
ON  读者信息表;
```

2. 数据加密

对于一些高度敏感数据，例如，财务数据、军事数据、国家机密，除采用以上安全性措施以外，还需采用数据加密技术。

加密是为了防止数据库中数据泄露的有效手段，是数据库安全的最后一道安全防线。加密的基本思想是根据一定的算法将原始数据（术语为明文，Plain text）变换为不可直接识别的格式（术语为密文，Cipher text），从而使得不知道解密算法的人无法获得数据的内容。

加密方法主要有两种：一种是替换方法，该方法使用密钥将明文中的字符转换为密文中的字符；另一种是置换方法，该方法将明文中的字符按不同的顺序重新排列。单独使用这两种方法的任意一种都是不够安全的，但是将这两种方法结合起来就能提供相当高的安全程度。数据加密主要有对称密钥加密技术（常采用 DES 或 IDEA 加密算法）和公开密钥加密技术（常采用 RSA 加密算法）。根据数据库的实际情况，数据库加密宜采用以记录的字段数据为单位进行加/解密、以公开密钥"一次一密"的加密方法。

由于数据加密和解密是比较费时的操作，而且数据加密与解密程序会占用大量系统资源，所以，数据加密功能通常也可作为可选特征，允许用户自由选择，即可以只对高度机密的数据加密。

8.1.5　角色与权限控制

1.　角色

（1）角色的定义

角色是一组权限的集合，可以把若干权限赋予角色，然后将具体的用户加入角色，加入角色的用户就具有了该角色所拥有的权限。角色是为特定的工作组或者任务分类而设置的，用户可以根据自己所执行的任务成为一个或多个角色的成员。当然可以不必是任何角色的成员，也可以为用户分配个人权限。

（2）角色的分类

SQL Server 中提供了两种类型的角色：固定服务器角色和数据库角色。

① 固定服务器角色。

固定服务器角色存在于服务器中，由 SQL Server 定义，一共有 8 种，最常用的是 sysadmin 和 db_owner。用户不能自己定义固定服务器角色，也不能修改固定服务器角色的权限。

用户可利用系统存储过程实现对固定服务器角色成员的操作。

【例 8-3】将 Windows 登录名 WIN7-20170426IG\tao 添加到 sysadmin 固定服务器角色中。
```
EXEC sp_addsrvrolemember 'WIN7-20170426IG\tao', ' sysadmin'
```
【例 8-4】从 sysadmin 固定服务器角色中删除 SQL Server 登录名 sql_tao。
```
EXEC sp_dropsrvrolemember 'sql_tao', ' sysdamin'
```
② 数据库角色。

数据库角色存在于每个数据库中。用户可以自己创建新的数据库角色，然后分配权限给新的角色。在对象资源管理器中，用户以 sa 登录，可以看到所有的服务器角色和各个数据库中的数据库角色。

【例 8-5】将图书馆数据库上的数据库用户"User_sql_tao"添加为固定数据库角色"db_owner"的成员。
```
USE 图书馆
GO
EXEC sp_addrolemember 'db_owner', 'User_sql_tao'
```
【例 8-6】将数据库用户"User_sql_tao"从"db_owner"中去除。
```
USE 图书馆
GO
EXEC sp_droprolemember 'db_owner', 'User_sql_tao'
```
除固定的服务器角色外，其他角色都是在数据库内部实现的。这意味着数据库管理员不需依赖 Windows 管理员来组织用户，而且角色可以嵌套。嵌套的深度没有限制，但不允许循环嵌套。数据库用户可以同时是多个角色的成员。因为角色的这些特征，使得数据库管理员可以安排权限的层次结构，以方便使用数据库的组织管理结构。

2. 权限

数据库管理系统利用权限来控制主体对于安全对象的访问关联性。每个安全对象具备了可以将权限授予主体的关联性。设计人员在设计访问数据库安全性的模型时，必须了解在不同安全对象的范围可授予的权限。

权限可分为两种：一种是系统管理权限，指定用户（或管理员）能够执行的服务器管理工作，如 CREATE DATABASE、BACKUP DATABASE 权限；另一个种是对象访问权限，指定用户针对数据库对象能够执行哪些访问操作，如数据表的 SELECTE、INSERT、UPDATE、DELETE 权限或者存储过程的 EXECUTE。

在 SQL 中首先用 CREATE ROLE 语句创建角色，然后通过 GRANT 和 REVOKE 语句可以实现权限的授予和回收。

3. 角色管理

（1）创建角色

创建角色的 SQL 语句的格式如下。

```
CREATE  ROLE  <角色名> [AUTHORIZATION 所有者名]
```

【说明】

* 角色名：为要创建的数据库角色的名称。

* AUTHORIZATION 所有者名：用于指定新的数据库角色的所有者，如果未指定，则执行 CREATE ROLE 的用户将拥有该角色。

【例 8-7】在数据库中创建一个名为管理员的角色。

```
CREATE ROLE  管理员
```

（2）角色授权

给角色授权的语句的格式如下。

```
GRANT   <权限>［,<权限>］…
ON <对象类型>对象名
TO <角色>［,<角色>］…
```

【例 8-8】将对读者信息表的查询操作权限授予管理员这个角色。

```
GRANT SELECT ON 读者信息表 TO 管理员
```

将一个角色授予其他的角色或用户，相关语句的格式如下。

```
GRANT   <角色 1>［,<角色 2>］…
TO  <角色 3>［,<用户 1>］…
[WITH GRANT OPTION]
```

一个角色所拥有的权限就是授予它的全部角色所包含的权限的总和。

授予者或者是角色的创建者，或者是拥有在这个角色上的 GRANT OPTION。如果指定了 WITH GRANT OPTION 子句，则获得某种权限的角色或用户还可以把这个权限再授予其他的角色。

一个角色所包含的权限包括直接授予这个角色的全部权限加上其他角色授予这个角色的全部权限。

【例 8-9】将管理员角色授予用户 USER1，且 USER1 可以将权限授予其他角色。

```
GRANT 管理员
TO USER1
```

```
WITH GRANT OPTION
```

（3）角色权限的收回

回收角色的语句的格式如下。

```
REVOKE <权限>[,<权限>]…
ON <对象类型> <对象名>
FROM <角色>[,<角色>]…
```

【例 8-10】将 USER1 的 SELECT 权限收回。

```
REVOKE SELECT
ON TABLE 读者信息表
FROM USER1;
```

（4）删除角色

删除角色的语句的格式如下。

```
DROP ROLE <角色>
```

【例 8-11】通过角色来实现将一组权限授予一个用户。

相关步骤如下。

① 创建一个角色 R1，相关语句如下。

```
CREATE ROLE R1;
```

② 使用 GRANT 语句使角色 R1 拥有读者信息表的 SELECT、UPDATE、INSERT 权限，相关语句如下。

```
GRANT SELECT,UPDATE,INSEERT
ON TABLE 读者信息表
TO R1;
```

③ 将上述角色授予张华、李明、陈晓，使这 3 人具有角色 R1 所包含的全部权限，相关语句如下。

```
GRANT R1
TO 张华,李明,陈晓;
```

④ 也可以一次性的通过 R1 来回收张华的这 3 个权限，相关语句如下。

```
REVOKE R1
FORM 张华;
```

8.1.6 SQL Server 2012 的安全机制

SQL Server 的安全性机制主要是通过 SQL Server 的安全性主体和安全对象来实现的。SQL Server 安全性主体主要有 3 个级别：服务器级别、数据库级别、架构级别。

1. 服务器级别

服务器级别所包含的安全对象主要有登录名、固定服务器角色等，其中，登录名用于登录数据库服务器，而固定服务器角色用于给登录名赋予相应的服务器权限。

SQL Server 中的登录名主要有两种：第一种是 Windows 登录名，第二种是 SQL Server 登录名。

Windows 登录名对应 Windows 验证模式。该验证模式所涉及的账户类型主要有 Windows 本地用户账户、Windows 域用户账户、Windows 组。

SQL Server 登录名对应 SQL Server 验证模式。在该验证模式下，能够使用的账户类型主要是 SQL

Server 账户。

2. 数据库级别

数据库级别所包含的安全对象主要有用户、角色、应用程序角色、证书、对称密钥、非对称密钥、程序集、全文目录、DDL 事件、架构等。

用户安全对象是用来访问数据库的。如果某人只拥有登录名，而没有在相应的数据库中为其创建登录名所对应的用户，则该用户只能登录数据库服务器，而不能访问相应的数据库。

若此时为其创建登录名所对应的数据库用户，而没有被赋予相应的角色，则系统默认为该用户自动具有 public 角色。因此，该用户登录数据库后，对数据库中的资源只拥有一些公共的权限。如果要让该用户对数据库中的资源拥有一些特殊的权限，则该用户应被添加到相应的角色中。

3. 架构级别

架构级别所包含的安全对象有表、视图、函数、存储过程、类型、同义词、聚合函数等。在创建这些对象时，设计人员可设定架构，若不设定，则系统默认架构为 dbo。

数据库用户只能对属于自己架构中的数据库对象执行相应的数据操作。至于操作的权限则由数据库角色决定。例如，若某数据库中的表 A 属于架构 S1，表 B 属于架构 S2，而某用户默认的架构为 S2，如果没有授予用户操作表 A 的权限，则该用户不能对表 A 执行相应的数据操作。但是，该用户可以对表 B 执行相应的操作。

8.2 数据库完整性

8.2.1 数据库完整性概述

数据库的完整性是指数据的正确性和相容性。

数据库完整性（Database Integrity）是指数据库中的数据在逻辑上的一致性、正确性、有效性和相容性。数据库完整性由各种各样的完整性约束来保证，因此可以说数据库完整性设计就是数据库完整性约束的设计。

数据库完整性对于数据库应用系统非常关键，其作用主要体现在以下几个方面。

（1）数据库完整性约束能够防止合法用户使用数据库时向数据库中添加不合语义的数据。

（2）利用基于 DBMS 的完整性控制机制来实现业务规则，易于定义，容易理解，而且可以降低应用程序的复杂性，提高应用程序的运行效率。同时，基于 DBMS 的完整性控制机制是集中管理的，因此比应用程序更容易实现数据库的完整性。

（3）合理的数据库完整性设计，能够同时兼顾数据库的完整性和系统的效能。比如，装载大量数据时，只要在装载之前临时使基于 DBMS 的数据库完整性约束失效，此后再使其生效，就能保证既不影响数据装载的效率又能保证数据库的完整性。

（4）在应用软件的功能测试中，完善的数据库完整性有助于尽早发现应用软件的错误。

关系完整性用于保证数据库中数据的正确性。系统在进行 INSERT、UPDATE、DELETE 等操作时都要检查数据的完整性，核实其约束条件，即关系模型的完整性规则。在关系模型中有 4 类完整性约束，分别为实体完整性、域完整性、参照完整性和用户定义的完整性，其中，实体完整性和参照完整性约束条件称为关系的两个不变性。

1. **实体完整性**

（1）实体完整性的定义

实体完整性（Entity Integrity）指表中行的完整性，主要用于保证操作的数据（记录）非空、唯一且不重复。实体完整性要求每个关系（表）有且仅有一个主键，每一个主键值必须唯一，而且不允许为"空"（NULL）或重复。 关系模型的实体完整性在 CREATE TABLE 中用 PRIMARY KEY 定义。一个表只能有一个 PRIMARY KEY 约束，而且被其约束的列不能取空值。

【例 8-12】将图书类别信息表中的图书类别编号属性组定义为码。

```
CREATE TABLE 图书类别信息表
    ( 类别编号 INT  NOT  NULL,
    类别名称 VARCHAR(20)  NOT  NULL,
    可借天数   INT,
     PRIMARY  KEY (类别编号)
        );
```

（2）实体完整性检查和违约处理

用 PRIMARY KEY 短语定义了关系的主码后，每当用户程序对基本表插入一条记录或对主码列进行更新操作时，DBMS 就会按照实体完整性规则自动进行检查，具体检查以下内容。

① 检查主码值是否唯一，如果不唯一，则拒绝插入或修改。

② 检查主码的各个属性是否为空，只要有一个为空就拒绝插入或修改。

2. **参照完整性**

（1）参照完整性的定义

参照完整性（Referential Integrity）是指当更新、删除、插入一个表中的数据时，通过参照引用相互关联的另一个表中的数据来检查对表的数据操作是否正确，简单地说，就是表间主键外键的关系。参照完整性可以通过 FOREIGN KEY 和 CHECK 约束来实现，以外键和主键或外键与唯一键之间的关系为基础。

【例 8-13】定义图书借阅信息表中的参照完整性。

```
CREATE TABLE 图书借阅信息表
    ( 图书编号   VARCHAR(13),
    读者编号  VARCHAR(13),
    借阅日期  DATATIME,
    归还日期  DATATIME,
    操作员编号  VARCHAR(13),
    是否归还   INT,
    罚款    FLOAT
    PRIMARY KEY ( 图书编号，读者编号,借阅日期) ,
    FOREIGN KEY (操作员编号) REFERENCES 操作员信息表(操作员编号),
    FOREIGN KEY (读者编号) REFERENCES 读者信息表(读者编号)
        );
```

（2）参照完整性检查和违约处理

参照完整性将两个表中的相应元组联系起来了。用户在对被参照表进行插入、删除和修改操作时可能会破坏参照完整性，因此，必须进行检查。对可能破坏参照完整性的情况，系统可以采用以下策略进行处理。

（1）拒绝（NO ACTION）执行：不允许该操作执行。该策略一般设置为默认策略。

（2）级联（CASCADE）操作：删除或修改某个元组而造成与参照表不一致时，则需要删除或修改参照表中的所有造成不一致的元组。

（3）设置为空值（SET NULL）：删除或修改被参照表的一个元组造成不一致时，则需要将参照表中的所有造成不一致的元组的对应的属性设置为空值。

3. 用户自定义完整性

用户自定义的完整性（USER-defined Integrity）是使用户得以定义不属于其他任何完整性分类的特定的业务规则。它是定制的数据完整性约束。所有的完整性都支持用户定义完整性。用户定义完整性可以通过用户定义数据类型、规则、存储过程和触发器来实现。

（1）属性上的约束条件的定义：在 CREATE TABLE 中定义属性的同时可以根据应用要求定义属性上的约束条件，即属性值限制，包括以下几种限制。

- 列值非空（NOT NULL 短语）。
- 列值唯一（UNIQUE 短语）。
- 检查列值是否满足一个布尔表达式（CHECK 短语）。

（2）属性上的约束条件检查和违约处理：往表中插入元组或修改属性值时，RDBMS 就检查属性上的约束条件是否被满足，如果不满足，则操作被拒绝执行。

（3）元组上的约束条件的定义：与属性上的约束条件定义类似。用户可以在 CREATE TABLE 语句中用 CHECK 短语定义元组上的约束条件，即元组级限制。同属性值限制相比，元组级的限制可以设置不同属性之间的取值的相互约束条件。

（4）元组上约束条件检查和违约处理：往表中插入元组或修改属性值时，RDBMS 就检查元组上的约束条件是否被满足，如果不满足，则操作被拒绝。

8.2.2 SQL Server 2012 的完整性

数据库中的数据大部分是从外界输入的，这就有很多不可预测的因素，如会发生输入无效或者输入错误的情况。SQL Server 2012 数据完整性可以用来保证输入的数据符合要求。实现数据完整性的方法很多，如使用约束、使用规则、使用默认值和自定义函数等。

1. 使用约束

（1）NOT NULL 或 NULL 约束：NOT NULL 约束不允许字段值为空，即非空；而 NULL 约束允许字段为空。关系的主属性必须限定为 NOT NULL，以满足实体完整性要求。

（2）PRIMARY KEY 约束：PRIMARY KEY 为主关键字，是表中一个或多个字段，用于唯一地标记表中的某一条记录。该约束要求在一个表中，不能有两行具有相同的主键值。主键中的任何列不能输入 NULL 值。每个表都应有一个主键，限定为主键值的列或列组合称为候选键。

（3）FOREIGN KEY 约束：标识并强制实施表之间的关系。一个表的外键指向另一个表的候选键。如果一个外键值没有候选键，则不能向行中插入该值（NULL 除外）。

（4）UNIQUE 约束：强制实现列值的唯一性约束，即不允许属性列中出现重复的取值。另外，主键也强制实施唯一性，限定为主键值的列或列组合成为候选键。

（5）CHECK 约束：通过限制可放入列中的值来强制实现域完整性，通常通过指定应用于列输入的所有值的布尔值（计算结果为 TURE、FALSE 或未知）作为搜索条件，所有计算结果为 FALSE 的值均被拒绝。用户可以为每列指定多个 CHECK 约束。

【例 8-14】建立图书信息表，其中，"图书编号"是主码，"图书名称"取值唯一。

```
CREATE TABLE 图书信息表
(
图书编号 varchar(13)  PRIMARY KEY,
图书名称 varchar(40)  UNIQUE,
作者 varchar(21) ,
译者 varchar(30),
出版社 varchar(50) ,
出版日期 date  ,
图书价格 money
);
```

2. 使用默认

记录中的每列均必须有值，即使该值是 NULL。如果必须向表中加载一行数据但不知道其中一列的值，或该值尚不存在，那么，若列允许为空值，就可以为该行的这一列加载空值；若不希望有空值的列，则应为列定义默认值。

用户在使用 DEFAULT 时应注意以下事项。

（1）创建 DEFAULT 约束时，SQL Server 将对表中现有的数据进行数据完整性验证。

（2）表中的每一列上只能定义一个 DEFAULT 约束。

（3）DEFUALT 约束只在执行 INSERT 语句时起作用。

【例 8-15】将读者信息表的"性别"字段默认为"男"。相关语句如下。

```
ALTER TABLE 读者信息表 ADD CONSTRAINT 默认_性别
DEFAULT '男' FOR  性别
```

T-SQL 删除约束会使用到 DROP DEFAULT 语句，其语法如下。

```
DROP DEAULT {[schema_name.]default_name}[,…n][;]
```

【例 8-16】删除默认_性别约束。相关代码如下。

```
DROP DEFAULT 默认_性别
```

3. 使用规则

规则是一个向后兼容的功能，用于执行一些与 CHECK 约束相同的功能。使用 CHECK 约束是限制列值的首选标准方法。CHECK 约束比规则更简明。一个列只能应用一个规则，但可以应用多个 CHECK 约束。CHECK 约束被指定为 CREATE TABLE 语句的一部分，而规则是作为单独的对象创建，然后绑定到列上。T-SQL 语言提供 CREATE RULE 语句来创建规则，其语法如下。

```
CREATE RULE[schema_name.] rule_name AS condition_expression[;]
```

其中，schema_name 为规则所属架构的名称；rule_name 为新规则的名称；Condition_expression 为定义规则的条件。

规则可以是 WHERE 子句中任何有效的表达式，并且可以包括诸如算术运算符、关系运算符和谓词（如 IN、LIKE、BETWEEN）等元素。规则不能引用列或其他数据库对象，也不能引用数据库对象的内置函数，不能使用用户自定义函数。

Condition_expression 中包括一个变量，每个局部变量的前都有一个"@"符号，引用通过 UPDATE 或 INSERT 语句输入值。在创建规则时，可以使用任何名称或符号表示值，但第一个字符必须是"@"。

（1）创建规则

规则是一种数据库对象，在使用之前需要先创建，其语法格式如下。

```
CREATE RULE rule_name
 AS condition_expression
```

【例 8-17】创建名为"年龄_约束"的规则，要求年龄在 0~100 岁。

```
CREATE RULE 年龄_约束
AS @id between 0 and 100
```

（2）绑定规则

创建好的规则，必须被绑定到列或用户定义的数据类型上才能够起作用。用户可以使用系统存储过程将规则绑定到字段或用户定义的数据类型上，相关语法格式如下。

```
[EXEC] sp_bindrule '规则名称', '表名.字段名'
```

【例 8-18】将读者信息表的"年龄"字段绑定到规则"年龄_约束"上。

```
EXEC sp_bindrule '年龄_约束', '读者信息表.年龄'
```

（3）解绑规则

如果某个字段不再需要规则对其输入的数据进行限制，应该将规则从该字段上去掉，即解绑，其语法格式如下。

```
[EXEC] sp_unbindrule '表名.字段名'
```

（4）删除规则

如果规则没有存在价值，可以将其删除。在删除之前，用户应该对规则解绑。当规则不再应用与任何表时，可以删除。相关语法规则如下。

```
DROP RULE 规则名称[,…n]
```

8.3 并发控制

8.3.1 事务

1. 事务的概念

事务（Transaction）是用户定义的一个数据库操作序列。一个事务内的所有语句被作为一个整体，这些操作是一个完整的工作单元。这些操作要么全做，要么全不做，是一个不可分割的工作单位。事务的开始与结束可以由程序员显式控制，或由 DBMS 按默认规定自动划分事务。在关系数据库中，一个事务中包含的操作可以是一条 SQL 语句、一组 SQL 语句或整个程序。事务的结束标记有两个。不同事务模型中，事务的开始标记不完全一样，但是事务的结束标记都是一样的：一个是正常结束，用 COMMIT（提交）表示，另一个是异常结束，用 ROLLBACK（回滚）表示。

（1）COMMIT 的含义。

① 事务正常结束。

② 提交事务的所有操作（读+更新）。

③ 事务中所有对数据库的更新永久生效。

（2）ROLLBACK 的含义。

① 事务异常终止。

② 事务运行的过程中发生了故障，不能继续执行。

③ 回滚事务的所有更新操作。

④ 事务回滚到开始时的状态。

2. 事务的状态与特性

（1）事务的状态

事务从开始到结束，可以处于如下 5 种状态。

① 活动（Active）：事务初始状态。

② 部分提交（Partially committed）：最后一个操作执行完毕，但尚未提交数据库的状态。

③ 失败（Failed）：由于内部逻辑错误等原因导致事务无法继续执行的状态。

④ 中止（Aborted）：由于条件约束等原因放弃执行，数据库恢复到事务执行前的状态。

⑤ 提交（Committed）：事务成功执行完毕的状态。

（2）事务的特性

为了保持数据库中数据的一致性，事务应具有以下 4 个特性，通常称为 ACID 性质。

① 原子性（Atomicity）：事务中的所有操作要么全部做，要么一个都不做。如果任何操作执行失败，那么其他操作都要撤销。

② 一致性（Consistency）：事务执行的结果必须是使数据库从一个一致性状态变到另一个一致性状态，即数据库在事务执行前后都是一致的。

③ 隔离性（Isolation）：多个事务并发执行的过程中，任何一个事务都不会受其他事务状态和过程的影响。

④ 持久性（Durability）：一个事务一旦提交，其对数据库中的数据的改变就应该是永久性的，即使系统发生故障也不会影响。

8.3.2 并发控制概述

事务在执行过程中需要不同的资源，例如，有时需要 CPU，有时需要存取数据，有时需要 I/O，有时需要通信。如果事务串行执行，则许多系统资源将处于空闲状态。因此，为了充分利用系统资源，发挥数据库共享资源的特点，数据库应该允许多个事务并行地执行。但事务在并发执行时，彼此之间可能产生相互的干扰。

假设有两个飞机订票点 A 和 B，如果 A、B 订票点恰巧同时办理同一班次的飞机的订票业务，则相关操作的过程及顺序如下。

（1）A 售票点（甲事务）读出某班次的机票余额 T，设 T=16。

（2）B 售票点（乙事务）读出同一班次的机票余额 T，也为 16。

（3）A 售票点卖出一张机票，修改余额 T←T-1，所以 T 为 15，把 T 写回数据库。

（4）B 售票点也卖出一张机票，修改余额 T←T-1，所以 T 为 15，把 T 写回数据库。

结果明明卖出两张机票，数据库中机票余额只减少 1。这种情况称为数据库的不一致性，是由并发操作引起的。在并发操作情况下，产生数据的不一致是由于对 A、B 两个事务的操作序列的调度是随机的。这种情况在现实中是不允许发生的，因此数据库管理系统必须想办法避免出现这种情况。这就是数据库并发控制要解决的问题。

多事务在并发执行的过程中，随机调度形成的并发操作序列可能会带来丢失修改、不可重复读和读"脏"数据等数据不一致性问题，从而影响并发调度的正确性。

1. 丢失数据修改

丢失数据修改（Lost Update）是指两个事务 T1 和 T2 读入同一数据并进行修改，T2 的提交结果破坏了 T1 提交的结果，导致 T1 的修改被 T2 覆盖掉了。上面飞机订票例子就属于这种情况。丢失数据修改的情况如图 8.3 所示。

T1	T2
Read A=16	
	Read A=16
A=A-1	
Write A=15	
	A=A-1
	Write A=15

图 8.3　丢失数据修改

2. 不可重复读

不可重复读（Non-repeatable Read）是指事务 T1 读取某一数据后，事务 T2 执行了更新操作，修改了 T1 读取的数据；当事务 T1 再次读该数据时，对其进行相同的操作，得到结果是与前一次不同的值。不可重复读的情况如图 8.4 所示。

T1	T2
Read A=50	
Read B=100	
A+B=150	
	Read B=100
	B=B+50
	Write B=150
Read A=50	
Read B=150	
A+B=200	

图 8.4　不可重复读

3. 读"脏"数据

读"脏"数据（Dirty Read）是指一个事务读了某个失败事务运行过程中的数据，即事务 T1 修改某一数据，并将修改结果写回磁盘，然而事务 T2 读取同一数据（T1 修改后的数据）后，T1 由于某种原因撤销了所做的操作，这样被 T1 修改过的数据就恢复为原值，那么 T2 读到的数据就与数据库中的实际数据不一致。T2 读到的数据就为"脏"数据，即不正确的数据。读"脏"数据的情况如图 8.5 所示。

T1	T2
Read A=50	
A=A*2	
Write A=100	
	Read A=100
ROLLBACK	
A=50	

图 8.5　读"脏"数据

8.3.3　封锁与封锁协议

1. 封锁

封锁是数据库系统并发控制的常用方法之一。所谓封锁，就是事务 T 在对某个数据对象如表、记录等操作之前，先向系统发出请求，对其加锁；加锁后，事务 T 就对该数据对象有了一定的控制，在事务 T 释放它的锁之前，其他事务不能更新此数据对象。

基本的封锁类型有两种：排他锁（exclusive locks，简记为 X 锁或写锁）和共享锁（share locks，简记为 S 锁或读锁）。

（1）排他锁

若事务 T 对数据对象 A 加上 X 锁，则只允许 T 读取和修改 A，其他任何事务都不能再对 A 加任何类型的锁，直到 T 释放 A 上的锁。这就保证了其他事务在事务 T 释放 A 上的锁之前不能再读取和修改 A。

（2）共享锁

若事务 T 对数据对象 A 加上 S 锁，则事务 T 可以读 A 但不能修改 A，其他事务只能再对 A 加 S 锁，而不能加 X 锁，直到 T 释放 A 上的 S 锁。这就保证了其他事务可以读 A，但在 T 释放 A 上的 S 锁之前不能对 A 做任何修改。

排他锁和共享锁的控制方式可以用表 8.2 的相容矩阵表示。

表 8.2　锁的相容矩阵

T2 ＼ T1	X	S	无　锁
X	N	N	Y
S	N	Y	Y
无锁	Y	Y	Y

注：Y=Yes，相容的请求；N=No，不相容的请求。

在锁的相容矩阵中，最左边一列表示事务 T1 已经获得的数据对象上的锁的类型；最上面一行表示另一事务 T2 对同一数据对象发出的封锁请求。T2 的封锁请求能否被满足用矩阵中的"是"和"否"表示，其中，"是"表示事务 T2 的封锁要求与 T1 已持有的锁相容，加锁请求可以满足；"否"表示 T2 的封锁请求与 T1 已持有的锁冲突，加锁请求被拒绝。

2. 封锁协议

在运用 X 锁和 S 锁对数据对象加锁时，还需要约定一些规则，如应何时申请 X 锁或 S 锁、封锁时间、何时释放等。这些规则被称为封锁协议（Locking Protocol）。对封锁制定不同的规则，就形成了不同的封锁协议。相关示例如图 8.6 所示。

（1）一级封锁协议

对事务 T 要修改的数据 R 加 X 锁，直到事务结束才释放。事务结束包括正常结束（COMMIT）和非正常结束（ROLLBACK）。

一级封锁协议可以防止丢失修改，并保证事务 T 是可恢复的。如图 8.6（a）所示，事务 T1 要对数据对象 A 进行修改之前，必须先对 A 加 X 锁。在 T1 获得了 A 的 X 锁后，这时事务 T2

若要对 A 进行修改，也必须对 A 加 X 锁。由于一个数据对象上加了 X 锁后，其他事务要加 X 锁则必须等待，因而 T2 必须等待 T1 释放了其加在 A 上的锁后才能获得对 A 的加锁，从而避免丢失修改。

在一级封锁协议中，如果仅仅是读数据而不对其进行修改，是不需要加锁的，所以它不能保证可重复读和不读"脏"数据。

T1	T2
① Xlock A	
② R(A)=16	
③	Xlock A
④ A←A-1	等待
W(A)=15	等待
Commit	等待
Unlock A	等待
⑤	获得
	Xlock A
	R(A)=15
	A←A-1
⑥	W(A)=14
	Commit
	Unlock A

（a）没有丢失修改

T1	T2
① Slock A	
Slock B	
R(A)=50	
R(B)=100	
求和=150	
②	Xlock B
	等待
	等待
③ R(A)=50	等待
R(B)=100	等待
求和=150	等待
Commit	等待
Unlock A	等待
Unlock B	等待
④	获得
	Xlock B
	R(B)=100
	B←B*2
⑤	W(B)=200
	Commit
	Unlock B

（b）可重复读

T1	T2
① Xlock C	
R(C)=100	
C←C*2	
W(C)=200	
②	Slock C
	等待
③ ROLLBACK	等待
(c 恢复为100)	等待
Ulock C	等待
④	获得 Slock C
	R(C)=100
⑤	Commit
	Unlock C

（c）不读"脏"数据

图 8.6　使用封锁机制解决 3 种数据不一致性的示例

（2）二级封锁协议

二级封锁协议是在一级封锁协议的基础上要求事务 T 在读取数据对象 R 之前必须先对其加 S 锁，读完后即可释放 S 锁。二级封锁协议除可以防止丢失修改，还可进一步防止读"脏"数据。

在二级封锁协议中，由于读完数据后即可释放 S 锁，所以它不能保证可重复读。

（3）三级封锁协议

三级封锁协议在二级封锁协议的基础上要求事务 T 在读取数据对象 R 之前必须先对其加 S 锁，直到事务结束才释放。三级封锁协议除可以防止丢失修改和不读"脏"数据，还可进一步防止不可重复读。

三级封锁协议分别在不同程度上解决了并发操作带来的数据不一致性问题，为并发操作正确调度提供了一定的保证。不同级别的封锁协议对比如表 8.3 所示。

表 8.3 不同级别的封锁协议

封锁协议	X 锁	S 锁	不丢失修改	不读脏数据	可重复读
一级	事务全程加锁	不加	√		
二级	事务全程加锁	事务全程加锁	√		
三级	事务全程加锁	事务全程加锁	√	√	√

8.3.4 活锁与死锁

和操作系统一样，封锁的方法可能引起活锁和死锁等问题。

1. 活锁

如果事务 T1 封锁了数据对象 R，事务 T2 又请求封锁 R，于是 T2 等待。T3 也请求封锁 R，当 T1 释放了 R 上的封锁后，系统先批准了 T3 的请求，T2 仍然等待。然后，T4 又申请封锁 R，当 T3 释放了 R 上的封锁之后，系统又批准了 T4 的请求……T2 有可能永远等待，这就是活锁，如图 8.7 所示。

T1	T2	T3	T4
XLOCK R			
GETXLOCK R	XLOCK R		
	WAIT	XLOCK R	
	WAIT	WAIT	XLOCK R
UNLOCK R	WAIT	GET XLOCK R	WAIT
	WAIT		WAIT
	WAIT	UNLOCK R	GET XLOCK R
	……		……

图 8.7 活锁

避免活锁的简单方法是采用"先到先服务"的策略，即所有的事务按照申请加锁的先后顺序排队，当数据对象的锁被释放后，首先批准排在队首的事务的加锁请求。

2. 死锁

如果事务 T1 封锁了数据对象 R1，事务 T2 封锁了数据对象 R2，然后 T1 又请求封锁 R2，因 T2 已封锁 R2，于是 T1 等待 T2 释放 R2 上的锁。接着 T2 又申请封锁 R1，因事务 T1 已封锁 R1，于是 T2 等待 T1 释放 R1 上的锁。这样就出现了 T1 在等待 T2，而 T2 又在等待 T1 的局面，T1 和 T2 两个事务永远不能结束，形成死锁，如图 8.8 所示。

T1	T2
XLOCK R1	
GETXLOCK R1	
	XLOCK R2
	GETXLOCK R2
XLOCK R2	
WAIT	XLOCK R1
WAIT	WAIT

图 8.8 死锁

目前，在数据库系统中，对于死锁的处理主要有两类方法：一是采取一定的措施预防死锁的发生；二是允许发生死锁，并采用一定手段定期诊断系统中有无死锁，若有，则将其解除。

3. 死锁的预防

产生死锁的原因是两个或多个事务都已封锁了一些数据对象，然后又都请求对已为其他事务封锁的数据对象加锁，从而出现死等待。预防死锁的发生就是要破坏产生死锁的条件。预防死锁通常有两种方法：一次封锁法、顺序封锁法。

（1）一次封锁法

要求每个事务必须一次将所有要使用的数据全部加锁，否则就不能继续执行。

一次封锁法存在如下缺陷。

① 降低并发度。一次就将以后要用到的全部数据加锁，势必扩大了封锁的范围，从而降低了系统的并发度。

② 难于事先精确确定封锁对象。数据库中数据是不断变化的，原来不要求封锁的数据，在执行过程中可能会变成封锁对象，所以很难事先精确地确定每个事务所要封锁的数据对象。为此，只能扩大封锁范围，将事务在执行过程中可能要封锁的数据对象全部加锁。这就进一步降低了并发度。

（2）顺序封锁法

顺序封锁法是预先对数据对象规定一个封锁顺序，所有事务都按这个顺序实行封锁。

顺序封锁法存在如下缺陷。

① 维护成本高。数据库系统中可封锁的数据对象极其众多，并且随数据的插入、删除等操作而不断地变化，要维护这样极多而且变化的资源的封锁顺序非常困难，成本很高。

② 难于实现。事务的封锁请求是随着事务的执行而动态地决定，很难事先确定每一个事务要封锁哪些对象，因此也就很难按规定的顺序去施加封锁。

例如，规定数据对象的封锁顺序为 A、B、C、D、E。事务 T3 起初要求封锁数据对象 B、C、E，但当它封锁了 B、C 后，才发现还需要封锁 A，这样就破坏了封锁顺序。

8.3.5 两段锁协议

所谓两段锁协议，是指所有事务必须分两个阶段对数据项加锁和解锁。通常这两个阶段称为生长阶段和收缩阶段。在生长阶段，事务只能申请加锁，不能释放锁，同时访问数据项；在收缩阶段事务只能释放锁，不能再申请锁。两段锁协议是实现可串行化调度的充分条件。

并行执行的所有事务均遵守两段锁协议，则对这些事务的所有并行调度策略都是可串行化的。所有遵守两段锁协议的事务，其并行执行的结果一定是正确的。事务遵守两段锁协议是可串行化调度的充分条件，而不是必要条件。可串行化的调度中，不一定所有事务都必须符合两段锁协议。图8.9 和图 8.10 都是可串行化的调度，其中，图 8.9 中的两个事务 T1 和 T2 都遵守了两段锁协议，而图 8.10 中的两个事务 T1 和 T2 却不遵守两段锁协议。

从图 8.9 可以看出，虽然事务 T1 已经读完数据项 R1，但是事务 T2 还是必须等待事务 T1 释放了对这一数据项的锁后才能开始启动，因此两段锁协议在不同程度上影响了事务的并发度。与一次封锁协议相比，两段锁协议并不要求事务必须一次将所有要使用的数据全部加锁，因此遵守两段锁协议的事务容易引起死锁。

T1	T2
SLOCK R1	
GETSLOCK R1	
READ R1=60	
R=R1	
XLOCK R2	
GET XLOCK R2	SLOCK R2
READ R2=50	WAIT
R2=R2+R	WAIT
UNLOCK R1	WAIT
UNLOCK R2	WAIT
	GET SLOCK R2
	READ R2=110
	XLOCK R1
	GET XLOCK R1
	READ R1=60
	R1=R2+R1
	UNLOCK R1
	UNLOCK R2

图 8.9　遵守两段锁协议

T1	T2
SLOCK R1	
GETSLOCK R1	
READ R1=60	
R=R1	
UNLOCK R1	
XLOCK R2	
GET XLOCK R2	SLOCK R2
READ R2=50	WAIT
R2=R2+R	WAIT
UNLOCK R2	WAIT
	GET SLOCK R2
	READ R2=110
	Y=R2
	UNLOCK R2
	XLOCK R1
	GET XLOCK R1
	READ R1=60
	R1=Y+R1
	UNLOCK R1

图 8.10　不遵守两段锁协议

8.3.6　封锁粒度

封锁对象的大小称为封锁粒度（Granularity）。封锁粒度与系统的并发度和并发控制的开销密切相关。一般而言，封锁的粒度越大，数据库中所能够封锁的数据单元越少，并发度越低，系统开销越小；反之，封锁的粒度越小，数据库中所能够封锁的数据单元越多，并发度越高，系统开销也越大。

1. 多粒度封锁

在实际系统中，总是希望得到尽可能高的并发度，同时尽可能降低系统的开销。而在同一粒度下的需求却刚好相反。因此，需要一个系统同时支持多种封锁粒度供不同事务的选择。这种封锁方法称为多粒度封锁（Multiple Granularity Locking）。

多粒度封锁允许对多粒度树中的每个节点独立加锁。对一个节点加锁意味着这个节点的所有后裔节点也被加以同样类型的锁。因此，在多粒度封锁中，一个数据对象可能以两种方式封锁：显式封锁和隐式封锁。

显式封锁是直接加到数据对象上的封锁。隐式封锁是由于祖先节点被封锁而使该数据对象也被封锁。多粒度封锁中，显式封锁和隐式封锁的效果是一样的，因此，系统检查封锁冲突时不仅要检查显式封锁，还要检查隐式封锁。具体而言，对某个数据对象加锁，系统要检查该数据对象上有无封锁与之冲突；还要检查所有祖先节点和后裔节点，看本事务的封锁是否与该数据对象上的封锁冲突。这样的检查方法效率很低，为此可以引入了一种新型锁，称为意向锁（Intention Lock）。

意向锁的含义是如果一个节点加了意向锁，则表明该节点的后裔节点正在被加锁；对任一节点加锁时，必须先对它的祖先节点加意向锁。这样，当一个事务要对某个节点加锁时，则只需要检查该节点及其祖先节点上是否有相冲突的锁。

本节介绍 3 种常用的意向锁：意向共享锁（Intent Share Lock, IS 锁），意向排他锁（Intent Exclusive Lock，IX 锁），共享意向排他锁（Share Intent Exclusive Lock，SIX 锁）。

（1）IS 锁：如果对一个数据对象加 IS 锁，表示它的后裔节点拟加 S 锁。

（2）IX 锁：如果对一个数据对象加 IX 锁，表示它的后裔节点拟加 X 锁。

（3）SIX 锁：如果对一个数据对象加 SIX 锁，表示对它加 S 锁，再加 IX 锁。

2. 封锁技术

（1）等待锁释放的方式

要操作的对象被其他事务加锁而无法使当前操作进行，称为该操作被阻塞，可以让数据库管理器选择以下一种方式处理阻塞操作。

① 不断检测锁是否被释放，一旦释放则执行已阻塞的操作。

② 在限定的时间内检测锁是否被释放，一旦释放，则执行已被阻塞的操作。若到了限定时间仍未解锁，则返回锁请求超时 1222 号信息错误。

③ 直接返回锁请求超时 1222 号信息错误。

（2）等待锁释放方式的语句

等待锁释放方式的语句如下。

```
SET LOCK_TIMEOUT timeout_period
```

其中，timeout_period 为等待锁释放的毫秒数。若 timeout_period 为-1，则对应上述锁释放方法①，此为默认方式；若 timeout_period 为 0，则对应上述方式③；若 timeout_period 为大于 0 的数值，则对应方式②，该数值即为限定的时间（毫秒）。

8.4 数据库维护

尽管数据库系统中采取了各种保护措施来防止数据库的安全性和完整性被破坏，保证并发事务的正确执行，但是故障是不可完全避免的。例如，计算机硬件故障、系统软件和应用软件的错误、操作员的失误、恶意的破坏等故障，轻则造成运行事务非正常中断，影响数据库中数据的正确性，重则破坏数据库，使数据库中全部或部分数据丢失。

8.4.1 数据库故障

从数据库恢复的角度，可以将数据库的故障分成 4 类。下面主要介绍故障的分类及每类故障对数据库的影响。

1. 事务内部的故障

事务内部的故障有的是可以通过事务程序本身发现的，有的是非预期的，不能由事务程序处理的。

例如，图书借阅事务，某图书借阅成功后，需要将该图书的库存数量 A 减去借阅的本数 M，同时在借阅记录上添加借阅数量 M。相关处理逻辑如下。

```
BEGIN TRANSACTION
该图书库存量 A;
A=A-M;
IF(A<0)   THEN{
显示库存数量不足，不能借阅;
ROLLBACK;
}
ELSE
{
该已借图书数量 B;
B=B+M;
COMMIT;
}
```

这个例子所包括的两个更新操作要么全部完成，要么全部不做；否则，数据库就会处于不一致状态。例如，只把库存数量减少了而没有把借阅记录中图书数量增加。

在这段程序中，若发生库存量不足的情况，则应用程序可以发现实情并让事务回滚，撤销已作的修改，恢复数据库到正确状态。

事务内部更多的故障是非预期的，是不能由应用程序处理的，如运算溢出、并发事务发生死锁而被选中撤销该事务、违反了某些完整性限制等。本书后续内容中的事务内部故障仅指这类非预期的故障。

事务故障意味着事务没有达到预期的终点（COMMIT 或者显式的 ROLLBACK），因此数据库可能处于不正确状态。恢复程序要在不影响其他事务运行的情况下，强行回滚（ROLLBACK）该事务，即撤销该事务已经做出的任何对数据库的修改，使得该事务好像根本没有启动一样。这类恢复操作称为事务撤销（UNDO）。

2. 系统故障

系统故障是指造成系统停止运转的任何事件，使得系统需要重新启动，如特定类型的硬件错误（CPU 故障）、操作系统故障、数据库管理系统代码错误、突然停电等。这类故障影响正在运行的所有事务，但不破坏数据库。这时，主存内容尤其是数据库缓冲区（在内存）中的内容都会丢失，所有运行事务都非正常终止。发生系统故障时，一些尚未完成的事务的结果可能已送入物理数据库，有些已完成的事务可能有一部分甚至全部留在缓冲区，尚未写回到磁盘上的物理数据库中，从而造成数据库可能处于不正确的状态。为保证数据一致性，恢复子系统必须在系统重新启动时让所有非正常终止的事务回滚，强行撤销（UNDO）所有未完成事务，并且重做（REDO）所有已经提交的事务，以将数据库恢复到一致状态。

3. 介质故障

介质故障也称为硬故障（Hard Crash），是指外存故障，如磁盘损坏、磁头碰撞、瞬时强磁场干扰等。这类故障将破坏数据库或部分数据库，并影响正在存取这部分数据的所有事务。这类故障比前两类故障发生的可能性小得多，但破坏性更大。

4. 计算机病毒

计算机病毒是具有破坏性的、可以自我复制的计算机程序。计算机病毒已成为计算机系统的主要威胁，自然也是数据库系统的主要威胁。因此，数据库一旦被破坏，需要用恢复技术把数据库加以恢复。

总结各类故障对数据库的影响有两种可能性：一是数据库本身被破坏；二是数据库没有破坏，但数据可能不正确，这是因为事务的运行被非正常终止造成的。

8.4.2 数据库恢复技术

恢复的基本原理十分简单，即利用冗余。也就是说，数据库中任何一部分被破坏的或不正确的数据，可以根据存储在系统别处的冗余数据来重建。

恢复机制涉及两个关键问题：一是如何建立冗余数据，二是如何利用这些冗余数据实施数据库恢复。建立冗余数据最常用的技术是数据转储和登录日志文件。通常在一个数据库系统中，这两种方法是一起使用的。

1. 数据库备份

数据库中数据的重要程度决定了数据恢复的必要性与重要性，也就决定了数据是否及如何备份。数据库需要备份的内容可分为数据文件（包括主要数据文件和次要数据文件）、日志文件两部分，其中，数据文件中所存储的系统数据库是确保 SQL Server 2012 系统正常运行的重要依据，无疑，系统数据库必须完全备份。

数据库备份常用的两类方法是完全备份和差异备份，其中，完全备份每次都备份整个数据库或事务日志，差异备份则只备份自上次备份以来发生变化的数据库的数据。差异备份也称为增量备份。

SQL Server 2012 中有两种基本的备份：一是只备份数据库，二是备份数据库和事务日志。它们又都可以与完全或差异备份相结合。另外，当数据库很大时，用户也可以进行个别文件或文件组的备份，从而将数据库备份分割为多个较小的备份过程。

（1）备份整个数据库

BACKUP DATABASE 命令可用来备份整个数据库，语法格式如下。

```
BACKUP  DATABASE{数据库名|@数据库名变量}  /*被备份的数据库名*/
TO  <备份设备>[,…]                      /*指出备份目标设备*/
[MIRROR TO <备份设备>…]
[WITH INIT|NO INIT]
[WITH NAME='名称']
```

以下是一些使用 BACKUP 语句进行完全数据库备份的例子。

【例 8-19】使用逻辑名 test1 在 "D:\Server\2012" 中创建一个命名的备份设备，并将图书馆数据库完全备份到该设备。

```
USE 图书馆
GO
EXEC sp_addumpdevice 'DISK', 'test1', 'D:\Server\2012\test1.bak'
BACKUP DATABASE 图书馆 TO test1
```

将图书馆数据库完全备份到备份设备 test1，并覆盖该设备中原有的内容，相关语句如下。

```
BACKUP DATABASE 图书馆 TO test1 WITH INIT
```

将图书馆数据库完全备份到备份设备 test1 上，执行追加的完全数据库备份，该设备上原有的备份内容都被保持，相关语句如下。

```
BACKUP DATABASE 图书馆 TO test1 WITH NOINIT
```

【例 8-20】将图书馆数据库备份到多个备份设备。

```
USE 图书馆
GO
EXEC sp_addumpdevice 'DISK','test2','D:\Server\2012\test2.bak'
EXEC sp_addumpdevice 'DISK','test3','D:\Server\2012\test3.bak'
BACKUP DATABASE 图书馆 TO test2,test3
WITH NAME='图书馆数据库备份'
```

使用【对象资源管理器】查看备份的内容，步骤如下。在【对象资源管理器】中展开【服务器对象】→【备份设备】，选定要查看的备份设备，鼠标右键单击该设备，在弹出的快捷菜单中选择【属性】菜单项，在打开的【备份设备】窗口中显示所要查看的备份设备的内容。

（2）差异备份数据库

用于对需要频繁修改的数据库进行差异备份可以缩短备份和恢复的时间。只有当已经执行了完全数据库备份后，用户才能对数据库执行差异备份。在进行差异备份时，SQL Server 2012 将备份从最近的完全数据库备份后数据库发生了变化的部分。相关语法格式如下。

```
BACKUP DATABASE{数据库名|@数据库名变量}　　/*被备份的数据库名*/
READ_WRITE_FILEGROUPS
[,FILEGROUP={逻辑文件组名|@逻辑文件组名变量}…]
TO <备份设备>[,…]
[MIRROR TO <备份设备>…]
[WITH DIFFERENTIAL]
```

【说明】

- DIFFERENTIAL：执行差异备份的关键字。
- READ_WRITE_FILEGROUPS：指定在部分备份中备份所有读/写文件组。
- FILEGROUP：包含在部分备份中的读写文件组的逻辑名称或变量的逻辑名称。

【例 8-21】创建临时备份设备并在所创建的临时备份设备上进行差异备份。

```
BACKUP  DATABASE 图书馆 TO
DISK='D:\Server\2012\图书馆.bak' WITH  DIFFERENTIAL
```

（3）备份数据库文件或文件组

当数据非常大时，可以进行数据库文件或文件组的备份。相关语法格式如下。

```
BACKUP DATABASE{数据库名|@数据库名变量}　　/*被备份的数据库名*/
<文件或文件组>[,…]
TO <备份设备>[,…]
[MIRROR TO <备份设备>…]
其中：<文件或文件组>::={
FILE={逻辑文件名|@逻辑文件名变量}
|FILEGROUP={逻辑文件组名|@逻辑文件名变量}
}
```

【说明】

- <文件或文件组>：指定需要备份的数据库文件或文件组。
- FILE 选项：指定一个或多个包含在数据库备份中的文件命名。
- FILEGROUP 选项：指定一个或多个包含在数据库备份中的文件组命名。

【例 8-22】设 SS 数据库有两个数据文件 s1 和 s2，事务日志存储在文件 tlog 中。将文件 s1 备份到备份设备 s1backup 中，将事务日志文件备份到 s2backuplog。

```
EXEC sp_addumpdevice 'DISK',' s1backup','D:\Server\2012\s1backup.bak'
EXEC sp_addumpdevice 'DISK',' s2backuplog','D:\Server\2012\s2backuplog.bak'
GO
BACKUP DATABASE SS
FILE='s1'  TO s1backup
BACKUP LOG SS TO s2backuplog
```

本例中，语句 BACKUP LOG 的作用是备份事务日志。

（4）事务日志备份

备份事务日志用于记录前一次的数据库备份或事务日志备份后数据库所做的改变。事务日志备份需要在一次完全数据库备份后进行。这样才能将事务日志文件与数据库备份一起用于恢复。当进行事务日志备份时，系统进行下列操作：首先，将事务日志中从前一次成功备份结束位置开始，到当前事务日志结尾处的内容进行备份；然后，标识事务日志中活动部分的开始。所谓事务日志的活动部分指从最近的检查点或最早的打开位置开始至事务日志的结尾处。相关语法格式如下。

```
BACKUP LOG
......
[WITH]
{ NORECOVERY|STANDBY=撤销文件名}
[, NO_TRUNCATE]
```

【说明】

- NORECOVERY：该选项将内容备份到日志尾部，不覆盖原有的内容。

- STANDBY：该选项将备份日志尾部，并使数据库处于只读或备用模式。

- NO_TRUNCATE：若数据库被损坏，使用该选项可以备份最近的所有数据库活动。此时，SQL Server 将保持整个事务日志。当执行恢复时，可以恢复数据库和事务日志。

【例 8-23】创建一个命名的备份设备"图书馆_LOGBK"，并备份图书馆数据库的事务日志。

```
USE 图书馆
GO
EXEC sp_addumpdevice 'DISK',' 图书馆_LOGBK','D:\Server\2012\testlog.bak'
BACKUP LOG 图书馆 TO 图书馆_LOGBK
```

2. 数据库还原

恢复是与备份相对应的操作。备份的主要目的是为了在系统出现异常情况（如硬件失败、系统软件瘫痪或误操作而删除了重要数据等）时将数据库恢复到某个正常的状态。

在【对象资源管理器】中展开【数据库】，选择需要恢复的数据库（如【图书馆】），鼠标右键单击，在弹出的快捷菜单中选择【任务】菜单项，在弹出的【任务】子菜单中选择【还原】菜单项，在弹出的【还原】子菜单中选择【数据库】菜单项，进入【还原数据库—图书馆】窗口，如图 8.11 所示。

采用默认设置，单击【确定】按钮，图书馆数据库即可恢复。

如果需要还原的数据库在当前数据库中不存在，则可以选中【对象资源管理器】的【数据库】，右键单击鼠标，选择【还原数据库】菜单项，在弹出的"还原数据库"窗口中进行相应的还原操作。

如果要还原特定的文件或文件组，则可以选择【文件或文件组】菜单项，之后的操作与还原数据库类似。

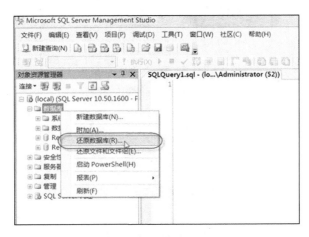

图 8.11 "还原数据库"选项

3. 数据库的分离和附加

（1）数据库分离

分离是将用户数据库从服务器的管理中脱离出来，同时保持数据库文件和日志文件的完整性和一致性。可以使用 SQL Server 管理控制器分离用户数据库。

【例 8-24】将数据库图书馆从 SQL Server 中分离出来。

① 在【对象资源管理器】中展开服务器，找到要分离的数据库，然后鼠标右键单击该数据库，在弹出的快捷菜单中选择【任务】→【分离命令】，弹出【分离数据库】对话框。

② 单击【确定】按钮，完成数据库的分离，此时，在【对象资源管理器】中的数据库节点下就看不到图书馆数据库了。

 注意 数据库的分离和附加不适合系统数据库。

（2）数据库附加

与分离数据库对应的是附加数据库，其将数据重新置于 SQL Server 的管理下。SQL Server 附加数据库通过直接复制数据库的逻辑文件和日志文件来进行。这些文件在创建数据库时建立，例如，图书馆数据库创建完成，在"D:\Server\2012\MSSQL11.MSSQLSERVER\MSSQL\DATA"目录下找到对应的两个文件。

在【对象资源管理器】中用鼠标右键单击【数据库】，选择【附加】选项，如图 8.12 所示。进入【附加数据库】窗口，单击【添加】按钮，选择要导入的数据库文件，单击【确定】按钮，返回【附加数据库】窗口。此时【附加数据库】窗口中列出了要附加的数据库的原始文件和日志文件的信息，单击【确定】按钮开始附加数据库。成功后，用户可在"数据库"列表中找到附加成功的数据库。

另外，通过附加数据库的方法还可以将一个服务器的数据库转移到另一个服务器中。

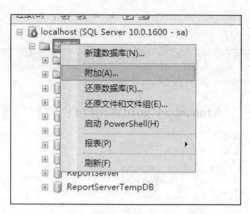

图 8.12 【附加数据库】窗口

本 章 小 结

数据库的安全保护主要包括数据库的安全性、完整性以及并发性，其中，数据库的安全性和完整性二者相辅相成。数据库的完整性是为了保证数据库中存储的数据是正确的，即符合现实世界语义，可以采取定义约束、默认和规则的使用等方式。安全性是保证数据不会被破坏或泄漏，可以采取用户标识与鉴别、存取控制策略、数据的审计和加密以及角色与权限控制等方式保证数据库的安全性。数据库的并发控制以事务为单位，通常使用封锁技术实现并发控制。数据库在运行过程中，可能会出现问题，造成数据库损坏。这时，用户可以通过数据库的恢复和备份进行处理。

习 题 8

一、填空题

（1）关系模型的实体完整性在 CREATE TABLE 中用_____关键字来实现。

（2）检查主码值出现不唯一和有一个为空违约情况时，则 DBMS 拒绝_____。

（3）关系模型的参照完整性在 CREATE TABLE 中用_____关键字来实现。

（4）参照完整性的级连操作的关键字是_____。

（5）保护数据库，防止未经授权的或不合法的使用造成的数据泄露、更改破坏。这是指数据的_____。

（6）在数据库的安全性控制中，为了保证用户只能存取它有权存取的数据，在授权的定义中，数据对象的_____，授权子系统就越灵活。

（7）存取权限包括两个方面的内容，一个是_____，另一个是_____。

（8）事务包含的特性_____、_____、_____、_____。

二、选择题

（1）用户对服务器的权限不能通过（　　）得到。

    A．通过加入固定服务器角色中　　　　　　　B．应用程序角色

C. 本地 Windows 用户　　　　　　　D. 其他特殊权限

（2）通过架构级别不能实现（　　　）。

  A. 用户操作数据库对象的权限　　　B. 系统默认架构为 dbo

  C. 可以操作不同的数据库　　　　　D. 用户可以加入多个架构

（3）权限不可以（　　　）。

  A. 通过界面方式创建　　　　　　　B. 通过方式命令删除

  C. 对象的权限包含执行何种操作　　D. 只要能够进入数据库即可授权

（4）关于索引说法错误的是（　　　）。

  A. 一个表可以创建多个唯一索引

  B. 一个表可以创建多个不唯一索引

  C. 创建非聚集索引并不改变表记录的排列顺序

  D. 如果索引已经存在则不能创建

（5）列值的非空不能通过（　　　）实现。

  A. NOT NULL　　　　　　　　　　B. DEFAULT

  C. CHECK 约束　　　　　　　　　　D. 数据类型

（6）创建备份设备时，下列说法正确的是（　　　）。

  A. 可以使备份和恢复通过逻辑设备进行

  B. 临时备份设备只能用于临时备份

  C. 一个数据库可以同时备份到多个设备上，用每个设备均可恢复

  D. 命令方式备份可以自动进行

（7）对恢复数据库正确的是（　　　）。

  A. 事务日志文件在完全备份数据库后可以删除

  B. 事务日志文件损坏，不能差异恢复数据库

  C. 可以恢复数据库文件或文件组

  D. A、B 和 C

（8）关于备份和恢复的说法不正确的是（　　　）。

  A. 完全备份数据文件可以恢复事务日志文件

  B. 备份事务日志文件才能恢复事务日志文件

  C. 完全备份数据文件一般不自动进行

  D. 数据库复制是在远端数据库备份

（9）完整性与索引的关系说法错误的是（　　　）。

  A. 没有索引不能实现完整性

  B. 没有实现完整性的表必须人为操作来达到完整性

  C. 已经实现完整性可以解除完整性

  D. 索引就是为了实现完整性

（10）列值的唯一性不能通过（　　　）实现。

  A. 主键　　　　　　　　　　　　　B. UNIQUE

  C. CHECK 约束　　　　　　　　　　D. identity 属性

三、论述题

（1）试述实现数据库安全性控制的常用方法和技术。

（2）什么是数据库中的自主存取控制方法和强制存取控制方法？

（3）什么是数据库的审计功能？为什么要提供审计功能？

（4）DBMS 的完整性控制机制应具有哪些功能？

（5）关系系统中，当操作违反实体完整性、参照完整性和用户定义的完整性约束条件时，一般是如何分别进行处理的？

（6）试述 DBMS 中采用并发控制的目的。

（7）试述共享锁和排他锁的含义。

（8）试述死锁是如何产生的，列举一些常见的预防死锁的方法。

（9）简述数据库系统中经常用到检测和解除死锁的方法。

（10）简述多粒度封锁的含义及优点。

第9章 SQL程序设计

学习目标

- 了解 T-SQL 基础。
- 掌握自定义函数的定义和应用方法。
- 掌握存储过程的定义和使用方法。
- 掌握触发器的定义和使用方法。

利用 SQL 中的语句，用户可以实现对数据库和数据的简单操作，但是单条语句的功能有限，如果要求比较复杂，则需要执行一系列的 SQL 语句才能实现。SQL Server 不仅支持所有的 SQL 语句，还允许使用变量、运算符、流程控制语句等。SQL Server 本身也具有运算和控制功能，可以利用 T-SQL 语言进行编程。我们可以通过函数、存储过程和触发器等方式，实现更为复杂的业务需求。

本章首先介绍 T-SQL 相关的基础知识，然后介绍函数的定义和使用，随后介绍存储过程的定义和使用，最后介绍触发器的定义和使用。

9.1 T-SQL 基础

Transact-SQL 是 Microsoft 公司在 SQL 语言的基础上，根据 SQL Server 的功能，经过改进和扩充之后形成的一个适合 SQL Server 的 SQL 语言的专用版本。Transact-SQL 一般简写为 T-SQL，是客户应用程序使用 SQL Server 的主要形式之一。常量、变量、运算符、表达式和流程控制语句等是 T-SQL 的基础知识。

9.1.1 常量

常量也称为文字值或标量值，是表示一个特定数据值的符号。常量的格式取决于它所表示的值所对应数据类型。常量的命名规则参考本书 3.2.4 节中的介绍。常量可以分为以下几类：数字常量、字符串常量、日期时间常量和货币常量。

1. 数字常量

数字常量包括整数常量、定点数常量和浮点数常量。

整数常量是由没有用引号括起来，不包含小数点的数字字符串来表示。整型常量必须全部为数字，不能包含小数，如 200、-2958。

定点数常量是由没有用引号括起来，包含小数点的数字字符串来表示，如 2.0、199.5。

浮点型常量通常用科学计数法表示，根据表示的数据精度不一样分为 float 和 double 两种，如 25.8E4、0.5E-2。

2. 字符串常量

字符串常量包括一般的字符串常量和 Unicode 字符串两大类。

（1）字符串常量

字符串常量表示特定的一串字符，在使用时需要用单引号将其括起来，如'你好'和'database'。如果字符串本身要包含单引号，则需要用两个单引号表示，如'He say："Hello!"'。

在字符串中可以包含字母和数字字符（A~Z、a~z 和 0~9）以及特殊的字符，如 at 字符（@）、感叹号（！）、货币符号（$）和数据号（#）等。

（2）Unicode 字符串

Unicode 字符串也是字符串的一种表示形式。它的格式与普通的字符串基本类似，二者的不同之处在于在使用 Unicode 字符串时，需要在字符前加上一个 N 标识符（N 必须为大写），例如，N'Hello'、N'计算机'。

3. 日期时间常量

使用特定格式的日期值字符来表示日期和时间常量，在使用时用单引号引起来。在 SQL Server 2012 中系统可以识别多种格式的日期时间常量。相关示例如下。

```
'2017-01-01'              /*数字日期格式*/
'3/12/2009'               /*数字日期格式*/
'2017-10-10 08:40:30'     /*日期时间格式*/
```

4. 货币常量

货币常量代表货币的多少，通常采用整型或者实型等数字常量加上"$"前缀构成，相关示例如下。

```
$1234.56
-$200
```

9.1.2 变量

顾名思义，变量是指在 SQL 程序的执行过程中取值可以发生改变的量，变量不但可以保存查询之后的结果，也可以作为中间变量在查询语句中使用，还可以将某个或多个变量的值插入数据库表中。

根据变量的生命周期，变量可以分为全局变量和局部变量两种。

变量的命名同样需要符合标识符的命名规则。

1. 全局变量

全局变量是由系统提供并且预先声明的变量，不需要在程序中专门声明。系统会依据当前的系统运行环境和系统状况对全局变量进行赋值。用户程序不能自行去修改全局变量的值。但全局变量可以被任何批处理程序、存储过程和函数读取，在查询分析器中读取全局变量的方法和读取局部变量的方法一样。

注意	引用全局变量时，必须以"@@"符号开头。

SQL Server 2012 中包含的全局变量及其含义如下。

（1）@@CONNECTION：无论连接成功与否，都会返回 SQL SERVER 2012 自上次启动以来尝试的连接次数。

（2）@@CPU_BUSY：返回 SQL Server 2012 自上次启动后的工作时间，其结果以 CPU 时间增量或"滴答数"表示，其值为所有 CPU 时间的累积，因此可能会超出实际占用的时间，其乘以 @@TIMETICKS 即可转换为微秒。

（3）@@CURSOR_ROWS：返回连接上打开的上一个游标中的当前设定行的数目。可以调用 @@CURSOR_ROWS 来确定当此全局变量被调用时检索了游标符合条件的行数。

（4）@@DATEFIRST：针对会话返回 SET DATEFIRST 的当前值。

（5）@@DBTS：返回当前数据库的当前 TIMESTAMP 数据类型的值，这一时间戳值在数据库中必须是唯一的。

（6）@@ERROR：返回执行的上一个 T-SQL 语句的错误号。

（7）@@FETCH_STATUS：返回针对当前连接打开的任何游标，发出的上一条游标 FETCH 语句的状态。

（8）@@IDENTITY：返回插入表中的 IDENTITY 列的最后一个值。

（9）@@IDLE：返回 SQL Server 2012 自上次启动后的空闲时间。

（10）@@IO_BUSY：返回 SQL Server 2012 最近一次启动以来，已经用于执行输入和输出操作的时间。

（11）@@LANGID：返回 SQL Server 2012 当前使用的语言的本地语言标识符。

（12）@@LANGUAGE：返回 SQL Server 2012 当前语言所用的名称。

（13）@@LOCK_TIMEOUT：返回 SQL Server 2012 当前会话的当前锁定超时设置（毫秒）。

（14）@@MAX_CONNECTIONS：返回 SQL Server 2012 实例允许同时进行的最大用户连接数，返回的数值不一定是当前配置的数值。

（15）@@MAX_PRECISION：按照 SQL Server 2012 服务器中的当前设置，返回 DECIMAL 和 NUMERIC 数据类型所用的精度级别，默认最大精度返回 38。

（16）@@NESTLEVEL：返回对本地服务器上执行的当前存储过程的嵌套级别（初始值为 0）。

（17）@@OPTIONS：返回有关当前 SET 选项的信息。

（18）@@PAK_RECEIVED：返回 SQL Server 2012 自上次启动后从网络读取的输入数据包数。

（19）@@PACK_SENT：返回 SQL Server 2012 自上次启动后写入网络的输出数据包数。

（20）@@PACKET_ERRORS：返回自上次启动 SQL Server 2012 后，在 SQL 连接上发生的网络数据包错误数。

（21）@@ROWCOUNT：返回上一次语句影响的行数。

（22）@@PROCID：返回 T-SQL 当前模块的对象表示服（ID），模块可以试存储过程、用户定义函数或触发器，不能在 CLR 模块或者进出内数据访问接口中指定 @@PROCID。

（23）@@SERVERNAME：返回运行 SQL Server 2012 的本地服务器的名称。

（24）@@SERVICENAME：返回 SQL Server 2012 正在其下运行的注册表项名称。若当前实例为默认实例，则返回 MSSQL Server，若当前实例为命名实例，则返回实例名。

（25）@@SPID：返回当前用户进程的回话 ID。

（26）@@TEXTSIZE：返回 SET 语句的 TEXTSIZE 选项的当前值。它指定 SELECT 语句返回的 TEXT 或 IMAGE 数据类型的最大长度，单位为字节。

（27）@@TIMETICKS：返回每个时钟周期的微秒数。

（28）@@TOTAL_ERRORS：返回自上次启动 SQL Server 2012 之后，SQL 所遇到的磁盘写入错误数。

（29）@@TOTAL_READ：返回 SQL Server 2012 自上次启动之后，由 SQL 读取（非缓存读取）的磁盘的数目。

（30）@@TOTAL_WRITE：返回自上次启动 SQL Server 2012 以来，由 SQL 所执行的磁盘写入数。

（31）@@TRANCOUNT：返回当前连接的活动事务数。

（32）@@VERSION：返回当前安装 SQL Server 2012 的日期、版本和处理器类型。

2. 局部变量

局部变量用于保存指定类型的单个数据值，其作用范围仅限于程序内部。

（1）局部变量的声明

定义局部变量的语法格式如下。

```
DECLARE @<变量名><数据类型>[,…]
```

如果要声明多个局部变量，则变量和变量之间要用逗号进行分割。相关示例如下。

```
DECLARE @Counter INTEGER, @Name CHAR(10)
```

局部变量的生存期从被声明的地方开始，到声明它的批处理、存储过程或函数执行完成结束。

（2）局部变量的赋值

DECLARE 命令声明并创建局部变量后，会将其值初始化为 NULL。如果要设置该局部变量的值，则必须使用 SELECT 命令或 SET 命令，相关语法结构如下。

```
SET @<变量名>=<表达式>
```

或者

```
SELECT @<变量名>=<表达式>
```

（3）局部变量的输出

创建完局部变量后，如果用户想在客户端窗口查看局部变量的具体值，则可以通过 SQL Server 2012 提供的 PRINT 语句来实现。

当数据库服务器运行到 PRINT 语句时，用户在查询分析器的消息窗口中将能看到从数据库服务器返回的 PRINT 指定的消息。该消息可以是一个表达式，其中允许包含常量、变量和函数等，其一般格式如下。

```
PRINT 表达式
```

9.1.3　运算符和表达式

1. 运算符

运算符指的是一大类符号，用于说明在一个或者多个表达式中执行的具体操作。在 SQL Server 2012 中所使用的运算符包括 7 类：算术运算符、赋值运算符、位运算符、字符串连接运算符、比较运算符、逻辑运算符和一元运算符。

（1）算术运算符

算术运算符主要用于进行数学运算，包括：加（+）、减（-）、乘（*）、除（/）、求余（%）。如果一个表达式中包括多个运算符，计算时要有先后顺序。乘、除和求余的优先级高于加和减。

如果表达式中的所有运算符都具有相同的优先级，则执行顺序为从左到右；如果各个运算符的优先级不同，则先乘、除和求余，然后再加、减。

（2）赋值运算符

等号（=）是唯一的赋值运算符。可以将变量和常量的值赋给变量。在具体赋值的过程中，用户要注意赋值符号两边的量的数据类型要一致或者可以相互转换。

（3）按位运算符

按位运算符主要用于对两个整数数据类型的任何类别的数据进行按位运算，包括&（位与）、~（位非）、|（位或）、^（位异或），其中，~（位非）还可以用于 bit 数据。

（4）字符串连接运算符

加号（+）为唯一的字符串连接运算符，可以将两个或者多个字符串连接成一个字符串。例如，SELECT '13'+'14'语句的结果是'1314'。

（5）比较运算符

比较运算符主要用于比较两个表达式的大小。比较的结果为逻辑值：TRUE、FALSE 或UNKNOWN。

比较运算符可以用于所有类型的表达式，除了 text、ntext 和 image 数据类型的表达式。

比较运算符包括等于（=）、大于（>）、小于（<）、大于等于（>=）、小于等于（<=）、不等于（<>或者 !=）、不小于（!<）和不大于（!>）。

由比较运算符连接的表达式多用于条件语句（如 IF 语句）的判断表达式或 WHERE 子句中。

（6）逻辑运算符

逻辑运算符的运算结果为 TRUE 或者 FALSE。常用的逻辑运算符如下。

① AND：如果两个操作数的值为 TRUE，则结果为 TRUE。

② OR：如果两个操作数任何一个为 TRUE，则结果为 TRUE。

③ NOT：如果操作数的值为 TRUE，则结果为 FALSE；如果操作数的值是 FALSE，则结果为TRUE。

④ ALL：如果每个操作数的值都是 TRUE，则结果为 TRUE。

⑤ ANY：任意一个操作数的值为 TRUE，则结果为 TRUE。

⑥ BETWEEN：如果操作数在指定的范围内，则结果为 TRUE。

⑦ EXISTS：如果子查询的结果包含一些行，则结果为 TRUE。

⑧ IN：如果操作数在一系列数中，则结果为 TRUE。

⑨ LIKE：如果操作数在某些字符串中，则结果为 TRUE。

⑩ SOME：如果操作数在某些值中，则结果为 TRUE。

（7）一元运算符

一元运算符是只对一个操作数或者表达式进行运算操作。该操作数或者表达式的结果可以是数字数据类型中的任意一种。

一元运算符包括 3 个：+（表示该数值为正值），-（表示该数值为负），~（返回数值的补数）。

2．表达式

表达式是操作数与运算符的组合。SQL Server 2012 可以对表达式进行求值以获得单个结果。简单的表达式可以是一个常量、变量、列或标量函数。可以用运算符将两个或更多的简单表达式连接起来形成复杂表达式。

根据连接表达式的运算符进行分类，可以将表达式分为算术表达式、比较表达式、逻辑表达式、按位表达式和混合表达式等；根据表达式的作用进行分类，可以将表达式分为字段名表达式、目标表达式和条件表达式。

（1）字段名表达式

字段名表达式可以是单一的字段名或几个字段的组合，还可以是由字段、作用于字段的集合函数和常量的任意算术运算组成的运算表达式。

主要包括数值表达式、字符表达式、逻辑表达式和日期表达式 4 种。

（2）目标表达式

目标表达式有 4 种构成方式。

① *：表示选择相应基表和视图的所有字段。

② <表名>.：表示选择指定的基表和视图的所有字段。

③ 集函数()：表示在相应的表中按集函数操作和运算。

④ [<表名>.]字段名表达式[,[<表名>.]<字段名表达式>]…：表示按字段名表达式在多个指定的表中选择。

（3）条件表达式

常用的条件表达式包括以下 6 种。

① 比较大小：用比较运算符构成表达式。

② （NOT）BETWEEN…AND：运算符查找字段值在（不在）指定范围内的记录。

③ （NOT）IN：查询字段值属于（不属于）指定集合内的记录。

④ （NOT）LIKE：查找字段值满足匹配字符串中指定的匹配条件的记录。匹配字符串可以是一个完整的字符串，也可以包含通配符 "_" 和 "%"，"_" 表示任意单个字符，"%" 表示任意长度的字符串。

⑤ IS（NOT）NULL：查找字段值（不）为空的记录。

⑥ AND 和 OR：AND 表达式用来查找字段值同时满足 AND 相连接的查询条件的记录；OR 表达式用来查询字段值满足 OR 连接的查询条件中的任意一个的记录。AND 运算符的优先级高于 OR 运算符。

9.1.4　流程控制语句

SQL Server 2012 中提供了丰富的流程控制语句。所谓流程控制语句是指那些用来控制程序执行和流程分支的语句。

用来编写流程控制模块的语句主要包括：BEGIN…END 语句、IF…ELSE 语句、CASE 语句、WHILE 语句、RETURN 语句、GOTO 语句、BREAK 语句、CONTINUE 语句和 WAITFOR 语句。

1．BEGIN…END 语句

BEGIN…END 语句是多条 T-SQL 语句组成的代码段，从而可以执行一组 T-SQL 语句。

BEGIN 和 END 是控制流语言的关键字。BEGIN…END 语句块往往包含在其他控制流程中，用来完成不同流程中存在差异的代码功能。

2. IF…ELSE 语句

IF…ELSE 语句用于在执行一组代码之前进行条件判断。依据判断的结果执行不同的代码。在条件表达式为真时，执行第一个语句块，否则，执行第二个语句块，若不存在 ELSE，则程序继续执行下一语句。

IF 语句的格式如下。

```
IF  <条件表达式>
BEGIN
<语句> […n]
END
[ELSE
BEGIN
<语句>[…n ]
END ]
```

若 IF 和 ELSE 后只有一个语句，则可以省略 BEGIN 和 END。IF 语句可以根据实际需要进行嵌套，即在语句块中可以包含 IF 语句，理论上嵌套层数没有限制。

3. CASE 语句

CASE 语句是多条件分支语句，相比 IF…ELSE 语句，CASE 语句进行分支流程控制可以使代码更加清晰，易于理解。CASE 语句根据表达式逻辑值的真假来决定执行的代码流程。

CASE 语句的格式如下。

```
CASE  <输入表达式>
     WHEN <条件表达式> THEN <结果表达式> […n ]
     [ ELSE <ELSE 结果表达式> ]
END
```

4. WHILE 语句

循环语句的格式如下。

```
WHILE  <条件表达式>
BEGIN
<语句> […n]
[BREAK]
[CONTINUE]
<语句>[…n ]
END]
```

WHILE 语句根据条件重复执行一条或多条 T-SQL 代码。当条件表达式的值为真，执行 BEGIN 和 END 之间的语句块。执行一次后，再次判断条件表达式是否为真，若为真，则重复执行语句块，直到条件表达式为假，跳出循环，执行下一条语句。

在执行循环体时，如果遇见 BREAK 语句，直接跳出循环体，执行循环语句后的语句；如果遇见 CONTINUE 语句，则跳过该语句后面的语句，直接进入条件判断，若为真，则继续进入下一循环，否则，退出循环。

循环语句可以嵌套，也可以包含 IF 语句。

5. RETURN 语句

RETURN 语句主要用于结束当前正在执行的程序，返回调用它的程序或其他程序，其语法格式如下。

```
RETURN  [表达式]
```

 注意 程序执行到 RETURN 语句后，程序结束，RETURN 后的程序语句不被执行。

若包含表达式，则通常在函数中使用，表示该函数返回该表达式值；若在存储过程中使用，则表达式值必须为整型，且不能返回空值。

在系统存储过程中，返回 0 值表示成功，返回非 0 值则表示失败。

6. GOTO 语句

GOTO 语句将执行流无条件跳转到标签处，并从标签位置继续执行。GOTO 语句和标签可以在过程、批处理或语句块中的任何位置使用。

7. BREAK 语句

BREAK 语句一般都出现在 WHILE 语句的循环体内，作为 WHILE 语句的子句。在循环体内使用 BREAK 语句，会使程序提前跳出循环。

8. CONTINUE 语句

CONTINUE 和 BREAK 语句一样，一般都出现在 WHILE 语句的循环体内，作为 WHILE 语句的子句。在循环体内使用 CONTINUE 语句，结束本次循环，重新转到下一次循环。

9. WAITFOR 语句

WAITFOR 语句称为延迟语句，用于设定在达到指定时间或时间间隔之前，或者指定语句至少修改或者返回一行之前，阻止执行批处理、存储过程或者事务，其语法格式如下。

```
WAITFOR
{
DELAY '等待的时间段'|
TIME '要等到的时间'
}
```

9.2 函数

函数是用于封装经常执行的逻辑的子例程。函数的处理结果称为"返回值"，处理过程称为"函数体"。

与其他编程语言一样，SQL Server 提供了很多系统标准函数，用户可以直接调用它们方便地实现各种运算和操作，而且允许用户自定义函数。

9.2.1 系统标准函数

SQL Server 2012 中提供了一系列的各类标准函数，用户借助这些函数可以解决许多实际中遇到的问题。常用的函数有日期类函数、字符类函数及类型转换函数三大类。

1. 日期类函数

（1）GETDATE()：返回当前系统的日期和时间。

（2）YEAR(date)：返回参数 date 对应的年份，相应的有 MONTH(date)、DAY(date)分别返回指定日期的月份和日。

（3）DATEDIFF(datepart,startdate,enddate)：返回开始日期 startdate 到结束日期 enddate 之间的 datepart（年、月、日、周等）指定的时间单位的个数。

（4）DATEADD(datepart,number,date)：返回 date 指定日期加或减 number 个 datepart 指定的日期或时间周期后的日期。

（5）DATEPART(datepart,date)：获取 date 对应的年份、月份、星期信息等。datepart 为 WEEKDAY 时，返回 1~7，分别对应周日到周六。

2. 字符类函数

（1）LEFT(character_expression,integer_expression)：返回 character_expression 字符串最左边由 integer_expression 指定长度的子串。相应有 RIGHT(character_expression,integer_expression)。

（2）REPLACE(string_expression1, string_expression2, string_expression3)：用字符串 string_expression3 替换字符串 string_expression1 中出现的 string_expression2。

（3）CHARINDEX(expression1，expression2[,start_location])：从 expression2 表达式的 start_location 位置处开始搜索 expression1 表示的字符串，找到则返回子字符串的位置，否则返回 0。

（4）SUBSTRING(expression,start,len)：获取 expression 从 start 开始长度为 len 的子串。

（5）LEN(string_expression)：获取 string_expression 字符串的长度。

（6）REPLICATE(character_expression,integer_expression)：把 integer_expression 个 character_expression 参数表示的字符串连接起来。

（7）LTRIM/RTRIM(character_expression)：去掉 character_expression 参数表示的字符串中左/右边的全部空格后返回。

3. 类型转换函数和其他函数

（1）CONVERT(date_type[(length)],expression[,style])：把 expression 表达式转换为第一个参数指定的数据类型。若是日期型表达式转换为字符串，则 Style 为转换成字符串后的日期格式。关于 Style 的取值可以查阅 SQL Server 2012 的 HELP。

（2）STR(float_type[,length[,decimal]])：把数字表达 flaot_type 转换为字符串，总长度为 length（包括小数点），小数长度为 decimal。

（3）POWER(numeric_expression ,y)：返回 numeric_expression 的 y 次方。

（4）ISNULL(check_expression,replacement_value)：若 check_expression 为空，则返回 replacement_value，否则，返回 check_expression。两个参数类型必须一致。

9.2.2 自定义函数

数据库用户可以根据自身的需要自主使用 SQL Server 2012 提供的标准函数实现某种功能。此外，用户可以根据自身的需要在数据库中创建自定义的函数。

根据用户自行定义函数返回的值不一样，自定义函数可以分为两大类：标量函数和表值函数。

标量函数用于返回一个确定类型的标量值。返回类型可以是除 TEX、TNTEXT、IMAGE、CURSOR 和 TIMESTAMP 外的任何数据类型。

表值函数的返回值是一个表，即其返回类型是 TABLE 类型。

1. 创建标量函数

创建标量函数的语法结构如下。

```
CREATE FUNCTION 函数名
([{@参数名 参数类型[=默认值] }[,…n] ])
RETURN 返回类型
[WITH  <函数选项>]
[AS]
BEGIN
函数体（其中必须包括 RETURN 语句）
END
```

【说明】

（1）函数选项可以包括 ENCRYPTION 和 SCHEMABINDING，可选其一或全选，之间用","分隔。

（2）如果指出了 ENCRYPTION 参数，则创建的函数是被加密的，函数定义的文本将以不可读的形式存储在 syscomments 表中，任何人使用任何工具都无法看到该函数的定义，包括函数的创建者和系统管理员。

（3）如果指定了 SCHEMABINDING 参数，则其作用是将函数绑定到它所引用的数据库对象，即该函数不能更改或除去所引用的数据库对象。该选项可避免由于删除或修改了函数所引用的数据库对象，而使函数无法正常运行。

函数一旦建立，就永久存在，除非使用 DROP FUNCTION 语句显式删除。

同一个函数不能重复创建，必须先删除，然后重新创建。

如果用户是以 sa 用户名登录数据库，则其创建的所有对象包括函数都属于一个特定的数据库用户 dbo，在引用其中的函数时必须在函数名前加 "dbo."。

【例 9-1】创建名为"通过编号获得读者姓名"的标量函数。该函数根据指定的"读者编号"，返回该读者的姓名信息。

```
USE 图书馆
GO
CREATE  FUNCTION  通过编号获得读者姓名(@readid varchar(30))
RETURNS  VARCHAR(10)
AS
BEGIN
    DECLARE @readName VARCHAR(10)
    SET  @readName =
    (SELECT 读者姓名
     FROM 读者信息表
    WHERE 读者编号 = @readid)
    RETURN @readName
END
```

2. 创建表值函数

表值函数又可以具体分为单语句表值函数和多语句表值函数两种。

（1）单语句表值函数

单语句表值函数对应单个 SELECT 查询语句。这与视图有些类似，但是，单语句表值函数可以包含参数。

创建单语句表值函数的语句如下。

```
CREATE FUNCTION 函数名
    （[{@参数名 参数类型[=默认值] }][,…n] ]）
RETURNS  TABLE
[WITH  <函数选项>]
[AS]
RETURN  [查询语句]
```

该函数将返回执行查询语句后的结果集。

可以使用下列语句获得结果。

```
SELECT * FROM 函数名（参数表）
```

【例 9-2】创建名为"通过性别获得读者信息"的单语句表值函数。该函数根据读者的性别信息，返回某类读者（男性或女性）的姓名、年龄和电话号码信息。

```
USE 图书馆
GO
CREATE FUNCTION 通过性别获得读者信息 (@sex VARCHAR(2))
RETURNS  TABLE
AS
RETURN
(SELECT 读者姓名，年龄,电话号码
  FROM 读者信息表
  WHERE 性别 = @sex
)
```

（2）多语句表值函数

多语句表值函数可以看作标量函数和表值函数的结合体。它的返回值也是一个表，但和标量函数一样，有一个用 BEGIN END 语句块包含起来的函数体。返回的表中具体包含的数据是通过函数体中的语句插入的。

多语句表值函数的格式如下。

```
CREATE FUNCTION 函数名
    （[{@参数名 参数类型[=默认值] }][,…n] ]）
  RETURNS  @表变量名 TABLE<表定义>
[WITH  <函数选项>]
[AS]
BEGIN
函数体
END
```

函数体内可以放多条语句，该程序完成获取最终需要的数据，并把它插入或更新到"@表变量名"表示的表中。在执行 RETURNS 语句时，该表数据将作为函数的结果返回。

9.2.3 删除函数

1. 使用 SSMS 删除自定义函数

（1）启动 SSMS，在左边的【对象资源管理器】窗口单击【+】依次展开【数据库】→【图书馆】

→【可编程性】→【函数】，选择要删除的函数，单击鼠标右键，在弹出快捷菜单中选择【删除】，如图 9.1 所示。

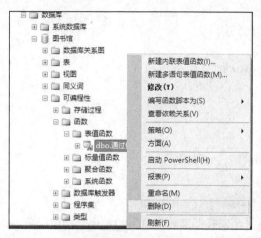

图 9.1　删除自定义函数命令

（2）打开【删除对象】窗口，单击【确定】按钮，即可完成自定义函数的删除操作。

 注意　本方法一次只能删除一个自定义函数。

2. 使用 DROP 语句删除自定义函数

```
DROP FUNCTION {[SCHEAM_NAME.]FUNCTION_NAME} [,…N]
```

【说明】

（1）SCHEAM_NAME：用于指定用户定义函数所属架构的名称，此项为可选项，可以给出，也可以不给出。

（2）FUNCTION_NAME：要删除的用户自定义函数的名称。

【例 9-3】删除前面定义的名为"通过性别获得读者信息"的表值函数 。

具体执行语句如下。

```
DROP  FUNCTION 通过性别获得读者信息
```

9.3　存储过程

存储过程其实就是能够完成特定功能的一条或一组 SQL 语句的集合。存储过程经过编译后实际存储在数据库中。一旦存储过程被创建，就可被其他存储过程或函数调用。存储过程应当有名称、参数及返回值，并且可以被嵌套调用。

存储过程的作用类似于 C 语言中所说的自定义函数。通常将经常执行的任务或者复杂的业务规则用 SQL 语句写好并保存为存储过程，当用户需要数据库提供与该存储过程的功能相同的服务时，只需要使用 EXECUTE 命令，即可调用存储过程完成命令。

利用存储过程可以加快查询的速度，提高访问数据的速度，能够简化日常的数据管理操作，保持数据的一致性和安全性。存储过程只在创建时进行编译，以后每次执行都无需重新编译。而一般的 SQL 语句每执行一次就编译一次，因此使用存储过程可以大大提高数据库执行速度。

存储过程具有如下优点。

（1）存储过程给用户提供了一种进行模块化程序设计的方法，大大提高了用户设计程序的效率。例如，存储过程创建之后，用户可以在一个程序中任意调用。

（2）存储过程可以加快系统运行速度，只需在创建时编译，具体每次执行时无需重新编译。

（3）存储过程可以简化复杂的数据库操作，简化操作流程。

（4）存储过程可以提高应用程序的安全性，可以防止 SQL 嵌入式攻击。如果仅仅使用 T-SQL 语句，将不能有效地防止 SQL 嵌入式攻击。

（5）存储过程可以大大减少网络通信流量。存储过程存放在数据库中，可以通过将多条 T-SQL 语句的执行命令写成一条执行存储过程的命令。这时在客户机和服务器之间进行传输就会大大节省时间并降低网络流量。

9.3.1　存储过程的分类

在 Microsoft SQL Server 2012 中，主要提供了 3 种类型的存储过程：系统存储过程、用户自定义存储过程和扩展存储过程。

1. 系统存储过程

系统存储过程是指 Microsoft SQL Server 2012 自身提供的用来完成许多管理活动中的特殊存储过程。系统存储过程主要用于完成数据库服务器的管理工作。

Microsoft SQL Server 2012 安装成功后，所有的系统存储过程以 "sp_" 为前缀存储在数据库服务器的 master 系统数据库中，系统存储过程主要是从系统表中获取信息，从而为数据库系统管理员管理 SQL Server 提供支持。

通过系统存储过程，SQL Server 中的许多管理性或信息性的活动（如获取数据库和数据库对象的信息）都可以被顺利有效地完成。

2. 用户自定义存储过程

用户自定义存储过程是使用频率最高的一类存储过程，由用户自行使用 T-SQL 创建，能完成某一特定功能，是可重用的 SQL 语句模块。

用户自定义存储过程可以完成用户 SQL 语句中指定的数据库操作，其名称不能以 "sp_" 为前缀，只能在当前数据库创建。

在 Microsoft SQL Server 2012 系统中，用户自定义的存储过程分为两种类型：T-SQL 存储过程和 CLR（Common Language Runtime，公共语言运行时）存储过程。

① T-SQL 存储过程是指保存了 Transact-SQL 语句的集合，可以接收和返回用户提供的参数。

② CLR 存储过程是指对 Microsoft .NET Framework 公共语言运行时方法（CLR）的引用，可以接收用户提供的参数并返回结果。

之后将讨论自定义存储过程的定义及使用方法。

3. 扩展存储过程

扩展存储过程是指使用某一种编程语言（如 C 语言）创建的外部例程，是一种可以在 Microsoft

SQL Server 实例中动态加载和运行的 DLL。

一般来说，扩展存储过程都是以前缀"xp_"进行标识，主要用来调用操作系统提供的功能。对于一般用户来说，使用扩展存储过程和使用普通存储过程的方法是一样的。

9.3.2　用户自定义存储过程的定义、调用与管理

Microsoft SQL Server 2012 系统给用户提供了两种创建存储过程的方法：一是使用 SQL Server Management Studio（SSMS）；二是使用 T-SQL 中的 CREATE PROCEDURE 语句进行创建。本节将分别说明如何使用这两种方式来定义、调用和管理用户自定义的存储过程。

1. 存储过程的定义

（1）使用 CREATE PROCEDURE 语句创建存储过程

CREATE PROCEDURE 创建存储过程的语法如下。

```
CREATE PROCEDURE 存储过程名
 [{@参数名 参数类型[=默认值] }[OUTPUT]][,…n]
[WITH {RECOMPLE| ENCRIPTION| RECOMPLE, ENCRIPTION}]
AS
SQL 语句[,…n]
```

【说明】

① OUTPUT：该参数在存储过程退出后，其值将返回调用程序，以便在调用该存储过程的程序中获得并使用该参数值。对 OUTPUT 参数，在调用存储过程时也要使用关键字 OUTPUT。

② RECOMPLE：利用该关键字创建的存储过程在每次运行时都将被重新编译。这会大大降低存储过程的执行速度。

③ ENCRIPTION：用于加密存储过程的定义文本。

④ SQL 语句：表示存储过程中定义的编程语句。

【例 9-4】在图书馆数据库中新建一个名为"无电话号码"的存储过程，返回读者信息表中所有电话号码为空的读者的信息。

具体命令如下。

```
USE 图书馆
GO
CREATE PROCEDURE dbo.无电话号码
AS
SELECT * FROM 读者信息表
WHERE 电话号码 IS NULL
GO
```

用户创建存储过程时的注意事项如下。

① 所有的数据库对象均可在存储过程中创建。可以在一个存储过程的定义中引用在同一存储过程中创建的对象，前提是在引用时已经创建了该对象。

② 可以在存储过程内引用临时表。

③ 如果在当前执行的存储过程调用另一个存储过程，则被调用的存储过程可以访问由第一个存储过程创建的所有对象，包括临时表在内。

④ 存储过程中的局部变量的最大数目仅受可用内存的限制。

⑤ 根据可用内存的不同，存储过程最大可达 128MB。

⑥ 存储过程中参数的最大数目为 2 100。

⑦ 如果在存储过程中创建本地临时表，则该临时表仅在本存储过程中存在，退出当前存储过程后临时表将消失。

⑧ 不要以"sp_"为前缀创建任何自定义存储过程。"sp_"前缀是 SQL Server 2012 中专门用来命名系统存储过程的，使用这样的名称可能会与以后的某些系统存储过程发生冲突。

（2）利用 SSMS 创建存储过程

利用 SSMS 中创建例 9-4 中的存储过程。具体步骤如下。

① 启动 SQL Server Management Studio，在【对象资源管理器】窗口展开【数据库】→【图书馆】→【可编程性】→【存储过程】节点，鼠标右键单击【存储过程】，从弹出快捷菜单中选择【新建存储过程】，如图 9.2 所示。

② 在 SSMS 界面右侧将出现如图 9.3 所示的存储过程编辑区。这里有创建存储过程的代码模板，用户可以根据自身的需求修改存储过程的名称。在 Begin…End 代码块中添加需要的 SQL 语句即可。

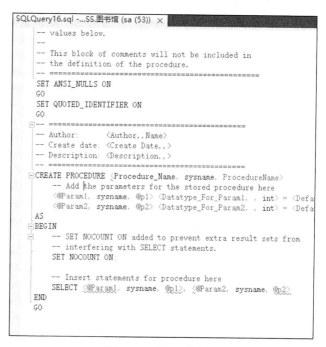

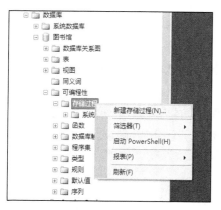

图 9.2　【新建存储过程】选项

图 9.3　存储过程编辑区

③ 将例 9-4 中的示例代码写入编辑区。如图 9.4 所示。

（3）创建带输入参数的存储过程

在具体的数据库应用系统时，有时需要根据用户的输入条件得出相应的查询结果。此时，用户输入的条件被作为参数传给存储过程。

用户创建带输入参数的存储过程时，声明输入参数，需要指定参数的参数名、参数类型、数据长度和参数值。

```
-- =============================================
SET ANSI_NULLS ON
GO
SET QUOTED_IDENTIFIER ON
GO
-- =============================================
-- Author:      <Author,,Name>
-- Create date: <Create Date,,>
-- Description: <Description,,>
-- =============================================
USE 图书馆
GO
CREATE PROCEDURE dbo.无电话号码
AS
SELECT * FROM 读者信息表
WHERE 电话号码IS NULL
GO
```

图 9.4　编写存储过程代码

使用参数名传递参数值的存储过程的语法格式如下。

```
CREATE PROCEDURE 存储过程名 @参数名 参数类型（数据长度）
AS
SQL 语句
```

【例 9-5】创建一个名为"读者"的存储过程，在图书馆数据库的读者信息表中以"读者姓名"为参数查找某个读者的基本信息。

参考代码如下。

```
USE 图书馆
GO
CREATE PROCEDURE 读者 @读者名 varchar(10)
AS
SELECT *
FROM 读者信息表
WHERE 读者姓名 LIKE @读者名
GO
```

（4）创建带输出参数的存储过程

通过在创建存储过程的语句中定义输出参数，可以创建带输出参数的存储过程。执行该存储过程，可以返回一个或多个值。

【例 9-6】在图书馆数据库中，创建一个名为"年龄段人数统计"的存储过程，要求实现返回年龄在@p1 和@p3 之间的读者人数，其中，@p1 和@p3 是输入参数，用于指定年龄段。

```
CREATE PROCEDURE dbo.年龄段人数统计
@p1 int,
@p2 int OUTPUT,
@p3 int
AS
BEGIN
SELECT @p2=COUNT(*) FROM 读者信息表 WHERE 年龄 BETWEEN @p1 AND @p3
END
```

2. 调用存储过程

存储过程有多种调用方法，可以使用 CALL 或 EXECUTE（或 EXEC）语句执行存储过程。调用时，用户在 CALL 或 EXECUTE（或 EXEC）后面输入存储过程名。如果存储过程带参数，则用户需给出参数值，参数值的顺序按照定义存储过程时的顺序给出，并用逗号分开，如果是字符串，要用引号括起来。

（1）调用无参数的存储过程

调用存储过程的语句如下。

```
[[EXEC|CALL [UTE]]]
{[@返回状态=]
{存储过程名}}][[@参数=]{值|@变量[OUTPUT]|[DEFAULT]}][,…n]
[WITH RECOMPLILE]
```

其中，WITH RECOMPLILE 的作用是在运行存储过程前对存储过程重新编译，若创建存储过程时已包含 RECOMPILE 选项，则此处不必选择此选项。

在 SQL Server Management Studio 中单击【新建查询】，在新建查询分析器中输入调用语句，单击【执行】，即可看到执行后的结果。

SQL Server 中存储过程调用时，参数必须为常数或变量，但不能是表达式。

当程序执行存储过程时，可通过存储过程的参数向该存储过程传递值。参数分为输入参数和输出参数。输入参数是指由调用程序向存储过程传递的参数。输入参数可以有默认值。执行存储过程时，用户应该向输入参数提供相应的值。输出参数用于调用存储过程后，返回结果。

例如，调用例 9-4 中定义的名为"无电话号码"的存储过程，返回读者信息表中所有电话号码为空的读者的信息。具体调用语句如下。

```
USE 图书馆
GO
EXEC 无电话号码
```

（2）调用带参数的存储过程

调用语句的格式如下。

```
EXEC 存储过程名 [@参数名=参数值][,…n]
```

如果参数全部是输入参数，则用户需按照存储过程定义时的顺序依次给出每个参数，参数和参数之间用逗号隔开即可。

例如，调用例 9-5 中名为读者的存储过程，在图书馆数据库的读者信息表中查找姓"李"的读者信息，具体调用语句如下。

```
USE 图书馆
GO
EXEC 读者 '李%'
```

如果有输出参数，则用户需要在 EXEC 语句中通过 OUTPUT 关键字明确指出该参数是输出参数，然后通过 SELECT 语句输出结果。

例如，调用例 9-6 创建的名为"年龄段人数统计"的存储过程，返回年龄在 12～25 岁的读者人数，具体调用语句如下。

```
USE 图书馆
GO
DECLARE @result int
EXEC 年龄段人数统计 12,@result OUTPUT,25
PRINT '年龄在 12 和 25 岁之间的读者一共有'+Ltrim(@result)+'个'
```

3. 存储过程管理

（1）查看存储过程

存储过程被创建之后，其名字就存储在系统表 sysobjects 中。它的源代码存放在系统表

syscomments 中。可以使用 SSMS（SQL Server Management Studio，SQL Server 管理平台）或系统存储过程来查看用户创建的存储过程。

① 使用 SSMS 查看用户创建的存储过程。

在 SSMS 中，展开指定的服务器和数据库，选择并依次展开【可编程性】→【存储过程】，然后鼠标右键单击要查看的存储过程的名称，如【读者】，从弹出的快捷菜单中选择【编写存储过程脚本为】→【CREATE 到】→【新查询编辑器窗口】，如图 9.5 所示，则可以看到存储过程的源代码。如图 9.6 所示。

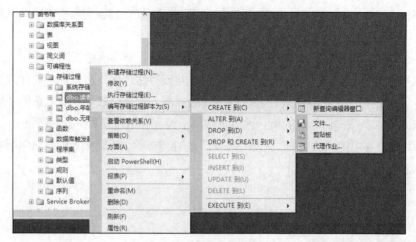

图 9.5　新建存储过程操作

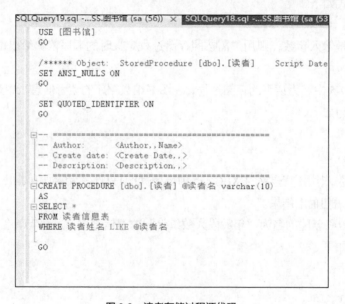

图 9.6　读者存储过程源代码

从图 9.5 弹出的快捷菜单中选择【查看依赖关系】选项，则会弹出【对象依赖关系】对话框，显示与选择的存储过程有依赖关系的其他数据库对象的名称，如图 9.7 所示。

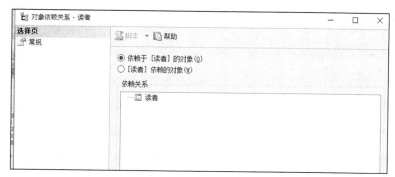

图 9.7　【对象依赖关系】窗口

② 使用系统存储过程查看用户创建的存储过程。

可供使用的系统存储过程及其语法形式如下。

a）sp_help：用于显示存储过程的参数及其数据类型，其语法如下，其中，参数 name 为要查看的存储过程的名称。

```
sp_help[[@objname=] name]
```

b）sp_helptext：用于显示存储过程的源代码，其语法如下，其中，参数 name 为要查看的存储过程的名称。

```
sp_helptext[[@objname=] name
```

c）sp_depends：用于显示和存储过程相关的数据库对象，其语法如下，其中，参数 object 为要查看依赖关系的存储过程的名称。

```
sp_depends[@objname=]'object'
```

d）sp_stored_procedures：用于返回当前数据库中的存储过程列表，其语法如下。

```
sp_stored_procedures[[@sp_name=]' name' ]
     [,[@sp_owner=]' owner' ]
     [,[@sp_qualifier=]' qualifier' ]
```

【说明】

- [@sp_name=]' name' 用于指定返回目录信息的过程名。
- [@sp_owner=]' owner' 用于指定过程所有者的名称。
- [@sp_qualifier=]' qualifier' 用于指定过程限定符的名称。

例如，分别使用以上 4 个系统存储过程查看例 9-4 中定义的名为"无电话号码"的存储过程，具体调用语句如下。

```
USE 图书馆
GO
EXEC sp_help 无电话号码
EXEC sp_helptext  无电话号码
EXEC sp_depends  无电话号码
EXEC sp_stored_procedures 无电话号码
```

（2）修改存储过程

存储过程可以依据用户的要求或基表定义的改变而发生改变。可以使用 ALTER PROCEDURE 语句修改数据库中已存在的存储过程。修改存储过程与删除和重建存储过程不同，可以保持存储过程的权限不发生变化。

修改存储过程的语法结构如下。

```
ALTER PROCEDURE procedure_name[;number]
  [{@parameter data_type}
[VARYING][=default][OUTPUT]][,…n]
    [WITH {RECOMPILE|ENCRYPTION|RECOMPILE,ENCRYPTION}]
    [FOR  REPLICATION]
  AS
  SQL 语句[1,…n]
```

【例 9-7】修改名为"读者"的存储过程，在图书馆数据库中，查询某个读者的读者编号、姓名和年龄。

```
USE 图书馆
GO
ALTER  PROCEDURE 读者 @r_name varchar(10)
AS
SELECT 读者编号,读者姓名,年龄
FROM 读者信息表
WHERE 读者姓名 LIKE @r_name
GO
```

也可以使用 SSMS 进行存储过程的修改。具体操作步骤如下。

① 展开 SSMS，依次展开【对象资源管理器】→【数据库】→【图书馆】→【存储过程】节点，鼠标右键单击该节点，弹出窗口中选择【修改】命令，如图 9.8 所示。

② 在 SSMS 右侧将出现该存储过程的编辑窗口，重新编写 SQL 语句，修改完成后，单击【执行】按钮，如果系统提示执行成功，重新保存即可。

（3）重命名存储过程

修改存储过程的名称可以使用系统存储过程 sp_rename，其语法形式如下。

```
sp_rename  <原存储过程名>,<新存储过程名>
```

【例 9-8】将存储过程"读者"重新命名为"读者信息"。

具体执行语句为：

```
USE 图书馆
GO
Exec sp_rename 读者,读者信息
```

类似的，也可以通过 SSMS 更改存储过程名称。在 SSMS 中，用鼠标右键单击要操作的存储过程名称，从弹出的快捷菜单中选择【重命名】选项，当存储过程名称变成可输入状态时，就可以直接修改该存储过程的名称了，如图 9.9 所示。

（4）删除存储过程

如果一个存储过程以后无需再使用，则可以将其删除。

删除存储过程有两种方法：一是通过 SSMS 删除存储过程；二是使用 T-SQL 语句中的 DROP 语句来完成删除操作。

① 使用 SSMS 删除存储过程。

在 SSMS 中，展开指定的服务器和数据库，选择并依次展开【可编程性】→【存储过程】，然后鼠标右键单击要删除的存储过程的名称，如【无电话号码】，然后从弹出的快捷菜单中选择【删除】。如图 9.10 所示。

打开【删除对象】窗口，单击【确定】按钮，即可完成存储过程的删除。

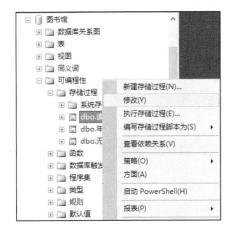

图 9.8　选择【修改】选项

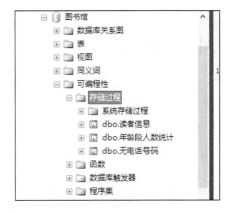

图 9.9　重命名存储过程

图 9.10　删除存储过程

 注意　该方法一次只能删除一个存储过程！

② 使用 DROP PROCEDURE 语句删除存储过程。

DROP PROCEDURE 语句的具体语法形如下。

```
DROP PROCEDURE PROCEDURE_NAME [,…n]
```

其中，n 表示可以指定多个过程的占位符。

DROP 语句可以一次将一个或多个存储过程从当前数据库中删除。

【例 9-9】删除图书馆数据库中的用户已经定义的名为"读者信息"的存储过程。

具体执行语句如下。

```
USE 图书馆
GO
DROP PROCEDURE 读者信息
```

9.4　触发器

触发器是一种特殊类型的存储过程。与存储过程的不同之处在于：触发器不是通过 EXEC 命令调用，而是在触发某个事件时被激活。

当对某一个表执行插入、更新、删除操作时，SQL Server 就会自动执行触发器所定义的 T-SQL 语句，从而确保对数据的处理必须符合由这些 T-SQL 语句所定义的规则。

9.4.1　触发器的定义

触发器是一种数据库基本表被修改时自动执行的存储过程，用来防止用户对数据库进行不正确或不一致的修改。

如果在触发器上定义了其他的条件，则触发器在执行前需要检查这些条件。如果不符合这些条件，则触发器不会被执行。因此，一个触发器要执行，除了要求定义激活触发器的操作，还要求触发器的附加条件必须成立。

9.4.2　触发器的作用

触发器主要用于实现由主键和外键所不能保证的、复杂的参照完整性和数据的一致性。除此之外，触发器还有如下功能。

（1）可以调用多个存储过程：为了及时响应数据库更新，触发器中的数据操作可以通过调用一个或多个存储过程，甚至可以通过调用外部过程完成相应操作。

（2）跟踪变化：触发器可以跟踪数据库内的操作，进而防止用户非法对数据库进行修改，保证数据库的安全性和运行的稳定性。

（3）可以强化数据条件约束：触发器能够实现比 CHECK 语句更为复杂的约束规则，更适合用来在大型数据库管理系统中保证数据的完整性。

（4）级联和并行运行：触发器可以敏锐检测数据库内的操作，并自动地级联影响整个数据库的相关数据内容。

9.4.3　触发器的类型

在 SQL Server 2012 中，主要有两种类型的触发器：DML 触发器和 DDL 触发器。

（1）DML 触发器是指触发器在数据库中发生了某些数据操纵语言（DML）事件时被执行。DML 事件指在表或视图中修改数据的插入、更新、删除语句。

根据 DML 触发器触发的方式不同又可以把 DML 触发器又分为两类：After 触发器和 Instead Of 触发器。

After 触发器是只有在记录已经改变，才会被激活执行的一类触发器。它主要用于记录变更后的处理或检查，一旦发现错误，可以用 Rollback Transaction 语句来撤销本次的操作。也就是说，After

触发器是在插入、更新、删除的操作之后执行。

Instead Of 触发器一般是用来取代原来的操作，在记录变更之前发生。它并不去执行原来 SQL 语句里的插入、更新或删除操作（Insert、Update、Delete），而去执行触发器本身所定义的操作。

（2）DDL 触发器是指当服务器或数据库中发生数据定义语言（DDL）事件时被执行的触发器。DDL 事件主要指数据库中表或索引中的创建、更新或删除语句。

9.4.4　DML 触发器

在 SQL Server 2012 中，在每个 DML 触发器执行的时候，系统会主动定义两个临时表：Inserted 表和 Deleted 表。这两个表的结构和触发器所对应的表结构是完全相同的。系统自动创建和管理这些表。触发器执行完成后，它们会被自动删除。可以使用这两个临时的驻留内存的表测试某些数据修改的效果，而不直接对数据库基本表中的数据进行更改。

在对具有触发器的表（触发器表）进行操作时，其操作过程如下。

（1）执行 INSERT（插入）操作，插入触发器对应表中的新数据行会被自动的插入 Inserted 表中。

（2）执行 DELETE（删除）操作，从触发器对应的基本表中删除的数据行会被自动插入 Deleted 表中。

（3）执行 UPDATE（更新）操作，先从触发器对应的基本表中删除旧的数据行，然后再插入新的数据新行，其中，被删除的旧行会被插入 Deleted 表中，插入的新行被插入 Inserted 表中。

1. DML 触发器的创建

创建一个 DML 触发器有两种方式：一是通过 T-SQL 语句创建触发器；二是通过 SSMS 进行创建。

无论采用何种方式创建触发器，用户在创建触发器时必须明确指出触发器的名称、在其上定义触发器的表、触发器何时会被激活、触发器被激活时执行的语句。只有表的拥有者即创建者才可以在表上创建触发器，一个表只能创建一定数量的触发器。

（1）使用 T-SQL 语句创建触发器

使用 CREATE TRIGGER 语句可以创建 DML 触发器，具体语法形式如下。

```
CREATE TRIGGER TRIGGER_NAME
ON {TABLE|VIEW}
{FOR|AFTER|INSTEAD OF}
{[INSERT][,][DELETE][,][UPDATE]}
AS
SQL 语句
```

【说明】

•　TRIGGER_NAME：要创建的触发器的名称，可以包含模式名。在当前数据库中，触发器名必须是唯一的。

•　TABLE|VIEW：在其上创建触发器的表或视图，有时也称为触发器表和触发器视图，可以选择是否指定表或视图的所有者名称。

•　FOR，AFTER，INSTEAD OF：用于指定触发器被触发的时机，其中，FOR 创建的也是 AFTER 触发器。

•　INSERT，UPDATE，DELETE：是指定在表或视图上执行哪些数据修改语句时将触发触发器的关键字。必须指定至少一个选项。在具体定义一个触发器时，允许使用这些关键字的任意顺序组合。如果指定的选项多于一个，需要用逗号分隔这些选项。

- SQL 语句：指定触发器被触发时所执行的 T-SQL 语句。

（2）使用 SSMS 创建触发器

相关步骤如下。

① 启动 SSMS，在【对象资源管理器】窗口中依次展开【数据库】→【图书馆】→【表】节点，选择【dbo.读者信息表】，将其展开，选择【触发器】，单击鼠标右键，在弹出菜单中选择【新建触发器】，如图 9.11 所示。

② 单击【新建触发器】，在 SSMS 的右侧就会出现触发器编辑区，如图 9.12 所示。

③ 在编辑区的对应位置编辑对应的 SQL 语句。编辑完成后，单击【执行】按钮，并保存。

图 9.11 选择触发器选项

图 9.12 触发器编辑区

2. DML 触发器的应用

（1）INSERT 触发器

INSERT 触发器常被用来更新时间标记字段，或者验证被触发器监控的字段中数据满足要求的标准，以确保数据的完整性。当向数据库中插入数据时，INSERT 触发器将被触发执行。INSERT 触发器被触发时，新的记录增加到触发器的对应表中，并且同时也添加到 inserted 表中。

【例 9-10】在图书馆数据库中创建一个 INSERT 触发器，要求在读者信息表中插入新记录时，触发该触发器，提示"新的读者记录已经被插入"。

具体执行语句如下。

```
USE 图书馆
GO
CREATE TRIGGER 插入新读者记录
ON 读者信息表
FOR INSERT
AS
```

```
BEGIN
PRINT '新的读者记录已经被插入。'
END
```

（2）UPDATE 触发器

UPDATE 触发器和 INSERT 触发器的工作过程大致相同，修改一条记录相当于是插入一条新的记录并删除一条旧的记录。

【例 9-11】在图书馆数据库中创建一个 UPDATE 触发器，要求：该触发器防止用户修改读者信息表中的"读者编号"。

具体执行语句如下。

```
USE 图书馆
GO
CREATE TRIGGER 修改读者编号
ON 读者信息表
FOR UPDATE
AS
IF UPDATE(读者编号)
BEGIN
RAISERROR('读者编号为系统自动生成,不能进行修改',10,1)
ROLLBACK  TRANSACTION
END
```

（3）DELETE 触发器

DELETE 触发器通常适用于两类情况。第一类是为了防止那些确实需要删除但会引起数据一致性问题的记录的删除。例如，在读者信息表中删除记录时，同时要删除和某个读者相关的其他信息表中的信息（例如该读者对应的借阅记录）。第二类主要是用于执行可删除主记录的级联删除操作。

【例 9-12】在图书馆数据库中创建一个 DELETE 触发器，要求：该触发器主要防止用户删除读者信息表中的数据，如果删除数据，则触发该触发器，并对删除的数据进行回滚。

具体执行语句如下。

```
USE 图书馆
GO
CREATE TRIGGER 删除读者信息
ON 读者信息表
FOR DELETE
AS
BEGIN
PRINT '不能删除读者信息表中数据'
ROLLBACK
END
GO
```

（4）嵌套触发器

在数据库中，如果一个触发器在执行某个操作时激活了另一个触发器，而被激活的触发器在执行时又激活下一个触发器，……，这些被激活的触发器就称为嵌套触发器。例如，在执行过程中，如果一个触发器修改某个表，而修改这个表已经有其他触发器，这时就要使用嵌套触发器。

9.4.5 DDL 触发器

与 DML 触发器类似，DDL 触发器也需要通过用户的操作才能被激活。顾名思义，DDL 触发器就是当用户对数据库对象进行创建、删除和修改的时候才会被触发。DDL 触发器的创建和管理过程与 DML 触发器类似。

只有触发 DDL 触发器的 DDL 语句运行后，DDL 触发器才会被激活。DDL 触发器不能作为 INSTEAD OF 触发器使用。仅在要响应由 Transact-SQL DDL 语法指定的 DDL 事件时，DDL 触发器才会被激活。

1. DDL 触发器的创建

使用 CREATE TRIGGER 命令创建 DDL 触发器的语法形式如下。

```
CREATE TRIGGER TRIGGER_NAME
ON { ALL SERVER | DATABASE }
[ WITH ENCRYPTION ]
{ FOR | AFTER } { EVENT_TYPE | EVENT_GROUP } [,…N ]
AS
SQL 语句
```

【说明】

- ALL SERVER：表示将 DDL 触发器的作用域应用于当前服务器。
- DATABASE：表示将 DDL 触发器的作用域应用于当前数据库。
- WITH ENCRYPTION：表示对 CREATE TRIGGER 语句的文本进行加密。
- EVENT_TYPE：执行之后将触发 DDL 触发器的 SQL 语言事件的名称。
- SQL 语句：该触发器被触发的条件以及触发器被触发后所执行的 SQL 操作。

2. DDL 触发器的应用

在响应当前数据库或服务器中处理的 Transact-SQL 事件时，可以激活 DDL 触发器。具体一个触发器的作用域取决于所对应的事件。

当数据库中发生 CREATE TABLE 事件时，会激活为响应 CREATE TABLE 事件创建的 DDL 触发器；当服务器中发生 CREATE LOGIN 事件时，则会激活为响应 CREATE LOGIN 事件创建的 DDL 触发器。

【例 9-13】在图书馆数据库中创建一个 DDL 触发器，用于禁止删除或修改数据库中的读者信息表的结构。

具体执行语句如下。

```
USE 图书馆
GO
CREATE TRIGGER 禁止删除读者信息表
ON database
FOR drop_table,alter_table
AS
PRINT '不能删除和修改读者信息表'
ROLLBACK
GO
```

每当用户要删除或修改数据库中的读者信息表时，会弹出一个对话框禁止执行此操作。

9.4.6　触发器管理

1. 查看触发器

和存储过程类似，用户创建一个触发器后，SQL Server 2012 会将创建的触发器的名称保存在名为 sysobjects 的系统表中，而把创建的触发器对应的源代码保存在名为 syscomments 系统表中。

在 SQL Server 2012 中，用户可对触发器的类型、名称、所有者以及触发器创建的日期进行查看。此外，如果在创建或修改触发器时对触发器进行加密操作，则用户还可获取触发器定义的相关信息；了解所使用的 T-SQL 语句；了解它如何影响所在的表。

SQL Server 2012 为用户提供了多种查看触发器信息的方法。

（1）使用系统表查询触发器信息

数据库中创建的每个触发器在 sys.trigger 表中对应一个记录，可以使用系统表查看图书馆数据库上存在的所有触发器的相关信息。具体命令如下。

```
USE 图书馆
SELECT name
FROM sys.triggers
```

在查询分析器的查询窗口中运行上面的语句后，结果窗口将返回图书馆数据库中的触发器信息。如图 9.13 所示。

（2）使用 SSMS 查看触发器信息

启动 SSMS，在【对象资源管理器】窗口中依次展开【数据库】→【图书馆】→【表】，选择某个具体的表，在其展开中选择一个存在的触发器，即可查看该触发器的相关信息。

（3）使用系统存储过程查看触发器

系统存储过程 sp_help、 sp_helptext 和 sp_helptrigger 分别提供有关触发器的不同信息。

图 9.13　查看触发器信息

例如，用户可使用 sp_help 查看读者信息表上存在的所有触发器信息，具体执行语句如下。

```
USE 图书馆
EXEC sp_help 读者信息表
GO
```

2. 修改触发器

在实际应用中，用户可能需要对一个已经存在的触发器进行修改。此时用户可以使用 ALTER TRIGGER 命令来实现修改。SQL Server 2012 在保证触发器名称不变的情况下，可以对触发器的触发动作和执行内容根据实际的需要进行修改。

（1）使用 SSMS 修改已创建的触发器

启动 SSMS，在左边的【对象资源管理器】窗口单击"+"依次展开【数据库】→【图书馆】→【表】，选择【dbo.读者信息表】，在其展开中选择一个存在的触发器，单击鼠标右键，弹出窗口中选择【修改】，在 SSMS 的右侧出现触发器编辑区，在其中修改 SQL 语句。

（2）使用 ALTER TRIGGER 语句修改触发器

具体的语法形式如下。

```
ALTER  TRIGGER  TRIGGER_NAME
ON {TABLE|VIEW}
{FOR|AFTER|INSTEAD OF}
{[INSERT][,][DELETE][,][UPDATE]}
AS
SQL 语句
```

其中，各个参数的含义与创建触发器 CREATE TRIGGER 语句中完全相同，这里不再重复说明。

3. 删除触发器

当某个触发器用户后续不再需要使用时，就可以删除该触发器。当触发器所关联的表被删除时，触发器将会自动被删除，而且当触发器被删除时，它所基于的表和数据并不受影响。

要对已创建的触发器进行删除，共有以下 3 种方法。

（1）使用系统命令 DROP TRIGGER 删除指定的触发器，其语法形式如下。

```
DROP TRIGGER <触发器名> [,…n]
```

 注意 使用该语句删除触发器时，要求该触发器必须是一个已经创建的触发器，并且只能由具有相应权限的用户删除。

（2）删除触发器所在的表。删除表时，SQL Server 将会自动删除与该表相关的触发器。

（3）在 SSMS 中，展开指定的服务器和数据库，找到想要删除的触发器，鼠标右键单击要删除的触发器，从弹出的快捷菜单中选择【删除】选项即可。

本 章 小 结

本章首先介绍 T-SQL 相关的基础知识，然后介绍了系统标准函数的调用和自定义函数的设计，并介绍了存储过程的定义和使用，最后介绍触发器的定义和使用。

习 题 9

一、填空题

（1）数字常量包括整数常量、_____和_____3 种。

（2）在 SQL Server 2012 中所使用的运算符包括 7 类：算术运算符、赋值运算符、位运算符、_____、_____、逻辑运算符和一元运算符。

（3）根据变量的生命周期，变量可以分为全局变量和_____两种。

（4）_____为唯一的字符串连接运算符，可以将两个或者多个字符串连接成一个字符串。

（5）在循环体内使用_____语句可结束本次循环，重新转到下一次循环。

（6）Microsoft SQL Server 2012 系统给用户提供了两种创建存储过程的方法：一是使用 SQL Server Management Studio（SSMS）；二是使用 T-SQL 中的_____语句进行创建。

（7）在 SQL Server 2012 中，主要有两种类型的触发器：DML 触发器和_____。

（8）根据用户自行定义函数返回的值不一样，自定义函数可以分为两大类：标量函数和_____。

二、选择题

（1）以下不是 DML 触发器中指定在表或视图上执行数据修改语句时触发触发器的关键字
（　　）

    A．INSERT　　　　　B．UPDATE　　　　　　C．DELETE　　　　　D．CREATE

（2）（　　）语句一般出现在 WHILE 语句的循环体内，作为 WHILE 语句的子句，使程序提前
跳出循环。

    A．BREAK　　　　　B．RETURN　　　　　　C．GOTO　　　　　　D．CONTINUE

（3）逻辑运算符 AND 的含义是（　　）

    A．如果两个操作数的值为 TRUE，则结果为 TRUE

    B．如果两个操作数任何一个为 TRUE，则结果为 TRUE

    C．如果操作数的值为 TRUE，则结果为 FALSE；如果操作数的值是 FALSE，则结果为
       TRUE

    D．任意一个操作数的值都是 TRUE，则结果为 TRUE

（4）（　　）函数用于返回当前系统的日期和时间信息。

    A．GETDATE()　　B．YEAR(date)　　　C．MONTH(date)　　　D．DAY(date)

（5）（　　）是指 Microsoft SQL Server 2012 自身提供的用来完成中许多管理活动的特殊存
储过程。

    A．系统存储过程　　B．自定义存储过程　　C．扩展存储过程　　　D．特定存储过程

（6）在 SQL Server 2012 中，当数据表被修改时，系统自动执行的数据库对象是（　　）。

    A．存储过程　　　　B．触发器　　　　　C．视图　　　　　　D．其他数据库对象

（7）在 SQL SERVER 中全局变量前面的字符为 （　　）

    A．*　　　　　　　B．#　　　　　　　C．@@　　　　　　D．@

（8）单语句表值函数对应（　　）SELECT 查询语句。

    A．单个　　　　　　B．两个　　　　　　C．多个　　　　　　D．不确定

三、简答题

（1）SQL 中的触发器的类型有哪些？

（2）SQL 中常量有哪几种？

（3）SQL 中的流程控制语句有哪些？

（4）触发器的作用有哪些？

（5）DML 触发器的创建方法有哪几种？

实验1　SQL Server 2012 安装和配置

【实验目的】

（1）了解 SQL Server 系统以及各个版本的软/硬件需求。

（2）了解安装 SQL Server 2012 的必要条件。

（3）学习和掌握 SQL Server 2012 的安装和配置。

【实验内容】

（1）SQL Server 2012 系统简介。

（2）SQL Server 2012 各版本软/硬件需求。

（3）SQL Server 2012 的必要条件。

（4）SQL Server 2012 的安装和卸载。

（5）SQL Server 2012 的工具和实用程序。

【实验步骤】

1. SQL Server 2012 的必要条件

SQL Server 2012 是一个产品系列，主要版本有企业版（SQL Server Enterprise）、商业智能版（SQL Server Business Intelligent）、标准版（SQL Server Standard）、Web 版（SQL Server Web）、开发版（SQL Server Developer）和快捷版（SQL Server Express），不同版本在规模限制、可用性、可伸缩性和安全性等功能上存在性能差异。用户可以根据自己需要和软件、硬件环境选择不同的版本。

安装 SQL Server 2012 之前，首先要了解 SQL Server 2012 所需的必要条件，检查计算机的软件、硬件配置是否满足 SQL Server 2012 开发环境的安装要求。实验表 1.1 和实验表 1.2 给出了各种版本硬件和软件要求。

实验表 1.1　SQL Server 2012 的硬件要求

组　　件	要　　求
内存	最小值：Express 版本，512MB；其他版本，1GB 建议：Express 版本，1GB；其他版本，4GB
处理器速度	最小值：x86 处理器，1GHz；x64 处理器，1.4GHz 建议：2.0GHz
处理器类型	X64 处理器：AMD Opteron、AMD Atlon64 等 X86 处理器：PentiumIII 兼容处理器
硬盘	最少 6GB 的可用硬盘空间

实验表 1.2 SQL Server 2012 的软件要求

组　件	要　求
操作系统	Windows 7 SP1，Windows Server 2008 R1 SP2，Windows Server 2008 SP2 等（安装前会做系统检查）
.NET Framework	.NET 4.0 是 SQL Server 2012 所必需的。SQL Server 在功能安装步骤中安装.NET 4.0。如果安装 SQL Server Express 版本，则用户要确保 Internet 连接在计算机上可用。SQL Server 安装程序将下载并安装 .NET Framework 4，因为 SQL Server Express 不包含该软件
SQL Server 安装程序	SQL Server Native Client SQL Server 安装程序支持文件
Internet Explorer	Internet Explorer 7 或更高版本

2. SQL Server 2012 的安装准备

（1）确定自己的计算机系统是 32 位还是 64 位：可以鼠标右键单击桌面上的【计算机】，在出现的快捷菜单中选择【属性】命令，出现实验图 1.1 所示的结果，确定计算机系统是 32 位还是 64 位。

实验图 1.1 Windows 下的"属性"

（2）从微软（中国）网站下载 SQL Server 2012 Express 免费版本。

Microsoft SQL Server 2012 Express 既包含 32 位版本，也包含 64 位版本。本实验下载 64 位版本，下载相应文件存放到本地文件夹中：SQL ManagementStudio_x86_CHS.exe 和 SQLEXPR_x86_CHS.exe，其中，第一个文件包含用于管理 SQL SERVER 的实例工具，包括 LocalDB、SQL Express、SQL Azure 等，但不包含数据库，如果拥有数据库且只需要管理工具，则可以使用此版本；第二个文件仅包含数据引擎，用于接受远程连接或以远程连接方式进行管理。

3. 安装步骤

首先安装 SQL ManagementStudio_x64_CHS.exe，然后安装 SQLEXPR_x86_CHS.exe。

（1）安装 SQL ManagementStudio_x64_CHS.exe 的步骤如下。

① 双击 SQL ManagementStudio_x64_CHS.exe，稍后出现实验图 1.2 所示的 SQL Server 安装中心界面，选择【全新 SQL Server 独立安装或向现有安装添加功能】选项。

② 安装程序进行支持规则检查，如实验图 1.3 所示。

③ 在实验图 1.4 所示的许可条款界面中，选中【我接受许可条款】复选框，单击【下一步】按钮。

④ 在实验图 1.5 所示的功能选择界面中，选中所有复选框，单击【下一步】按钮。

⑤ 在实验图 1.6 所示的安装规则界面中，单击【下一步】按钮。

⑥ 在磁盘空间要求界面中，单击【下一步】按钮。

⑦ 在错误报告界面中，单击【下一步】按钮。

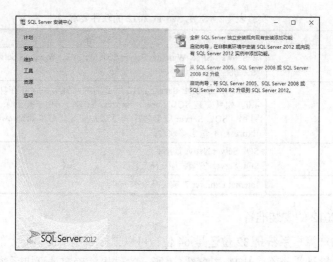

实验图 1.2　SQL Server 安装中心界面

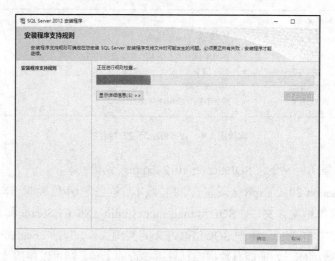

实验图 1.3　安装程序支持规则检查

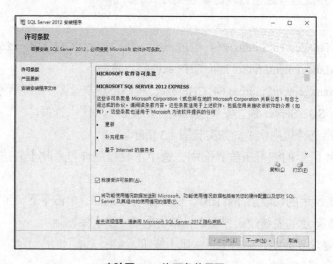

实验图 1.4　许可条款界面

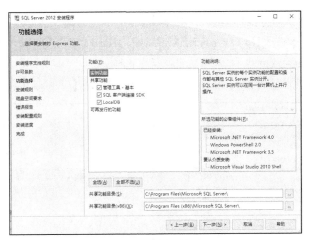

实验图 1.5　功能选择界面

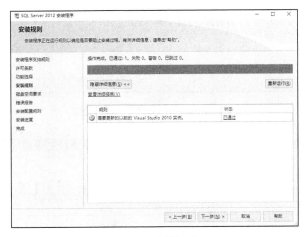

实验图 1.6　安装规则界面

⑧ 在安装进度界面中，开始安装文件，安装完成后会出现实验图 1.7 所示的完成界面，单击【关闭】按钮。这样就完成了 SQL ManagementStudio_x64_CHS.exe 的安装。

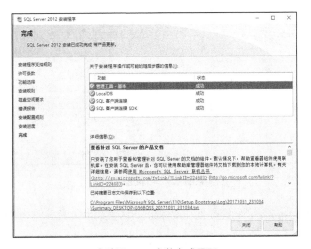

实验图 1.7　安装完成界面

（2）安装 SQLEXPR_x64_CHS.exe 的步骤如下。

① 双击 SQLEXPR_x64_CHS.exe 稍后出现类似实验图 1.2 的 SQL Server 安装中心界面，选择【全新 SQL Server 独立安装或向现有安装添加功能】选项。

② 安装程序进行支持规则检查，如实验图 1.8 所示，单击【下一步】按钮。

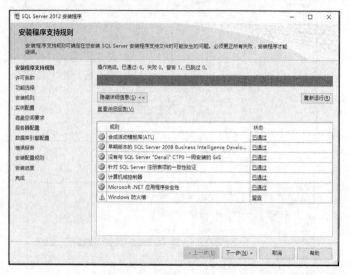

实验图 1.8　安装程序支持规则检查

③ 在类似实验图 1.4 所示的许可条款界面中，选中【我接受许可条款】复选框，单击【下一步】按钮。

④ 在实验图 1.9 所示的功能选择界面中，选中所有复选框，单击【下一步】按钮。

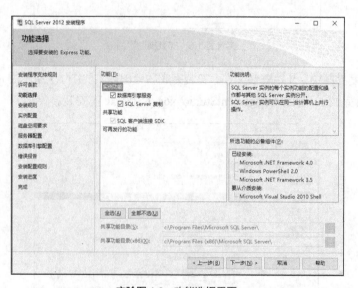

实验图 1.9　功能选择界面

⑤ 在实验图 1.10 所示的实例配置界面中，保证默认值（即命名实例为"SQLExpress"），单击【下一步】按钮。

实验图 1.10　实例配置界面

⑥ 在实验图 1.11 所示的服务器配置界面中，保证默认值（即 SQL Server 数据库引擎账户名为"NT Service\MSSQL $ SQLEXPRESS"），单击【下一步】按钮。

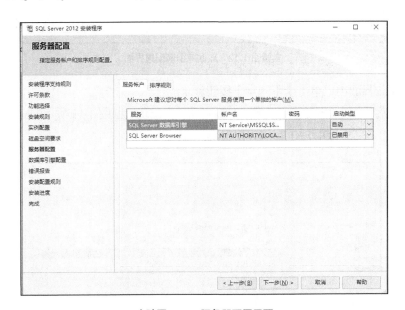

实验图 1.11　服务器配置界面

⑦ 在实验图 1.12 所示的数据库引擎配置界面中，配置 SQL Server 的身份验证模式。SQL Server 支持下面两种身份验证模式。

* Windows 身份验证模式：该身份验证模式是在 SQL Server 中建立与 Windows 用户账号对应的登录账号，在登录了 Windows 后，再登录 SQL Server 就不用再一次输入用户名和密码了。

* 混合模式（SQL Server 身份验证和 Windows 身份验证）：该身份验证模式就是在 SQL

Server 内建立一个管理员级的登录账号，并为 sa 账户指定密码为"12345"。在 SQL Server 安装好后，用户可以通过登录账号 sa 和这里设置的密码连接 SQL Server。然后单击【下一步】按钮。

说明：群集实例的每个节点都提供相同的服务，单机实例指一台机器上安装的 SQL Server 实例。一台机器上可以安装多个 SQL Server 实例，一个 SQL Server 实例在后台对应一个服务。

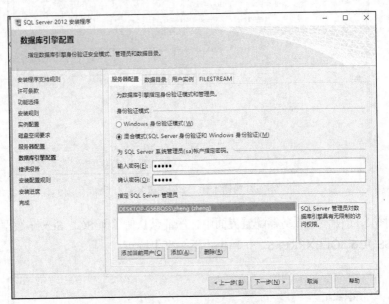

实验图 1.12　数据库引擎配置界面

⑧ 在错误报告界面中，单击【下一步】按钮。

⑨ 在安装进度界面中，开始安装文件，安装完成后会出现实验图 1.13 所示的完成界面，单击【关闭】按钮。这样就完成了 SQL EXPR_x64_CHS.exe 的安装。

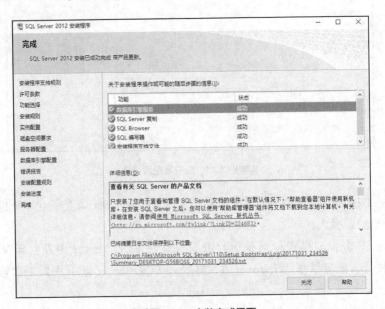

实验图 1.13　安装完成界面

至此在计算机上安装了基本的 SQL Server2012 Express 系统,包括 SQL Server 2012 客户机和 SQL Server 2012 服务器。由于 SQL Server 2012 客户机和服务器在物理上同时在一台计算机上,所以称为 SQL Server 本地客户机或客户机（SQL Server Native Client）。

> **说明** 在安装 SQL Server 2012 或 SQL Server 工具时,将同时安装 SQL Server Native Client 11.0。它是 SQL Server 2012 自带的一种数据访问方法,由 OLE DB 和 ODBC 用于访问 SQL Server。它将 OLE DB 和 ODBC 库组合成一种访问方法,简化了对 SQL Server 的访问。

4. SQL Server 2012 的卸载

在 SQL Server 2012 被破坏而导致无法使用时,用户可以将其卸载。卸载步骤如下。

（1）在操作系统中打开【控制面板】→【程序】→【程序和功能】,在打开的【程序和功能】窗口中选择【Microsoft SQL Server 2012】,如实验图 1.14 所示。

实验图 1.14 【程序和功能】窗口

（2）选中【Microsoft SQL Server 2012】后,单击【卸载/更改】按钮,进入 Microsoft SQL Server 2012 的添加、修复和删除页面,如实验图 1.15 所示。

（3）单击【删除】按钮,即可根据向导卸载 SQL Server 2012。

实验图 1.15 Microsoft SQL Server 2012 的添加、修复和删除页面

5. SQL Server 2012 的工具和实用程序

SQL Server 2012 提供了一整套管理工具和实用程序。用户使用这些工具和程序可以设置和管理 SQL Server 进行数据库管理和备份,可保证数据库的安全和一致。

在安装完成后，在【开始】→【所有程序】菜单上将鼠标指针移动到 Microsoft SQL Server 2012 上即可看到 SQL Server 2012 的安装工具和实用程序，如实验图 1.16 所示。

（1）SQL Server 管理控制器

SQL Server 管理控制器（SQL Server Management Studio）是为 SQL Server 数据库管理员和开发人员提供的图形化的、集成了丰富开发环境的管理工具，也是 SQL Server 2012 中最重要的管理工具。

启动 SQL Server 管理控制器的步骤如下。

① 在 Windows 中选择【开始】→【所有程序】→【Microsoft SQL Server 2012】→【SQL Server Management Studio】命令，出现【连接到服务器】对话框，如实验图 1.17 所示。

实验图 1.16　SQL Server 2012 的工具和实用程序

实验图 1.17　【连接到服务器】对话框

② 按系统提示，建立与服务器的连接。这里使用本地服务器，服务器名称为 DESKTOP-G56BQSS，并使用混合模式。因此，用户需在服务器名称组合框中选择"DESKTOP-G56BQSS"选项（默认），在身份验证组合框中选择【SQL Server 身份验证】选项，登录名自动选择"sa"，在密码文本框中输入在安装时设置的密码，单击【连接】按钮，如果进入 SQL Server 管理控制器界面，说明 SQL Server 管理控制器启动成功，如实验图 1.18 所示。

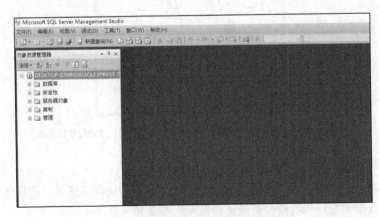

实验图 1.18　SQL Server 管理控制器

在 Windows 中选择【开始】→【控制面板】→【管理工具】→【服务】命令，在出现的【服务】对话框中可以查看到 SQL Server 的相关服务，如实验图 1.19 所示，表明 SQLEXPRESS 服务已经启动。

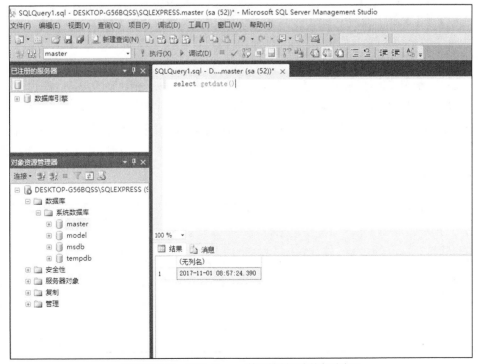

实验图 1.19　SQL Server 的相关服务

在 SQL Server 管理控制中，常用的有【已注册的服务器】【对象资源管理器】【文档】和【结果】窗口，如实验图 1.20 所示。

实验图 1.20　SQL Server 管理控制器中的各种窗口

a)【已注册的服务器】窗口。

选择【视图】→【已注册的服务器】命令即出现【已注册的服务器】窗口，其用于显示所有已经注册的服务器名称。

在注册某个服务器后便存储服务器的连接信息，下次连接该服务器时不需要重新输入登录信息。已注册服务器类型主要有数据库引擎、分析服务、报表服务和集成服务等。实验图 1.20 中表示已注册的服务器是数据库引擎。

SQL Server 管理控制器中有 3 种方法可以注册服务器。

- 在安装 SQL Server 之后首次启动它时将自动注册 SQL Server 的本地实例。
- 随时启动自动注册过程来还原本地服务器实例的注册。
- 使用 SQL Server 管理控制器的"已注册的服务器"工具注册服务器。

b）【对象资源管理器】窗口。

选择【视图】→【对象资源管理器】命令即出现【对象资源管理器】窗口。

对象资源管理器是 SQL Server 管理控制器的一个组件，可连接到数据库引擎实例等。它提供了服务器中所有对象视图，并具有可用于管理这些对象的用户界面。对象资源管理器的功能因服务器类型的不同而稍有不同，但一般都包括用于数据库的开发功能和用于所有服务器类型的管理功能。

对象资源管理器以树形视图的形式显示数据库服务器的对象，实验图 1.20 所示的对象资源管理器中显示了数据库引擎实例"DESKTOP-G56BQSS\SQLEXPRESS"的所有对象。

c）在【对象资源管理器】窗口中的某个对象上单击鼠标右键，从弹出的快捷菜单中选择【新建查询】命令，即出现【文档】窗口，在其中可以输入或编辑 SQL 命令等文本。

d）当执行了【文档】窗口中的命令时，会弹出【结果】窗口，用于输出执行结果，或者显示相应的信息。

（2）SQL Server 配置管理器

SQL Server 配置管理器是一种工具，用于管理与 SQL Server 相关联的服务、配置 SQL Server 使用的网络协议，以及从 SQL Server 客户计算机管理网络连接配置。

启动 SQL Server 配置管理器的操作步骤是：在 Windows 中选择【开始】→【所有程序】→【Microsoft SQL Server 2012】→【配置工具】→【SQL Server 配置管理器】命令，出现【SQL Server 配置管理器】窗口，如实验图 1.21 所示。

实验图 1.21　SQL Server 配置管理器

02

实验2 数据库的基本操作

【实验目的】

（1）熟悉 SQL Server 2012 的企业管理器环境。

（2）掌握使用 SQL Server 2012 企业管理器创建和管理数据库的方法。

【实验内容】

（1）熟悉 SQL Server 2012 企业管理器环境。

（2）使用企业管理器创建"图书馆"数据库。

（3）使用 SQL 语句创建和管理数据库。

【实验步骤】

1. 创建数据库

（1）启动 SQL Server Management Studio，连接 SQL Server 数据库服务器，在【对象资源管理器】中，展开【数据库】节点，在【数据库】节点上用鼠标右键单击，在弹出的快捷菜单中选择【新建数据库】，如实验图 2.1 所示。

实验图 2.1 【新建服务器】窗口

（2）在实验图 2.1 中输入数据库名称为"图书馆"。这里需要注意数据文件和日志文件的属性设置。

（3）单击【确定】按钮，完成图书馆数据库的创建。

2. 查看数据库的相关信息

启动 SQL Server Management Studio，选择【图书馆】数据库，用鼠标右键单击，在弹出的快捷菜单上选择【属性】即可查看，如实验图 2.2 所示。

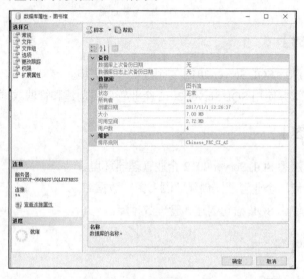

实验图 2.2 【数据库属性】窗口

3. 数据库重命名

将图书馆数据库名称改为"图书馆 2"，步骤如下。

在【图书馆】数据库节点上单击鼠标右键，在弹出的快捷菜单中选择【重命名】，如实验图 2.3 所示。在显示的文本框中输入新的数据库名称"图书馆 2"，如实验图 2.4 所示。

实验图 2.3 数据库重命名

实验图 2.4 修改数据库名称

4. 删除数据库

启动 SQL Server Management Studio，展开数据库，鼠标右键单击数据库【图书馆】，在弹出的菜单中选择【删除】命令，弹出【删除对象】对话框，为了彻底删除数据库信息，建议勾选【删除数据库备份和还原历史记录信息】复选框，如实验图 2.5 所示。

实验图 2.5　删除数据库

5．SQL 语句对数据库操作

（1）创建数据库

```
CREATE DATABASE 图书馆 ON PRIMARY
(
NAME = '图书馆 _DB',
FILENAME = 'D:\图书馆.MDF',
SIZE =10MB,
MAXSIZE =50MB,
FILEGROWTH=10%
)
LOG ON
(
NAME = '图书馆 _LOG',
FILENAME='D:\图书馆 _LOG.LDF',
SIZE =10MB,
MAXSIZE=50MB,
FILEGROWTH=5MB
)
```

（2）查看数据库相关信息

```
SP_HELPDB 图书馆;
```

（3）数据库重命名

```
SP_RENAMEDB '图书馆','图书馆 2';
```

（4）删除数据库

```
DROP DATABASE 图书馆;
```

【练习】

结合实验步骤中的内容，创建一个以"学号"命名的数据库。

03

实验3　表数据的基本操作

【实验目的】

（1）连接 SQL Server 2012 常用数据类型。

（2）掌握在对象资源管理器中创建和修改表的方法。

（3）掌握在对象资源管理器中查看和删除表的方法。

（4）掌握使用 SQL 语句创建和修改表的方法。

（5）掌握使用 SQL 语句查看和删除表的方法。

（6）掌握 INSERT INTO、UPDATE、DELETE 语句的使用方法。

【实验内容】

创建数据表读者信息表、图书信息表、图书借阅信息表并完成相应操作。

【实验步骤】

1. 创建数据表

（1）启动 SQL Server Management Studio，在左边的目录树中展开【数据库】节点，可以看到刚刚创建的图书馆数据库，在【表】对象的右键菜单中选择【新建表】，如实验图 3.1 所示。

实验图 3.1　新建表

（2）在右边的窗口显示了表设计器，如实验图 3.2 所示。

列名	数据类型	允许 Null 值
		☐

实验图 3.2　表设计器

（3）在表设计器上，按照实验表 3.1 所示内容进行填充。结果如实验图 3.3 所示。

实验表 3.1　读者信息表结构

列　　名	数据类型	允许 Null 值	说　　明
读者编号	varchar(13)	否	主码
读者姓名	varchar(10)	否	
性别	varchar(2)	否	
年龄	int	否	
证件号码	varchar(30)	否	

列名	数据类型	允许 Null 值
读者编号	varchar(13)	☐
读者姓名	varchar(10)	☐
性别	varchar(2)	☐
年龄	int	☐
证件号码	varchar(30)	☐

实验图 3.3　表设计结构

（4）选择【读者编号】属性，单击鼠标右键，在弹出的快捷菜单中选择【设置主键】。将【读者编号】设置为读者信息表的主码。

（5）单击工具栏上的【保存】按钮，输入表名称“读者信息表”，然后单击【确定】按钮，即完成表的创建。

2. 添加记录

（1）启动 SQL Server Management Studio，在左边的目录树中，选择刚才创建的【读者信息表】，在其右键菜单中选择【编辑前 200 行】，在右边窗格中显示【读者信息表】的数据记录为空。

（2）将实验图 3.4 所示内容输入读者信息表中，输完后单击【保存】按钮。

读者编号	读者姓名	性别	年龄	证件号码
20161818	李莎	女	22	512345199711022421
20162345	薛蒙	女	27	411234199205094025
20170001	张明	男	24	345784199506126112
20171234	李小兰	女	20	522123199908091221
20172763	王平	男	26	425423199312213031
20172764	王小平	男	25	525423199302093031
20173212	薛雪	女	27	421223199202213021
20173213	肖晓	女	26	421213199203033021
20173903	李小龙	男	20	423323199807013033
20175678	张小军	男	33	522123198601023031

实验图 3.4　读者信息表

3. 删除数据表

启动 SQL Server Management Studio，展开数据库，鼠标右键单击【读者信息表】，在弹出的菜单中选择【删除】命令，弹出【删除对象】对话框，单击【确定】按钮，如实验图 3.5 所示。

实验图 3.5　删除数据表

4. SQL 语句对数据表操作

（1）创建数据表

语句如下。

```
CREATE TABLE 读者信息表
(
读者编号 VARCHAR(13) PRIMARY KEY,
读者姓名 varchar(10) UNIQUE,
性别 varchar(2) not null,
年龄 int,
证件号码 varchar(30) not null
);
```

（2）删除数据表

语句如下。

```
DELETE FROM 读者信息表;
```

【练习】

（1）在图书馆数据库中创建读者信息表，并设主码为"读者编号"。

（2）在图书馆数据库中创建图书信息表，并设主码为"图书编号"。

（3）在图书馆数据库中创建图书借阅信息表，并设主码为（读者编号,图书编号,借阅日期）。

（4）查看表读者信息表的相关信息。

（5）在表读者信息表中添加一列地址，其数据类型为 varchar，长度为 20。

（6）修改读者信息表中地址列的数据类型为 char，长度为 30。

（7）删除读者信息表中地址列。

（8）在读者信息表中添加 3 条记录。

（9）将"张薇"的名字改为"张珊"。

（10）删除读者信息表中的所有记录。

实验4　数据简单查询

【实验目的】

（1）掌握 SELETE 语句的基本用法。

（2）掌握从表中查询特定行的方法。

（3）掌握从查询结果中去掉重复行的方法。

（4）掌握列别名的使用方法。

（5）掌握查询表中计算列的方法。

（6）掌握在查询时使用通配符的方法。

【实验内容】

使用 SELECT 语句对图书馆数据库中指定条件进行简单查询。

【实验步骤】

（1）查询全体读者的姓名及出生年份。

语句如下。

```
SELECT 读者姓名,2017-年龄 出生年份
FROM 读者信息表；
```

（2）查询年龄在 30 岁以下的读者的姓名及年龄。

语句如下。

```
SELECT 读者姓名,年龄
FROM 读者信息表
WHERE 年龄<30；
```

（3）查询清华大学出版社出版的图书的信息。

语句如下。

```
SELECT *
FROM 图书信息表
WHERE 出版社='清华大学出版社'；
```

（4）查询年龄在 20~29 岁（包括 20 岁和 29 岁）的读者的姓名和年龄。

语句如下。

```
SELECT 读者姓名,年龄
FROM 读者信息表
WHERE 年龄 >=20 AND 年龄<=29；
```

（5）查询清华大学出版社和人民邮电出版社出版的图书的相应编号和名称。

语句如下。

```
SELECT 图书编号,图书名称
FROM 图书信息表
WHERE 出版社='清华大学出版社' OR 出版社='人民邮电出版社';
```

（6）查询所有姓李的读者的姓名和性别。

语句如下。

```
SELECT 读者姓名,性别
FROM 读者信息表
WHERE 姓名 LIKE '李%';
```

（7）查询图书名称中含有"数据库"字样的图书的编号、名称和出版社。

语句如下。

```
SELECT *
FROM 图书信息表
WHERE 图书名称 LIKE '%数据库%';
```

（8）查询读者人数。

语句如下。

```
SELECT COUNT(*) 读者人数
FROM 读者信息表;
```

【练习】

（1）查询编号为 20161818 的读者借阅图书的数量。

（2）查询读者的最大年龄、最小年龄、平均年龄。

（3）查询图书信息表中，图书名字不以"abcd"4 个字母之一开头的图书的名称。

（4）查询读者姓名第 2 个字为"小"字的读者的相关信息。

（5）查询年龄在 30 岁以下的读者的姓名及年龄。

05 实验5 数据高级查询

【实验目的】

（1）掌握对查询结果排序的方法。

（2）掌握对排序结果进行计算的方法。

（3）掌握对排序结果分组的方法。

（4）掌握分组后再选择的方法。

（5）熟悉数据库连接查询。

【实验内容】

使用 SELECT 语句对图书馆数据库中的数据按指定条件进行高级查询。

【实验步骤】

（1）查询 25 岁以下的读者的姓名和年龄，查询结果按年龄降序排列。

语句如下。

```
SELECT 读者姓名,年龄
FROM 读者信息表
WHERE 年龄<25
ORDER BY 年龄 DESC;
```

（2）查询借阅图书数量多于一本的读者的编号。

语句如下。

```
SELECT 读者编号
FROM 图书借阅信息表
GROUP BY 读者编号
HAVING COUNT(*)>1;
```

（3）查询借阅了图书"数据库原理"的读者的编号和姓名。

语句如下。

```
SELECT 读者编号,读者姓名
FROM 读者信息表
WHERE 读者编号 IN (
SELECT 读者编号
FROM 图书借阅信息表
WHERE 图书编号 IN (
SELECT 图书编号
```

```
    FROM 图书信息表
    WHERE 图书名称='数据库原理'));
```

【练习】

（1）查询借阅了两本以上图书的读者的信息。

（2）查询每本图书的借阅情况。

（3）查询借阅了"软件工程"的读者的信息。

（4）查询每位读者及其借书情况。

（5）查询借了图书的读者的信息。

（6）查询人民邮电出版社出版的及价格高于50元的图书的名称和对应价格。

实验6　E-R图设计与关系模式转换

【实验目的】

（1）熟悉 E-R 模型的基本概念和图形的表示方法。

（2）掌握将现实世界的事物转化成 E-R 图的基本技巧，并能用绘图软件绘制 E-R 图。

（3）熟悉关系数据模型的基本概念。

（4）掌握将 E-R 图转化成关系表的基本技巧。

【相关知识点】

（1）采用 E-R 模型设计概念结构的方法。

（2）E-R 图向关系模型转换的方法。

（3）主、外键的概念理解。

【实验内容】

海军某部要建立一个舰队信息系统。该系统包括如下两方面的信息。

1. **舰队方面**

（1）舰队：舰队名称、基地地点。

（2）舰艇：编号、舰艇名称、所属舰队。

2. **舰艇方面**

（1）舰艇：舰艇编号、舰艇名。

（2）武器：武器编号、武器名称、武器生产时间。

（3）官兵：官兵证号、姓名。

其中，一个舰队拥有多艘舰艇，而一艘舰艇只属于一个舰队；一艘舰艇安装多种武器，一种武器可安装于多艘舰艇之上；一艘舰艇有多名官兵，一名官兵只属于一艘舰艇。要求完成如下设计。

① 分别设计舰队和舰艇两个局部 E-R 图。

② 将上述两个局部 E-R 图合并成一个全局 E-R 图。

③ 将该全局 E-R 图转换为关系模式，并说明主键和外键。

【实验步骤】

（1）以舰队方面的局部 E-R 图设计为例：

① 确定舰队实体和舰艇实体的属性。

② 确定舰队和舰艇之间的联系，给联系命名并指出联系的类型。

③ 确定联系本身的属性。

（2）画出舰艇的局部 E-R 图。

（3）将上述两个局部 E-R 图合并成一个全局 E-R 图。

（4）将该全局 E-R 图转换为关系模式，并说明主键和外键。

【练习】

设某汽车运输公司数据库中有 3 个实体集：一是"车队"实体集，属性有车队号、车队名等；二是"车辆"实体集，属性有车牌照号、厂家、出厂日期等；三是"司机"实体集，属性有司机编号、姓名、电话等。设车队与司机之间存在"聘用"联系，每个车队可聘用若干司机，但每个司机只能应聘于一个车队，车队聘用司机有聘期；司机与车辆之间存在着"使用"联系，司机使用车辆有使用日期和公里数，每个司机可以使用多辆汽车，每辆车可被多个司机使用。

要求完成以下两题。

（1）试画出 E-R 图，并在图上注明属性、联系类型。

（2）将 E-R 图转换成关系模式，并说明主键和外键。

实验7 视图和索引

【实验目的】

（1）掌握利用 SSMS 和 T-SQL 语句创建、查询、更新及删除视图的方法。

（2）掌握利用 SSMS 和 T-SQL 语句创建和删除索引的两种方法。

【实验内容】

（1）使用 SSMS 和 T-SQL 语句在图书馆数据库中创建、查询、更新及删除相关视图，并通过视图向数据库添加、修改、删除数据。

（2）使用 SSMS 和 T-SQL 语句在图书馆数据库中进行索引的创建和删除操作。

【实验步骤】

（1）在图书信息表中创建作者为"金庸"的图书视图 book_JY，获得图书名称和出版社信息。

```
CREATE VIEW book_JY
AS
SELECT 图书名称,出版社
FROM 图书信息表 WHERE 作者= '金庸'
```

（2）在操作员信息表和图书借阅信息表上创建视图 borrow_operator，获得"图书编号""读者编号""借阅日期"和"操作员姓名"，并在创建时使用 WITH ENCRYPTION 关键子句对该视图加密。

```
CREATE VIEW borrow_operator (图书编号,读者编号,借阅日期,操作员姓名)
with ENCRYPTION
AS
SELECT 图书编号,读者编号,借阅日期,用户姓名
FROM 操作员信息表 Join 图书借阅信息表
ON 操作员信息表.操作员编号=图书借阅信息表.操作员编号
```

（3）在 borrow_operator 视图上查询操作员姓名为"张丽"的借阅信息。

```
Select * from borrow_operator
where 操作员姓名='张丽'
```

（4）使用 ALTER 语句修改视图 book_JY，获得作者为"金庸"的图书的编号和相应名称。

```
ALTER VIEW book_JY
AS
```

```
SELECT 图书编号,图书名称
FROM 图书信息表 WHERE 作者= '金庸'
```

（5）通过视图 book_JY 向基本表中插入一条新记录。

```
INSERT INTO book_JY
VALUES ('110321908','天龙八部')
```

（6）通过 borrow_operator 视图，将某次借阅记录中图书编号为"978-7-556-876"、读者编号为"20161818"的操作员姓名更新为"张莉"。

```
UPDATE borrow_operator
SET 操作员姓名='张莉'
WHERE 图书编号='978-7-556-876' AND 读者编号='20161818'
```

（7）通过视图 book_JY 删除图书信息表中的图书名称为"侠客行"的记录。

```
DELETE FROM book_JY
WHERE 图书名称='侠客行'
```

（8）删除视图 book_JY。

```
DROP VIEW book_JY
```

（9）在读者信息表中的证件号码列上，创建一个名称为"索引_证件号码"的唯一聚集索引，降序排列。

```
CREATE UNIQUE
INDEX 索引_证件号码 ON 读者信息表 (证件号码 DESC)
```

（10）在操作员信息表中的用户名和年龄列上，创建一个名称为"索引_姓名_年龄"的唯一非聚集组合索引，升序排列。

```
CREATE UNIQUE NONCLUSTERED
INDEX 索引_姓名_年龄 ON 操作员信息表 (用户姓名 ASC,年龄 ASC)
```

（11）将操作员信息表中的索引名称"索引_姓名_年龄"更改为"复合_索引"。

```
exec sp_rename '操作员信息表.索引_姓名_年龄','复合_索引','index'
```

（12）删除索引"复合_索引"。

```
drop index 操作员信息表.复合_索引
```

（13）在 SSMS 中完成上述操作，并与 T-SQL 语句操作进行比较。

【练习】

（1）创建一个名为"view_bType"的视图，从图书类别信息表中查询出可借阅天数为 3 天的所有图书类别信息，并在创建视图时使用 WITH CHECK OPTION 命令。

（2）向视图 borrow_operator 中分别按照以下内容插入两行数据。

```
图书编号           读者编号
9787530216781   20170002
图书编号           读者编号        操作员姓名
9787530216781    20170002        王颖嘉
```

上述内容都能成功插入吗？为什么？

（3）使用系统存储过程 sp_helptext 分别查看视图 view_bType 和 borrow_operator 的定义脚本，观察运行结果有何不同？

实验8 数据库备份与恢复

【实验目的】

（1）掌握在对象资源管理器中创建命名备份设备的方法。

（2）掌握在对象资源管理器中进行备份和恢复的操作步骤。

（3）掌握使用 T-SQL 语句对数据库进行完全备份和数据库恢复的方法。

【相关知识点】

（1）了解在对象资源管理器中创建命名备份设备和进行数据库完全设备操作的方法。

（2）使用对象资源管理器对图书馆数据库进行完全数据库备份和恢复。

（3）了解使用 T-SQL 语句进行数据库恢复的方法。

【实验内容】

（1）界面方式对数据库进行完全备份。

（2）用 T-SQL 语句对数据库进行备份。

（3）界面方式对数据库进行完全恢复。

（4）使用 T-SQL 语句恢复数据库。

【实验步骤】

1. 界面方式对数据库进行完全备份

（1）在对象资源管理器中创建备份设备

以系统管理员身份链接 SQL Server，打开【对象资源管理器】，展开【服务器对象】，在【服务器对象】中选择【备份设备】，单击鼠标右键，在弹出的快捷菜单中选择【新建备份设备】菜单项，打开【备份设备】窗口。

在【备份设备】窗口的【常规】选项卡中分别输入备份设备的名称（如 librarybk）和完整的物理路径名（可通过单击该文本框右侧的按钮选择路径，这里保持默认设置），输入完毕后，单击【确定】按钮，完成备份设备的创建。

（2）在对象资源管理器中进行数据库完全备份

在【对象资源管理器】中展开【服务器对象】，选择其中的【备份设备】项，右键单击鼠标，在弹出的快捷菜单中选择【备份数据库】菜单项，打开【备份数据库】

窗口。

在【备份数据库】窗口中的【选项】页列表中选择【常规】选项卡，在窗口右边的【常规】选项卡中选择【源数据库】为【图书馆】，在【备份类型】后面的下拉列表中选择【备份类型】为【完整】。

单击【添加】按钮选择要备份的目标备份设备。其他常规属性采用系统默认设置。如果需要覆盖备份中的原有备份集，则需要在【选项】选项卡中选择【覆盖所有现有备份集】单选按钮。设置完成后，单击【确定】按钮，则系统开始执行备份。

2. 用 T-SQL 语句对数据库进行备份

（1）使用逻辑名 CPYGBAK 创建一个命名的备份设备，并将数据库 TSGL 完全备份到该设备。在"查询分析器"窗口中输入如下语句并执行。

```
USE 图书馆
GO
EXEC sp_addumpdevice 'disk' , 'CPYGBK' , 'E:\data\CPYGBK.bak'
BACKUP DATABASE 图书馆 TO CPYGBK
```

（2）将图书馆数据库完全备份到设备 test，并覆盖该设备上原有的内容。

```
EXEC sp_addumpdevice 'disk' , 'test' , 'E:\data\test.bak'
BACKUP DATABASE 图书馆 TO test WITH INIT
```

（3）创建一个命名为"图书馆 LOGBK"的备份设备，并备份图书馆数据库的事务日志。

```
USE 图书馆
GO
EXEC sp_addumpdevice 'disk' , '图书馆 LOGBK' , ' E:\data\图书馆 log.bak'
BACKUP LOG 图书馆 TO 图书馆 LOGBK
```

3. 界面方式对数据库进行完全恢复。

数据库恢复的主要步骤如下：在【对象资源管理器】窗口中右键单击【数据库】节点，选择【还原数据库】菜单项，在所出现的窗口中填写要恢复的数据库名称，在【源设备】栏中选择备份设备（如 CPYGBAK）。此时在设备集框中将显示该设备中包含的备份集。选择要恢复的备份集，单击【确定】按钮即可恢复数据库。如果数据库中存在与要恢复的数据库同名的数据库，则需要选择【选项】选项卡中的【覆盖现有数据库】复选框。

4. 使用 T-SQL 语句恢复数据库

（1）恢复整个图书馆数据库

在"查询分析器"窗口输入如下语句并执行。

```
RESTORE DATABASE 图书馆
FROM CPYGBK
WITH REPLACE
```

（2）使用事务日志恢复图书馆数据库。

```
RESTORE DATABASE 图书馆
FROM CPYGBK
WITH NORECOVERY, REPLACE
GO
RESTORE LOG 图书馆
FROM 图书馆 LOGBK
```

【练习】

（1）如何使用对象资源管理器进行差异备份、事务日志备份?

（2）如何进行文件和文件组备份?

（3）如果在一个备份设备中已经备份，那么如何使用新的备份覆盖旧的备份?

（4）如何将数据库一次备份到多个备份设备中?

（5）使用差异备份方法备份图书馆数据库到备份设备 CPYGBK 中。

（6）如何恢复数据库中的部分数据?

（7）使用"对象资源管理器"中附加数据库的方法将从其他服务器中复制来的数据库文件附加到当前数据库服务器中。

实验9 存储过程

【实验目的】

（1）掌握局部变量的定义和赋值方法。

（2）掌握存储过程的创建及调用方法。

（3）掌握存储过程的修改方法。

【相关知识点】

（1）定义局部变量的语法格式如下。

```
DECLARE@<变量名><数据类型>[,…]
```

如果要声明多个局部变量，变量和变量之间用逗号进行分割。这里，变量赋值的语法结构为：

```
SET @<变量名>=<表达式>
```

或者

```
SELECT @<变量名>=<表达式>
```

（2）创建存储过程的语法格式如下。

```
CREATE  PROCEDURE 存储过程名
   [{@参数名 参数类型[=默认值] }[OUTPUT]][,…n]
[WITH {RECOMPLE| ENCRIPTION| RECOMPLE, ENCRIPTION}]
   AS
SQL 语句[,…n]
```

（3）调用存储过程的语法格式如下。

```
EXEC 过程名 参数列表
```

（4）修改存储过程的语法格式如下。

```
ALTER PROCEDURE procedure_name[;number]
[{@parameter data_type}
[VARYING][=default][OUTPUT]][,…n]
[WITH {RECOMPILE|ENCRYPTION|RECOMPILE,ENCRYPTION}]
[FOR  REPLICATION]
AS
SQL 语句
```

【实验内容】

（1）存储过程的建立。

（2）存储过程的调用。

（3）存储过程的修改。

【实验步骤】

（1）在图书馆数据库上新建一个名为"女性读者"的存储过程，要求：该存储过程需返回读者信息表中所有性别为女的读者的信息。

具体命令如下。

```
USE 图书馆
GO
CREATE PROCEDURE 女性读者
AS
SELECT * FROM 读者信息表
WHERE 性别='女'
GO
```

执行该存储过程的命令如下。

```
USE 图书馆
GO
EXEC 女性读者
```

（2）以图书名作为参数，创建一个名为"proc_图书信息"的存储过程，在图书馆数据库的图书信息表中查找图书名为某个名称的图书的信息。执行该存储过程，分析运行结果。

参考代码如下。

```
CREATE PROCEDURE proc_图书信息 @图书名 varchar(40)
AS
SELECT *
FROM 图书信息表
WHERE 图书名称 LIKE @图书名
GO
```

执行存储过程（以"C++程序设计"作为示例参数）的命令如下。

```
EXEC proc_图书信息  'C++程序设计'
```

（3）修改上题定义的存储过程"proc_图书信息"，在图书馆数据库中，查询图书名为某个名称的图书的作者、译者和出版社信息。执行该存储过程，观察并分析运行结果。

```
USE 图书馆
GO
ALTER  PROCEDURE proc_图书信息 @图书名 varchar(40)
AS
SELECT 作者,译者,出版社
FROM 图书信息表
WHERE 图书名称 LIKE @图书名
GO
```

执行存储过程（以"C++程序设计"作为示例参数）的命令如下。

```
EXEC proc_图书信息  'C++程序设计'
```

【练习】

（1）在图书馆数据库上新建一个名为"清华大学出版社"的存储过程。该存储过程返回图书信息表中所有出版社为"清华大学出版社"的图书的信息。执行该存储过程，观察并分析运行结果。

（2）在图书馆数据库上新建一个名为"库存数量超过_10"的存储过程。该存储过程返回所有图书库存量超过 10 的图书的名称、作者和出版社信息。执行该存储过程，观察并分析运行结果。

（3）把用户名作为参数，创建一个名为"proc_操作员"的存储过程，在操作员信息表中查找用户名为某个名称的操作者的信息。执行该存储过程，观察并分析运行结果。

（4）把价格作为参数，创建一个名为"proc_图书价格"的存储过程，在图书信息表中显示在某两个指定价格之间的图书的书名、作者和价格。执行该存储过程，观察并分析运行结果。

（5）把"读者编号"作为参数，创建一个名为"proc_借阅信息"的存储过程，在图书馆数据库的查找"读者编号"为某个值的读者所有借阅的图书的基本信息。执行该存储过程，观察并分析运行结果。

（6）修改上题中创建的名为"proc_借阅信息"的存储过程，在图书馆数据库的查找"读者编号"为某个值的读者的姓名及其借阅的图书的图书名、借阅日期以及归还日期的信息。执行该存储过程，观察并分析运行结果。

10

实验10　触发器

【实验目的】

（1）掌握创建 DDL 触发器和测试触发器的方法。

（2）掌握创建 DML 触发器和测试触发器的方法。

【相关知识点】

1. DDL 触发器的创建

用户可使用 CREATE TRIGGER 命令创建 DDL 触发器。相关语法格式如下。

```
CREATE TRIGGER trigger_name
ON { ALL SERVER | DATABASE }
[ WITH ENCRYPTION ]
{ FOR | AFTER } { event_type | event_group } [ ,…n ]
AS
SQL 语句
```

2. DML 触发器的创建

相关语法格式如下。

```
CREATE TRIGGER  trigger_name
ON {table|view}
{FOR|AFTER|INSTEAD OF}
{[INSERT][,][DELETE][,][UPDATE]}
AS
SQL 语句
```

3. DML 触发器的插入操作

在 DML 触发器中执行 INSERT（插入）操作，插入触发器所对应表中的新数据行会被自动的插入 Inserted 表中。

【实验内容】

（1）DDL 触发器的创建。

（2）DML 触发器的创建。

【实验步骤】

（1）在图书馆数据库中创建一个 DDL 触发器，禁止删除数据库中的表。

具体命令如下。

```
USE 图书馆
GO
CREATE TRIGGER trig_notdelete
ON database FOR drop_table
AS
PRINT '不能删除表'
ROLLBACK
GO
```

请读者运行以下语句测试删除表，观察运行情况，说明原因。

```
USE 图书馆
GO
DROP TABLE 读者信息表
```

（2）在图书馆数据库中创建一个 INSERT 触发器，在图书信息表中插入新记录时，触发该触发器，提示"新的图书记录已经被插入"。

```
USE 图书馆
GO
CREATE TRIGGER trig_bookinsert
ON 图书信息表
FOR INSERT
AS
BEGIN
PRINT '新的图书记录已经被插入。'
END
```

请读者自行编写语句向图书信息表中插入一行新的记录，观察运行情况，说明原因。

（3）在图书馆数据库上新建一个 DDL 触发器，禁止删除数据库中的图书信息表。请读者参考第一题的测试语句，编写删除图书信息表的语句，观察运行结果，思考原因。

（4）在图书馆数据库中创建一个 INSERT 触发器，在订购信息表中插入新记录时，触发该触发器，提示"新的图书已经被订购"。请读者自行编写语句向订购信息表中插入一行新的记录，观察运行情况，说明原因。

（5）在图书馆数据库中创建一个 UPDATE 触发器。该触发器防止用户修改表图书信息表中的图书编号。请读者自行编写 SQL 语句修改图书信息表中某行记录的图书编号的值，观察运行情况，说明原因。

（6）在图书馆数据库中创建一个 DELETE 触发器。该触发器主要防止用户删除图书类别信息表中的数据，如果删除数据，则触发该触发器，并对删除的数据进行回滚。请读者自行编写 SQL 语句删除图书类别信息表中某行记录，观察运行情况，说明原因。

附　　录

附录 A　SQL Server 2012 常用关键字

表 A.1　SQL Server 2012 常用关键字

ADD	DEALLOCATE	IN
ALL	DECLARE	INDEX
ALTER	DEFAULT	INNER
AND	DELETE	INSERT
ANY	DENY	INTERSECT
AS	DESC	INTO
ASC	DISK	IS
AUTHORIZATION	DISTINCT	JOIN
BACKUP	DISTRIBUTED	KEY
BEGIN	DOUBLE	KILL
BETWEEN	DROP	LEFT
BREAK	DUMP	LIKE
BROWSE	ELSE	LINENO
BULK	END	LOAD
BY	ERRLVL	MERGE
CASCADE	ESCAPE	NATIONAL
CASE	EXCEPT	NOCHECK
CHECK	EXEC	NONCLUSTERED
CHECKPOINT	EXECUTE	NOT
CLOSE	EXISTS	NULL
CLUSTERED	EXIT	NULLIF
COALESCE	EXTERNAL	OF
COLLATE	FETCH	OFF
COLUMN	FILE	OFFSETS
COMMIT	FILLFACTOR	ON
COMPUTE	FOR	OPEN
CONSTRAINT	FOREIGN	OPENDATASOURCE
CONTAINS	FREETEXT	OPENQUERY
CONTAINSTABLE	FREETEXTTABLE	OPENROWSET
CONTINUE	FROM	OPENXML
CONVERT	FULL	OPTION
CREATE	FUNCTION	OR
CROSS	GOTO	ORDER
CURRENT	GRANT	OUTER
CURRENT_DATE	GROUP	OVER
CURRENT_TIME	HAVING	PERCENT
CURRENT_TIMESTAMP	HOLDLOCK	PIVOT
CURRENT_USER	IDENTITY	PLAN
CURSOR	IDENTITY_INSERT	PRECISION
DATABASE	IDENTITYCOL	PRIMARY
DBCC	IF	PRINT

PROC	SECURITYAUDIT	TRUNCATE
PROCEDURE	SELECT	TRY_CONVERT
PUBLIC	SEMANTICKEYPHRASETABLE	TSEQUAL
RAISERROR	SEMANTICSIMILARITYDETAILSTABLE	UNION
READ	SEMANTICSIMILARITYTABLE	UNIQUE
READTEXT	SESSION_USER	UNPIVOT
RECONFIGURE	SET	UPDATE
REFERENCES	SETUSER	UPDATETEXT
REPLICATION	SHUTDOWN	USE
RESTORE	SOME	USER
RESTRICT	STATISTICS	VALUES
RETURN	SYSTEM_USER	VARYING
REVERT	TABLE	VIEW
REVOKE	TABLESAMPLE	WAITFOR
RIGHT	TEXTSIZE	WHEN
ROLLBACK	THEN	WHERE
ROWCOUNT	TRANSACTION	WHILE
ROWGUIDCOL	TOP	WITH
RULE	TRAN	WITHIN GROUP
SAVE	TRANSACTION	WRITETEXT
SCHEMA	TRIGGER	

附录 B　数据库有关信息表

表 B.1　读者信息表结构

列　　名	数据类型	允许 Null 值
读者编号	varchar(13)	否
读者姓名	varchar(10)	否
性别	varchar(2)	否
年龄	int	否
证件号码	varchar(30)	否

表 B.2　读者信息表内容

读者编号	读者姓名	性　别	年　龄	证件号码
20161818	李莎	女	21	512345199711022421
20162345	薛蒙	女	26	411234199205094025
20170001	张明	男	23	345784199506126112
20170002	吴刚	男	26	378541199207065112
20171234	李小兰	女	19	522123199908091221
20172763	王平	男	25	425423199312213031
20173212	薛雪	女	26	421223199202213021
20175678	张小军	男	32	522123198601023031

表 B.3　图书信息表结构

列　　名	数据类型	允许 Null 值
图书编号	varchar(13)	否
图书名称	varchar(40)	否
作者	varchar(21)	否
译者	varchar(30)	是
出版社	varchar(50)	否
出版日期	date	否
图书价格	money	否
类别编号	varchar(13)	否

表 B.4　图书信息表内容

图书编号	图书名称	作　者	译　者	出版社	出版日期	图书价格	类别编号
9787030481900	算法与数据结构	江世宏	江世宏	科学出版社	2016-05-01	39.8000	1
9787111185260	软件测试（原书第 2 版）	（美）佩腾（Patton,R.）	张小松	机械工业出版社	2006-04-01	30.0000	3
9787111304265	操作系统：精髓与设计原理（原书第 6 版）	（美）斯托林斯	陈向群	机械工业出版社	2010-09-01	69.0000	1
9787115183392	HTML+CSS 网页设计与布局从入门到精通	温谦	温谦	人民邮电出版社	2008-08-01	49.0000	5

图书编号	图书名称	作　者	译　者	出　版　社	出版日期	图书价格	类别编号
9787115330246	Google 软件测试之道	（美）惠特克	黄利	人民邮电出版社	2013-09-27	59.0000	3
9787115344816	中文版 AutoCAD 2014 技术大全	周芳	周芳	人民邮电出版社	2014-04-01	85.3000	6
9787121302954	计算机网络（第7版）	谢希仁	谢希仁	电子工业出版社	2016-12-01	45.0000	1
9787302244752	Java 程序设计	朱庆生，古平	朱庆生，古平	清华大学出版社	2012-08-01	36.0000	4
9787302408307	C++程序设计（第3版）	谭浩强	谭浩强	清华大学出版社	2015-08-01	49.5000	4
9787303129812	Web 编程技术——PHP+MySQL 动态网页设计	刘秋菊,刘书伦	刘秋菊,刘书伦	北京师范大学出版社	2011-09-01	33.0000	1
9787530215593	活着	余华	余华	北京十月文艺出版社	2017-06-01 00:00:00	35.0000	2
9787530216781	平凡的世界	路遥	路遥	北京十月文艺出版社	2017-06-01 00:00:00	108.0000	2
9787535450388	堂吉诃德	塞万提斯	刘京胜	西安交通大学出版社	2011-06-01 00:00:00	21.6000	7
9787540481346	见字如面	关正文	关正文	湖南文艺出版社	2017-07-01 00:00:00	49.8000	7
9787811237252	PHP 程序设计	李英梅,刘新飞	李英梅,刘新飞	北京交通大学出版社	2011-05-01 00:00:00	33.0000	1

表 B.5　图书借阅信息表结构

列　　名	数据类型	允许 Null 值
图书编号	varchar (13)	否
读者编号	varchar (13)	否
操作员编号	varchar (13)	是
借阅日期	datetime	否
归还日期	datetime	是

表 B.6　图书借阅信息表内容

图书编号	读者编号	操作员编号	借阅日期	归还日期
9787030481900	20170001	1	2017-02-01 10:35:45.000	2017-03-25 09:50:21.000
9787111185260	20170001	1	2017-02-01 10:35:46.000	2017-03-25 09:50:22.000
9787111185260	20162345	1	2017-04-21 09:50:22.000	2017-05-20 11:50:12.000
9787530215593	20161818	1	2017-01-09 09:12:11.000	2017-01-12 15:12:11.000
9787530216781	20161818	1	2017-07-02 08:56:11.000	2017-07-29 16:45:01.000
9787811237252	20170002	1	2017-06-14 11:12:13.000	2017-07-12 16:12:15.000
9787111185260	20170002	1	2017-05-28 14:00:00.000	2017-06-25 10:12:13.000
9787121302954	20175678	1	2017-07-14 08:30:00.000	2017-08-14 08:30:00.000

附录 C 聚合函数

表 C.1 聚合函数

函 数 名	说 明
AVG	求组中值的平均值
BINARY_CHECKSUM	返回对表中行或表达式列表计算二进制校验值，可用于检验表中行的更改
CHECKSUM	返回在表的行上或在表达式列表上计算的校验值，用于生成哈希索引
CHECKSUM_AGG	返回组中值的校验值
COUNT	求组中项数，返回 int 类型整数
COUNT_BIG	求组中项数，返回 bigint 类型整数
GROUPING	产生一个附加的列
GROUPING_ID	为聚合列列表中的每一行创建一个值以标识聚合级别
MAX	求最大值
MIN	求最小值
SUM	返回表达式中所有值的和
STDEV	返回给定表达式中所有值的统计标准偏差
STDEVP	返回给定表达式中所有值的填充统计标准偏差
VAR	返回给定表达式中所有值的统计方差
VARP	返回给定表达式中所有值的填充统计方差

聚合函数的参数的一般格式如下。

[ALL|DISTINCT] 表达式

参考文献

[1] 王珊，萨师煊. 数据库系统概论[M]. 5 版. 北京：高等教育出版社，2014.

[2] 王英英，张少军. SQL Server 2012 从零开始学[M]. 北京：清华大学出版社，2012.

[3] 王国胤，刘群，夏英，等. 数据库原理与设计[M]. 北京：电子工业出版社，2011.

[4] 邱李华，付森. SQL Server 2012 数据库应用教程[M]. 3 版. 北京：人民邮电出版社，2016.

[5] 何玉洁. 数据库系统教程[M]. 2 版. 北京：人民邮电出版社，2015.

[6] 袁丽娜，王刚，罗琼. 数据系统原理及应用（SQL Server 2012）[M]. 北京：人民邮电出版社，2015.

[7] 陈志泊. 数据库原理及应用教程[M]. 3 版. 北京：人民邮电出版社，2014.

[8] 李春葆. 数据库原理与技术——基于 SQL Server2012[M]. 北京：清华大学出版社，2015.

[9] 瞿中. 数据库系统原理与应用[M]. 北京：人民邮电出版社，2013.

[10] 马俊，袁暋. SQL Server 2012 数据库管理与开发（慕课版）[M]. 北京：人民邮电出版社，2016.

[11] Paul Atkinson，Robert Vieira. SQL Server 2012 编程入门经典[M]. 4 版. 北京：清华大学出版社. 2013.

[12] 王丽艳，郑先锋，刘亮. 数据库原理及应用[M]. 北京：机械工业出版社，2013.

[13] Adam Jorgensen,Steven Wort，Ross LoForte，Brian Knight. SQL Server 2012 管理高级教程[M]. 2 版. 北京：清华大学出版社. 2013

[14] 薛华成. 管理信息系统[M]. 北京：清华大学出版社，2012.

[15] 卫琳. SQL Server 2012 数据库应用与开发教程[M]. 北京：清华大学出版社，2014.

[16] 张桂珠. Java 面向对象程序设计[M]. 北京：北京邮电大学出版社，2010.

[17] 刘志成. Java 程序设计实例教程[M]. 北京：人民邮电出版社，2010.

[18] 姚琳. C++程序设计[M]. 北京：人民邮电出版社，2011.

[19] 孙志辉. C#程序设计[M]. 北京：人民邮电出版社，2015.

[20] C. J. Date. 数据库系统导论[M]. 孟小峰，译. 北京：机械工业出版社，2000.

[21] 李萍，黄可望，黄能耿. SQL Server 2012 数据库应用与实训[M]. 北京:机械工业出版社，2015.